宝宝毛衣
配色实用图案大全

李玉栋　主编

辽宁科学技术出版社

·沈阳·

本书编委会

主　编　李玉栋
编　委　宋敏姣　李　想

图书在版编目（CIP）数据

宝宝毛衣配色实用图案大全 / 李玉栋主编 .——沈阳：辽宁科学技术出版社，2015.8
　ISBN 978-7-5381-9274-2

Ⅰ.①宝… Ⅱ.①李… Ⅲ.①童服—毛衣—编织—图集 Ⅳ.① TS941.763.1-64

中国版本图书馆 CIP 数据核字（2015）第 132864 号

出版发行：辽宁科学技术出版社
　　　　　（地址：沈阳市和平区十一纬路 29 号　邮编：110003）
印　刷　者：长沙市雅高彩印有限公司
经　销　者：各地新华书店
幅面尺寸：210mm × 285mm
印　　张：9
字　　数：150 千字
出版时间：2015 年 8 月第 1 版
印刷时间：2015 年 8 月第 1 次印刷
责任编辑：郭　莹　湘　岳
封面设计：多米诺设计·咨询　吴颖辉　龙　欢
版式设计：湘岳图书
责任校对：合　力

书　　号：ISBN 978-7-5381-9274-2
定　　价：39.80 元
联系电话：024-23284376
邮购热线：024-23284502

No.1

每格编织1针1行，选用马海毛线编织，适合编织儿童套头衫，图案位置居中，可用于前片或者后片图案的编织。

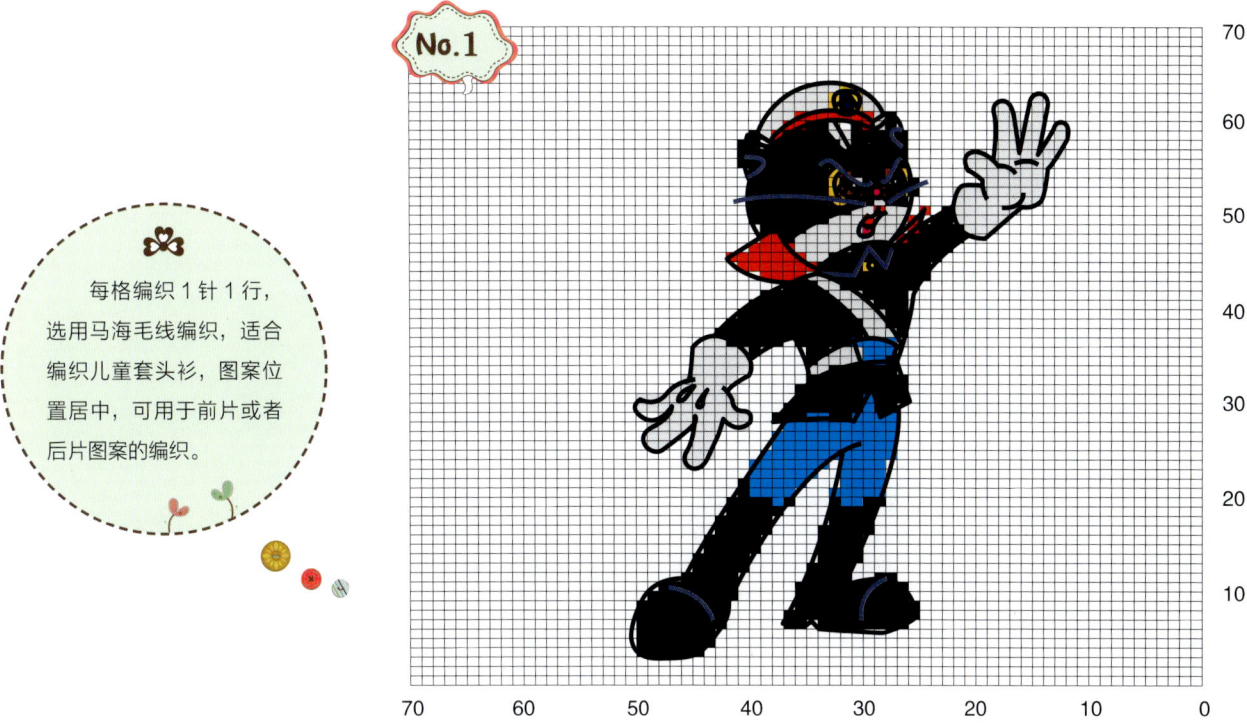

No.2

每格编织1针1行，选用细羊绒线编织，适合编织儿童套头衫，图案位置居中，可用于前片或者后片图案的编织。

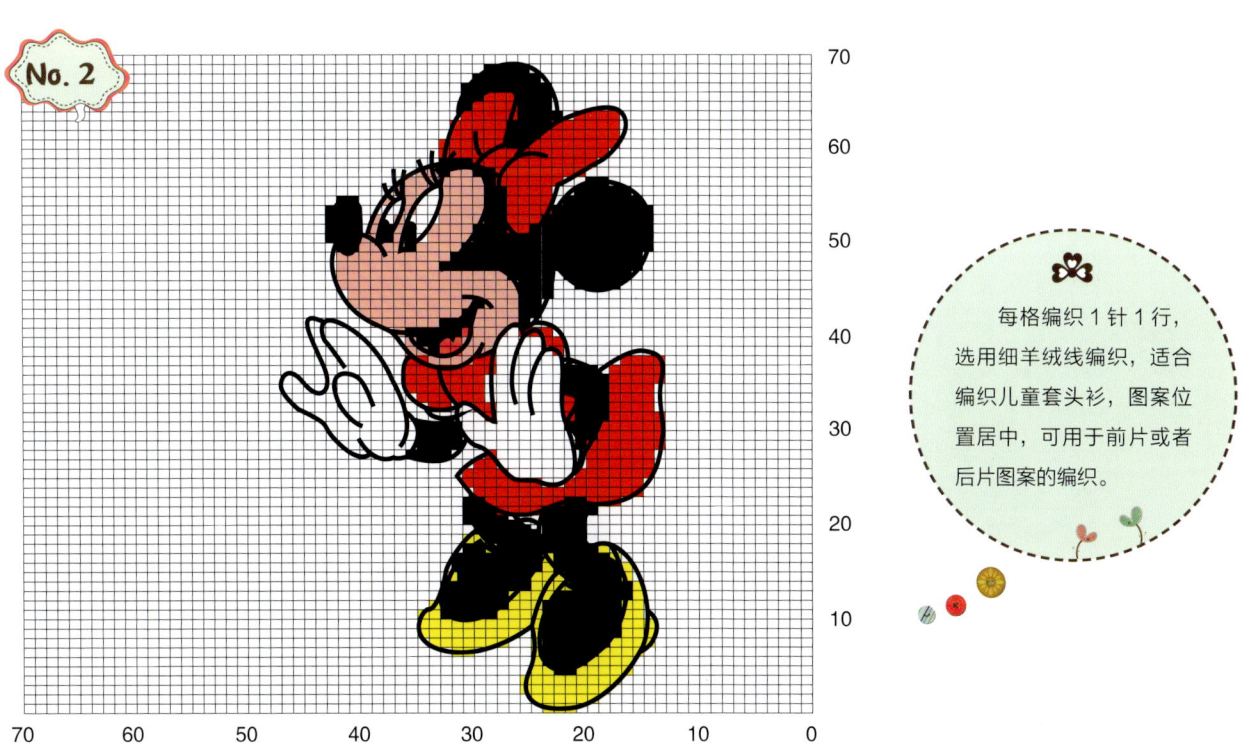

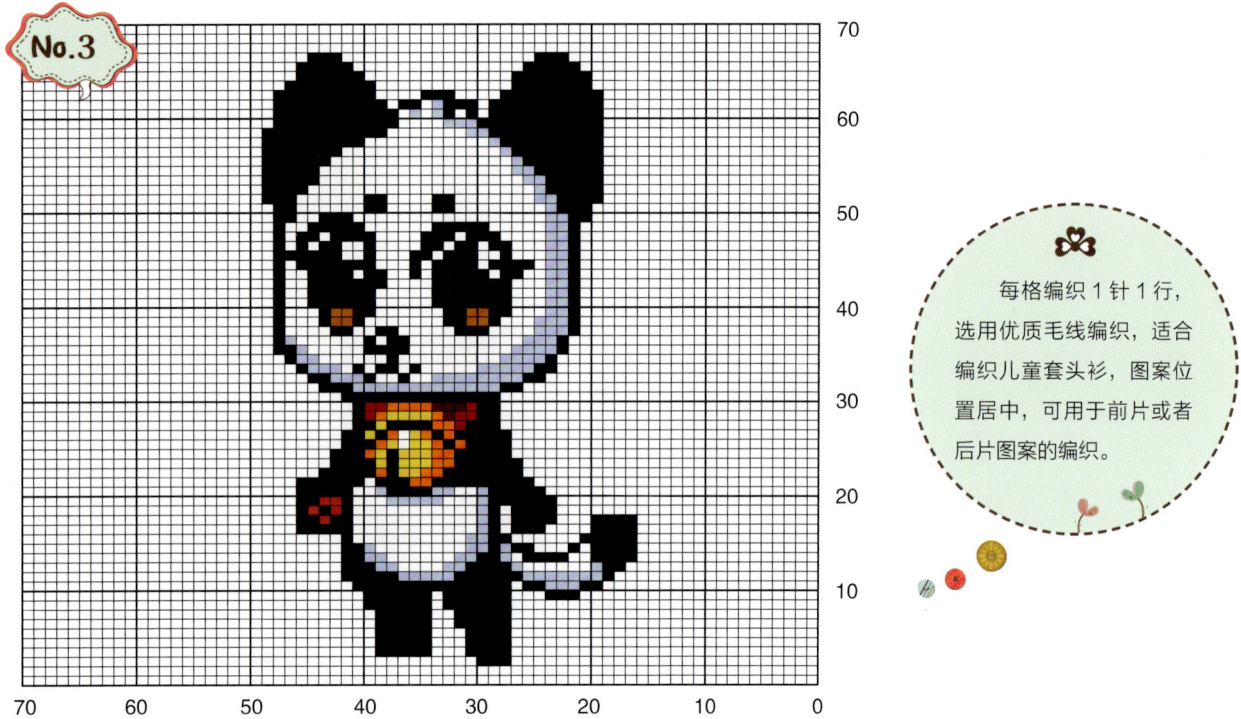

每格编织1针1行，选用优质毛线编织，适合编织儿童套头衫，图案位置居中，可用于前片或者后片图案的编织。

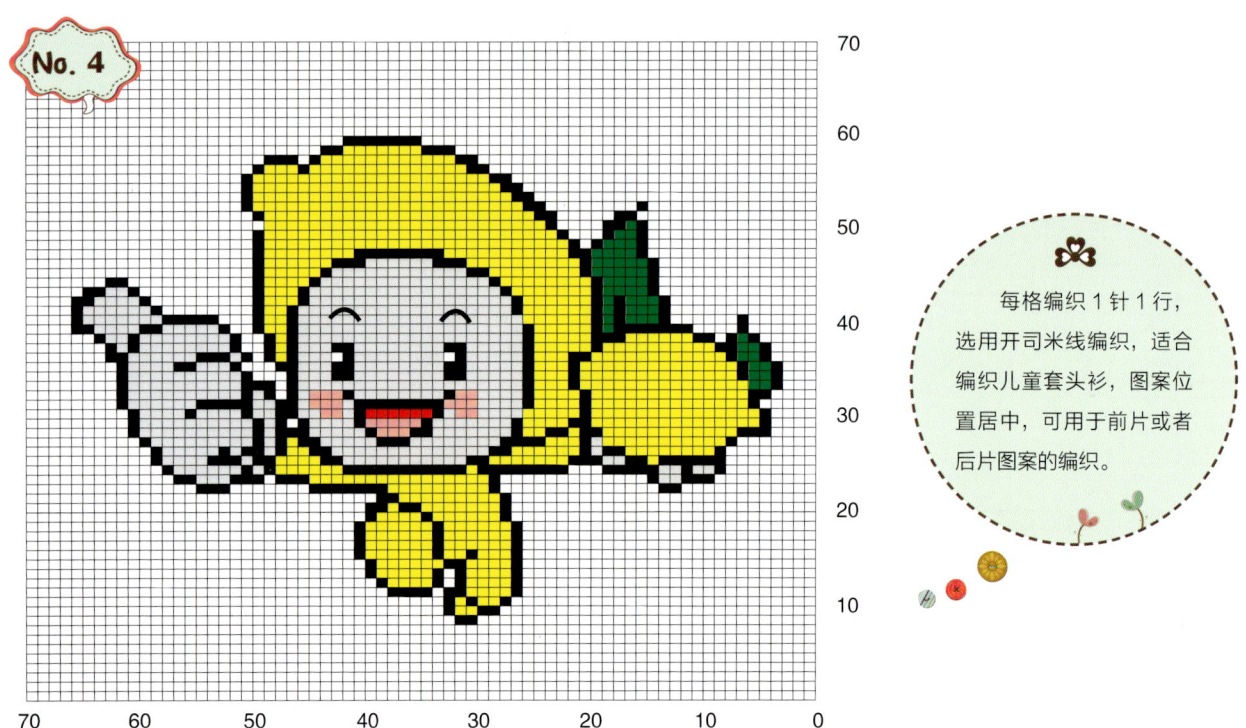

每格编织1针1行，选用开司米线编织，适合编织儿童套头衫，图案位置居中，可用于前片或者后片图案的编织。

No. 5

每格编织1针1行，选用优质细毛线编织，适合编织儿童套头衫，位置居中。

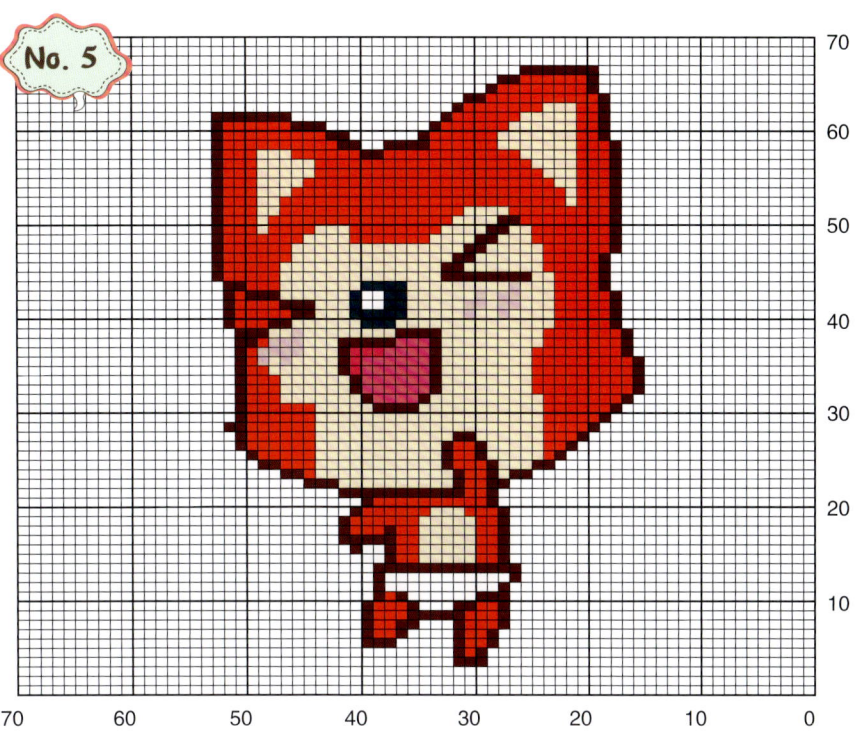

No. 6

每格编织1针1行，选用米兰线编织，适合编织儿童套头衫，图案位置居中，可用于前片或者后片图案的编织。

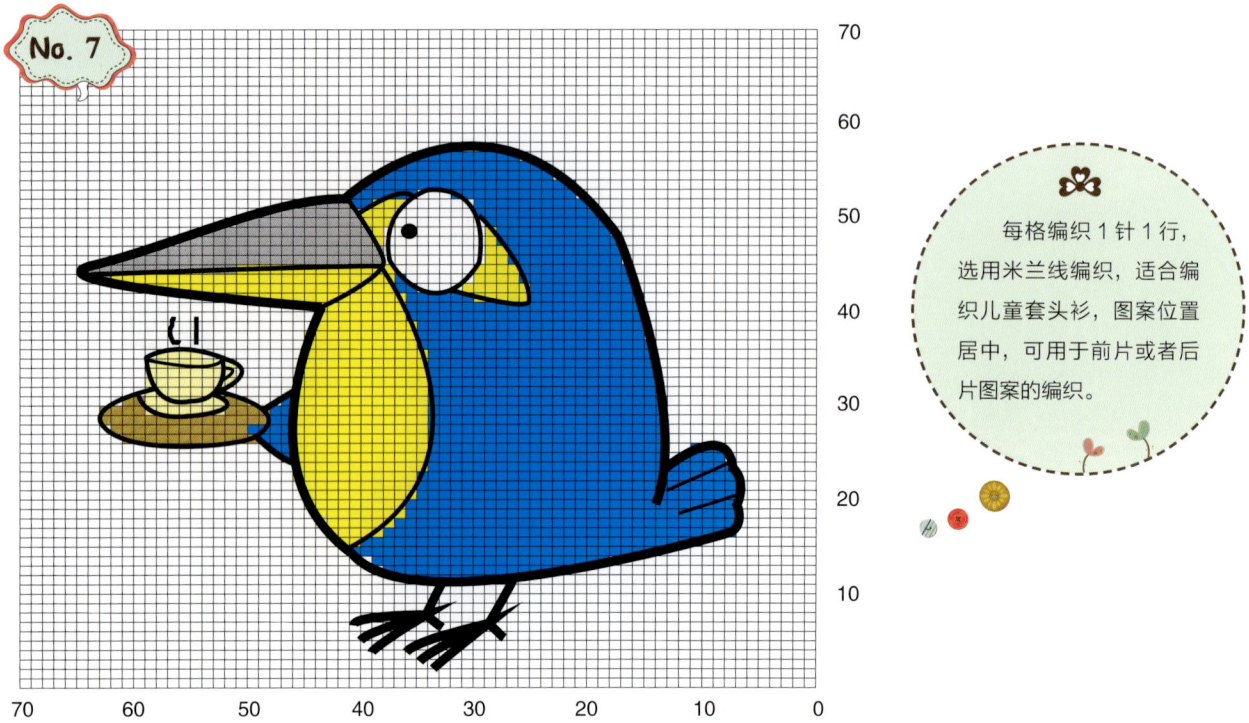

No.7

每格编织1针1行，选用米兰线编织，适合编织儿童套头衫，图案位置居中，可用于前片或者后片图案的编织。

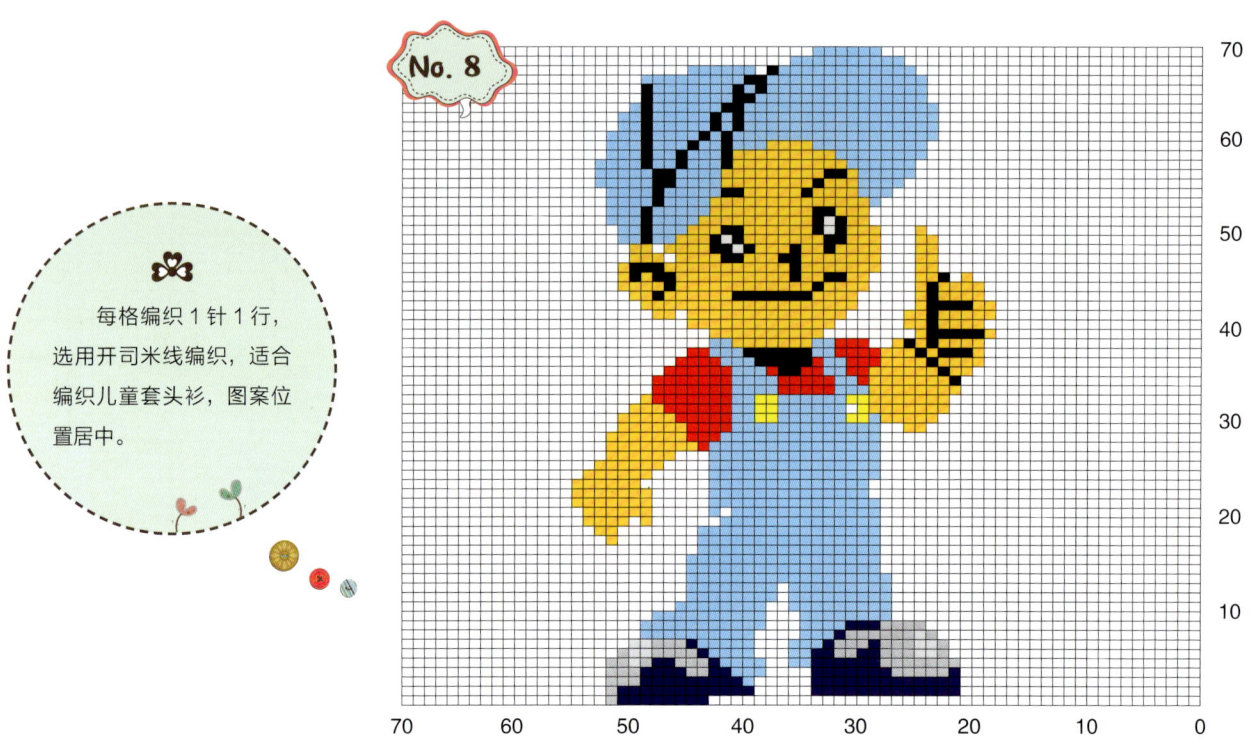

No.8

每格编织1针1行，选用开司米线编织，适合编织儿童套头衫，图案位置居中。

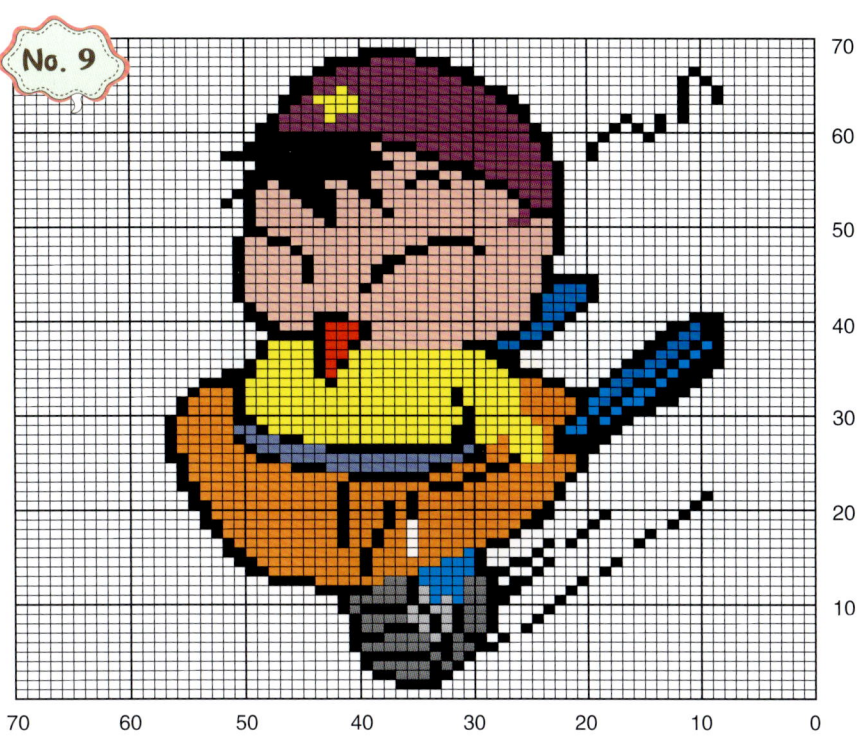

No. 9

每格编织1针1行，选用较好的细毛线编织，适合编织儿童套头衫，图案位置居中，可用于前片或者后片图案的编织。

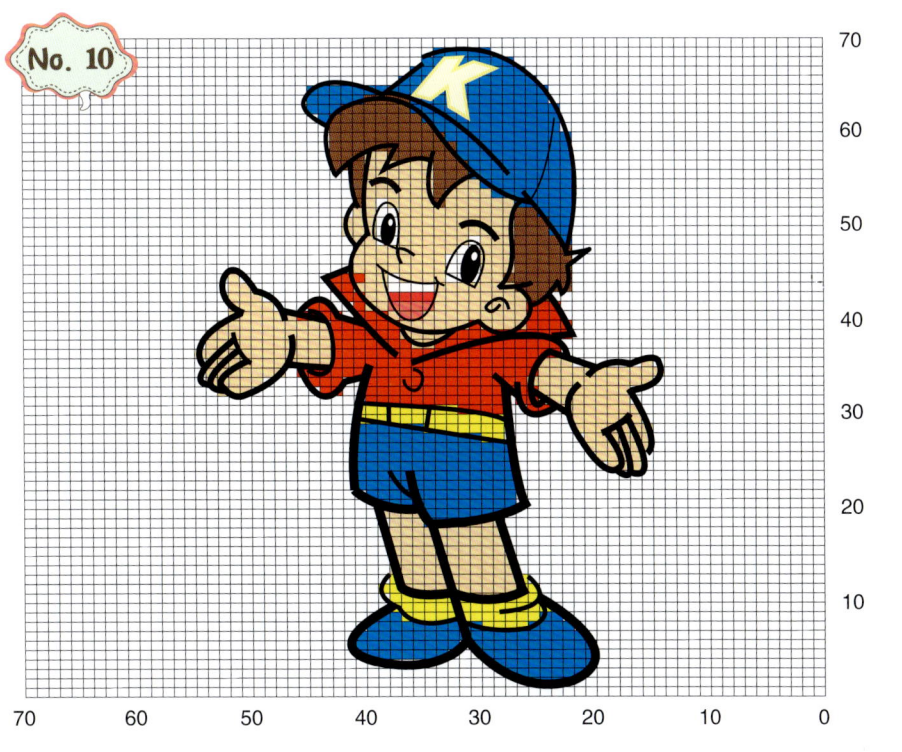

No. 10

每格编织1针1行，选用开司米线编织，适合编织儿童套头衫，图案位置居中，可用于前片或者后片图案的编织。

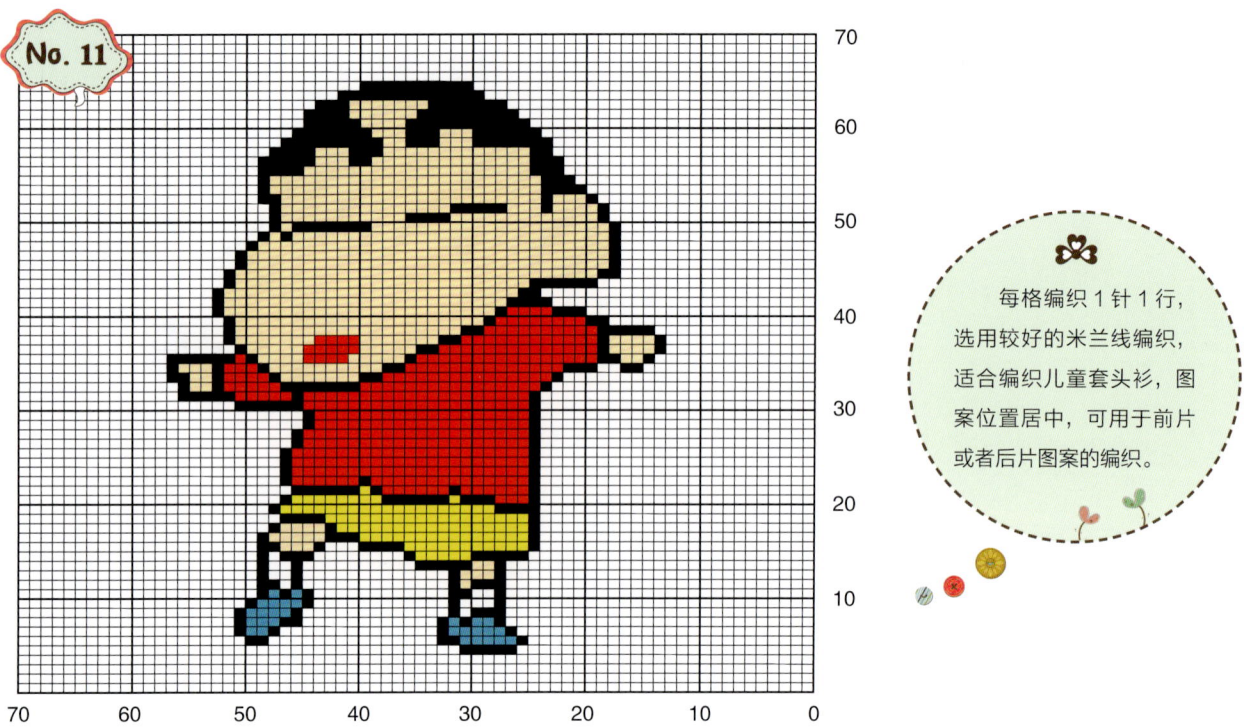

每格编织1针1行，选用较好的米兰线编织，适合编织儿童套头衫，图案位置居中，可用于前片或者后片图案的编织。

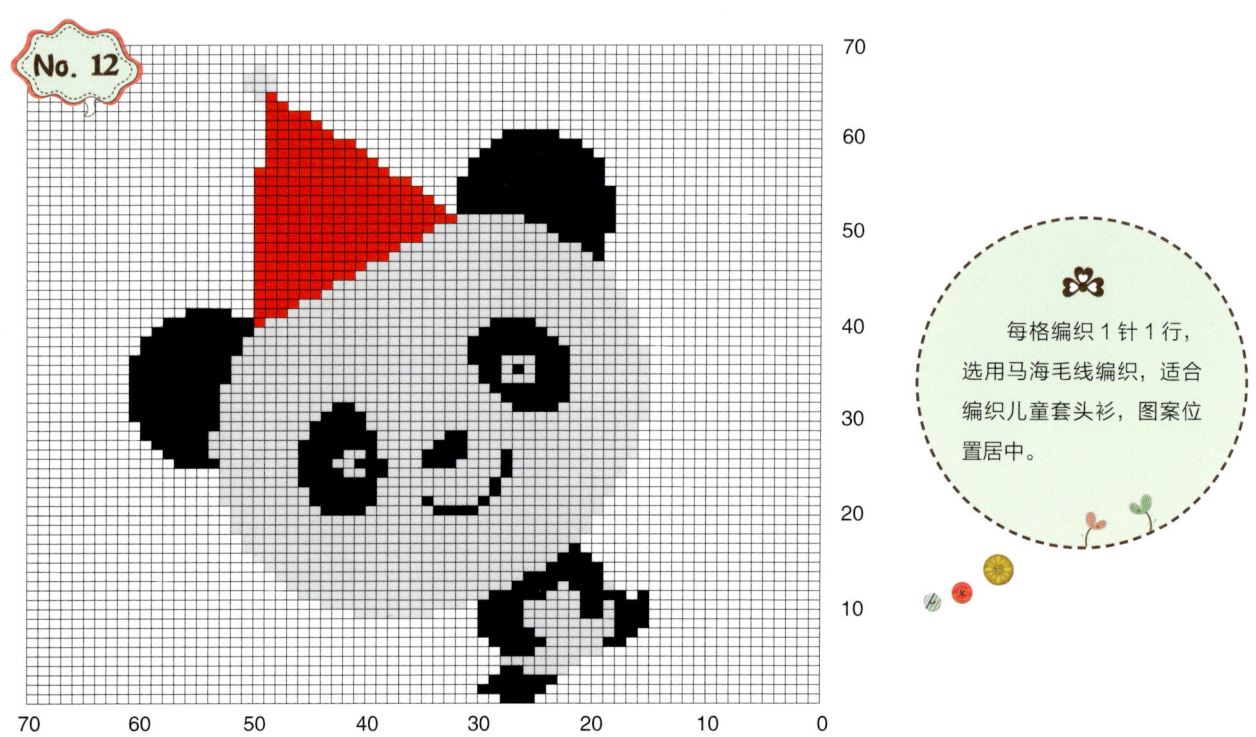

每格编织1针1行，选用马海毛线编织，适合编织儿童套头衫，图案位置居中。

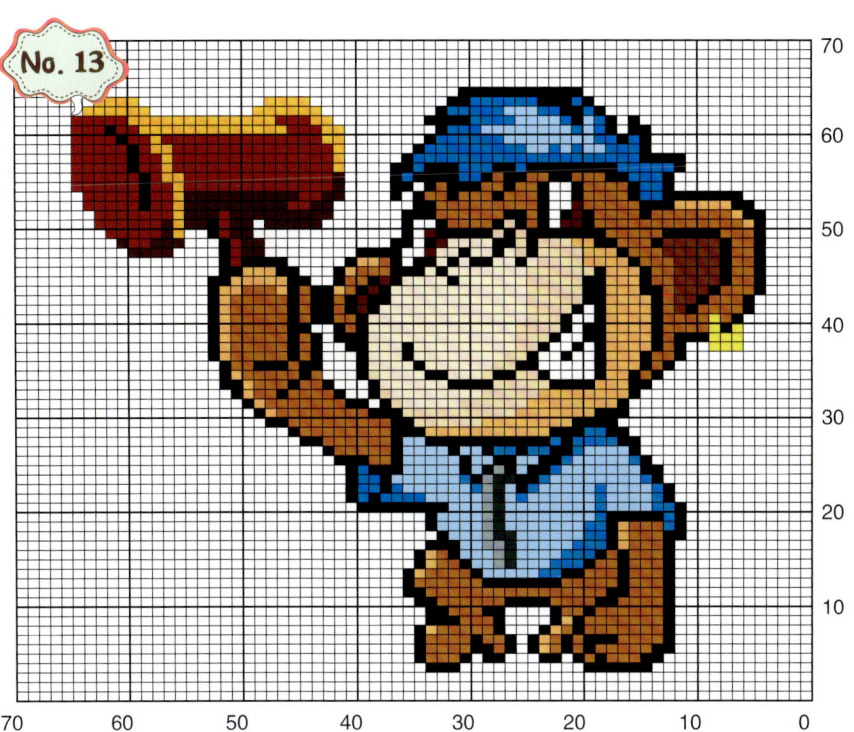

每格编织1针1行，可以选用质量较好细羊绒线编织，适合编织儿童套头衫，图案位置居中，可用于前片或者后片图案的编织。

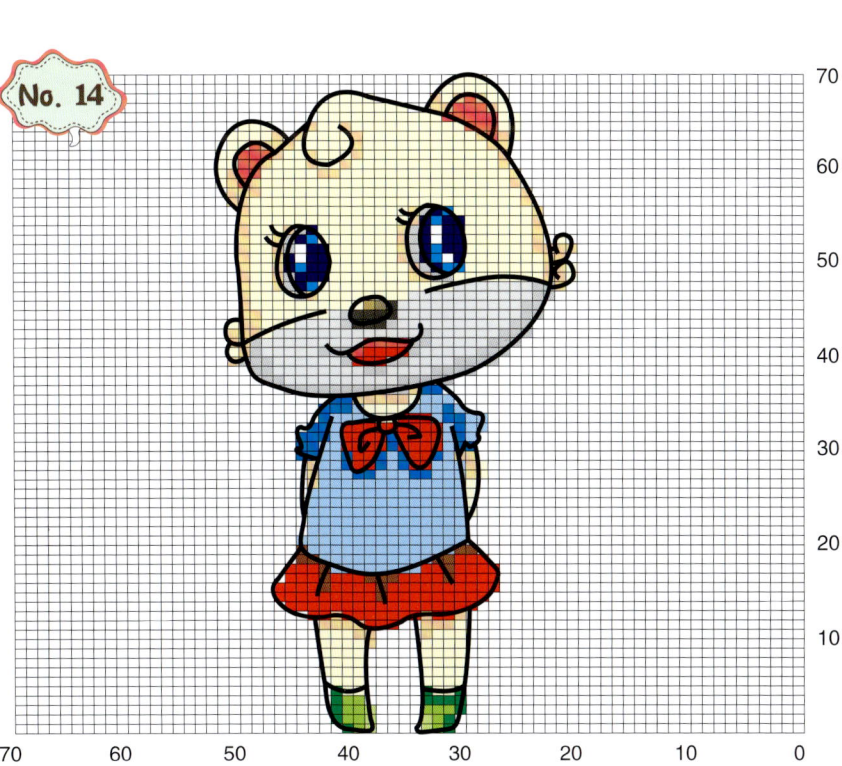

每格编织1针1行，选用开司米线编织，适合编织儿童套头衫，图案位置居中，可用于前片或者后片图案的编织。

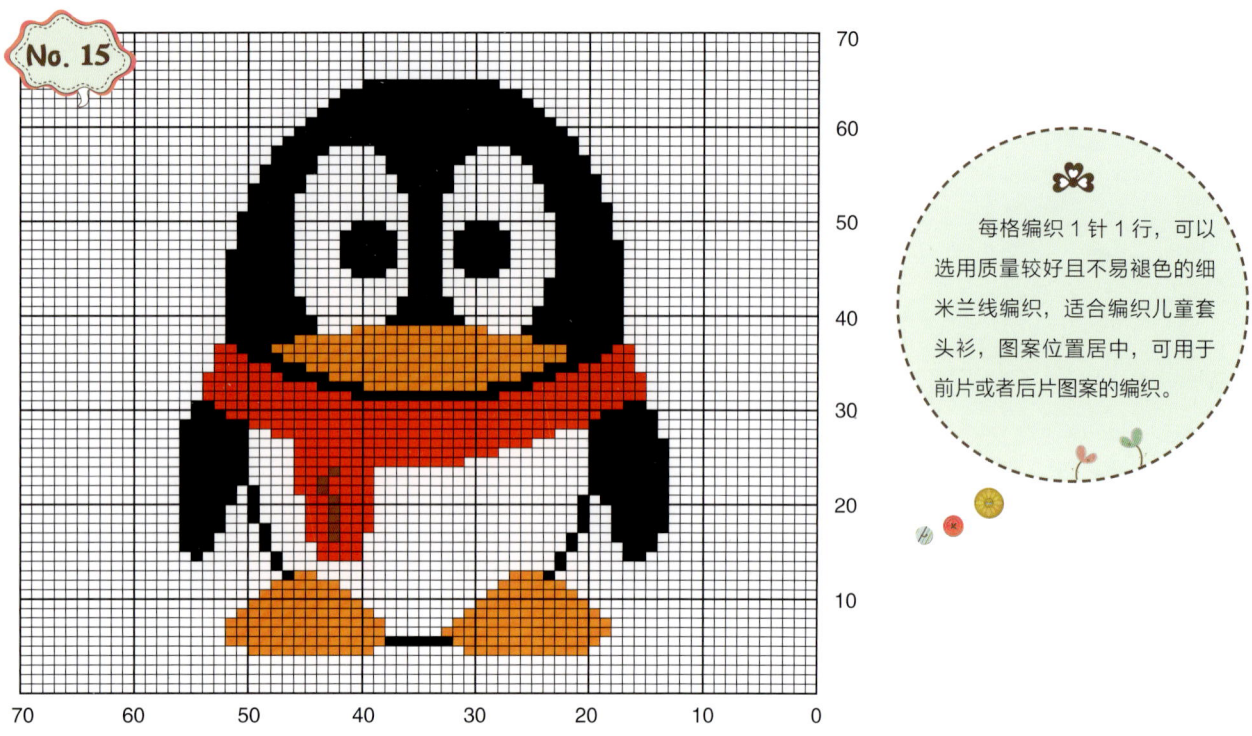

每格编织1针1行,可以选用质量较好且不易褪色的细米兰线编织,适合编织儿童套头衫,图案位置居中,可用于前片或者后片图案的编织。

每格编织1针1行,选用开司米线编织,适合编织儿童套头衫,图案位置居中。

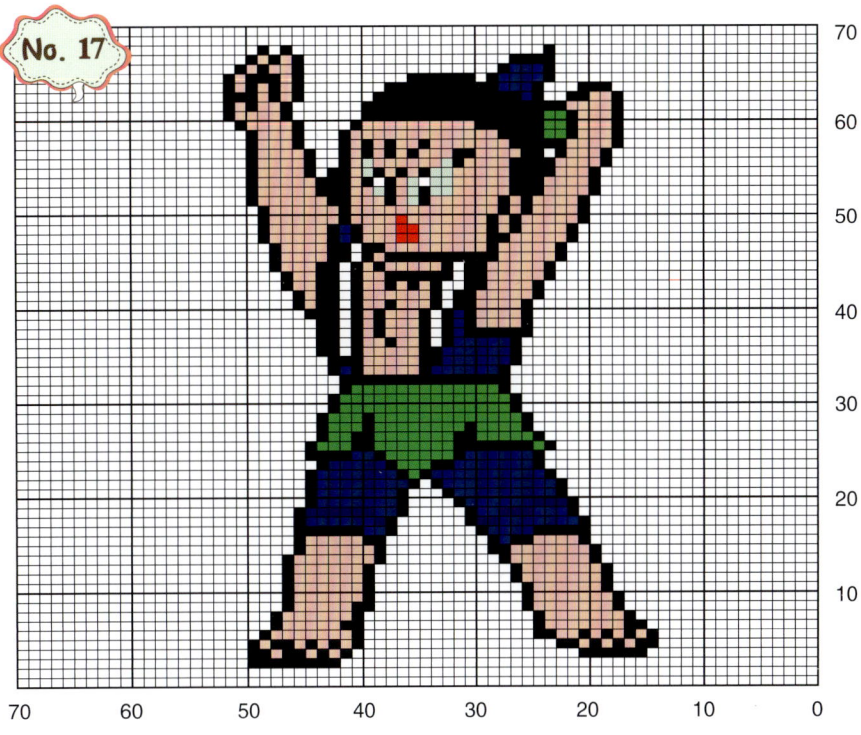

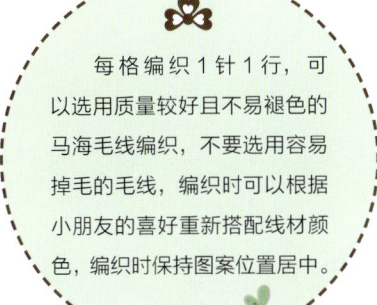

每格编织1针1行，可以选用质量较好且不易褪色的马海毛线编织，不要选用容易掉毛的毛线，编织时可以根据小朋友的喜好重新搭配线材颜色，编织时保持图案位置居中。

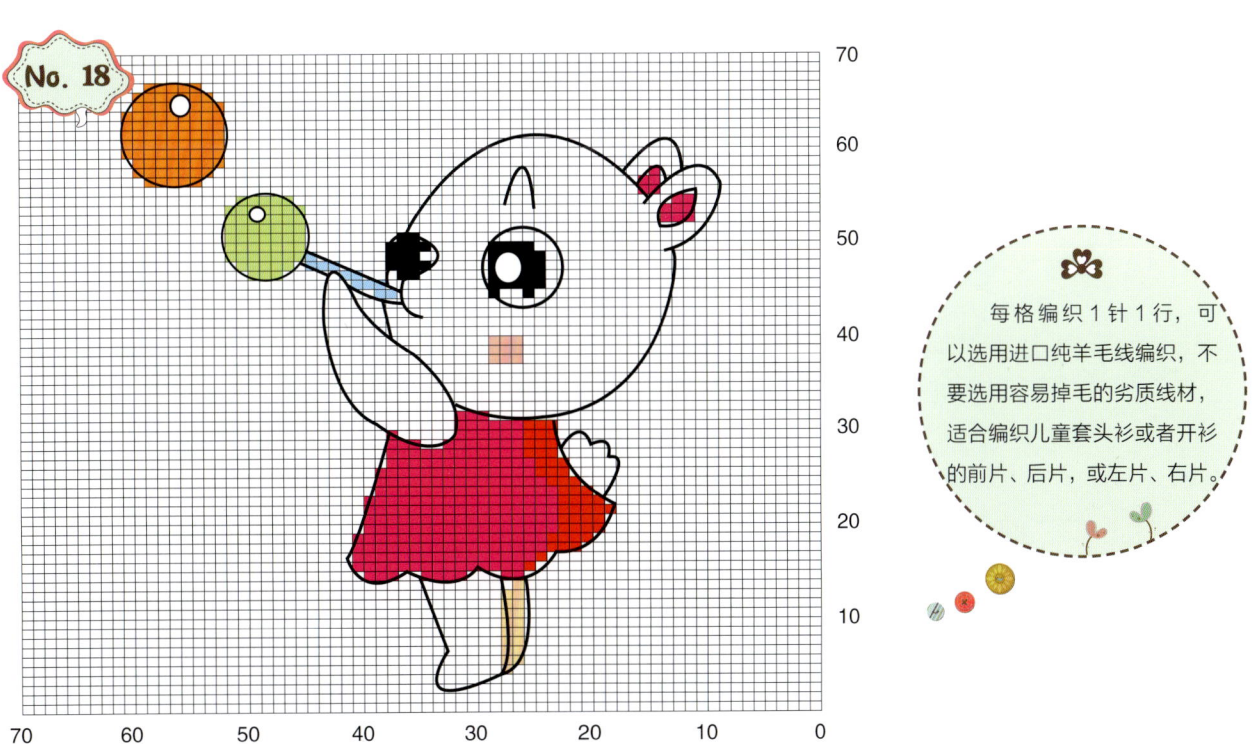

每格编织1针1行，可以选用进口纯羊毛线编织，不要选用容易掉毛的劣质线材，适合编织儿童套头衫或者开衫的前片、后片，或左片、右片。

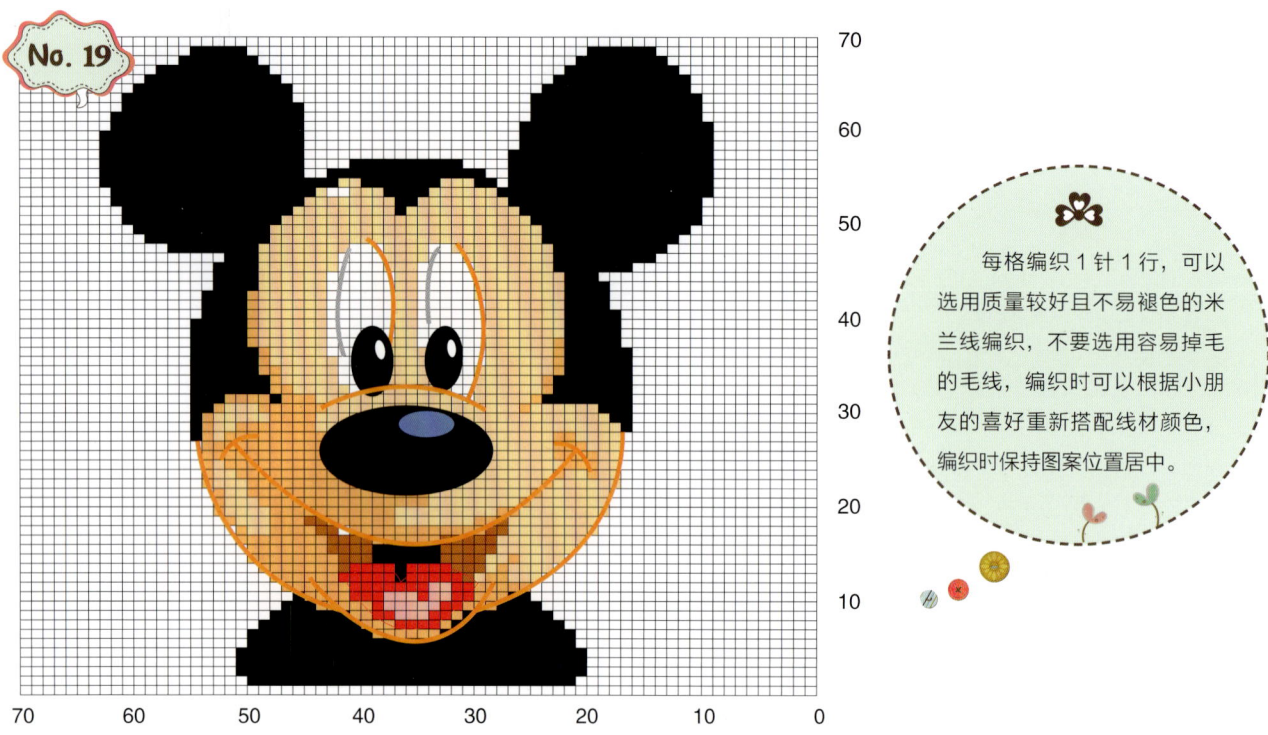

每格编织1针1行，可以选用质量较好且不易褪色的米兰线编织，不要选用容易掉毛的毛线，编织时可以根据小朋友的喜好重新搭配线材颜色，编织时保持图案位置居中。

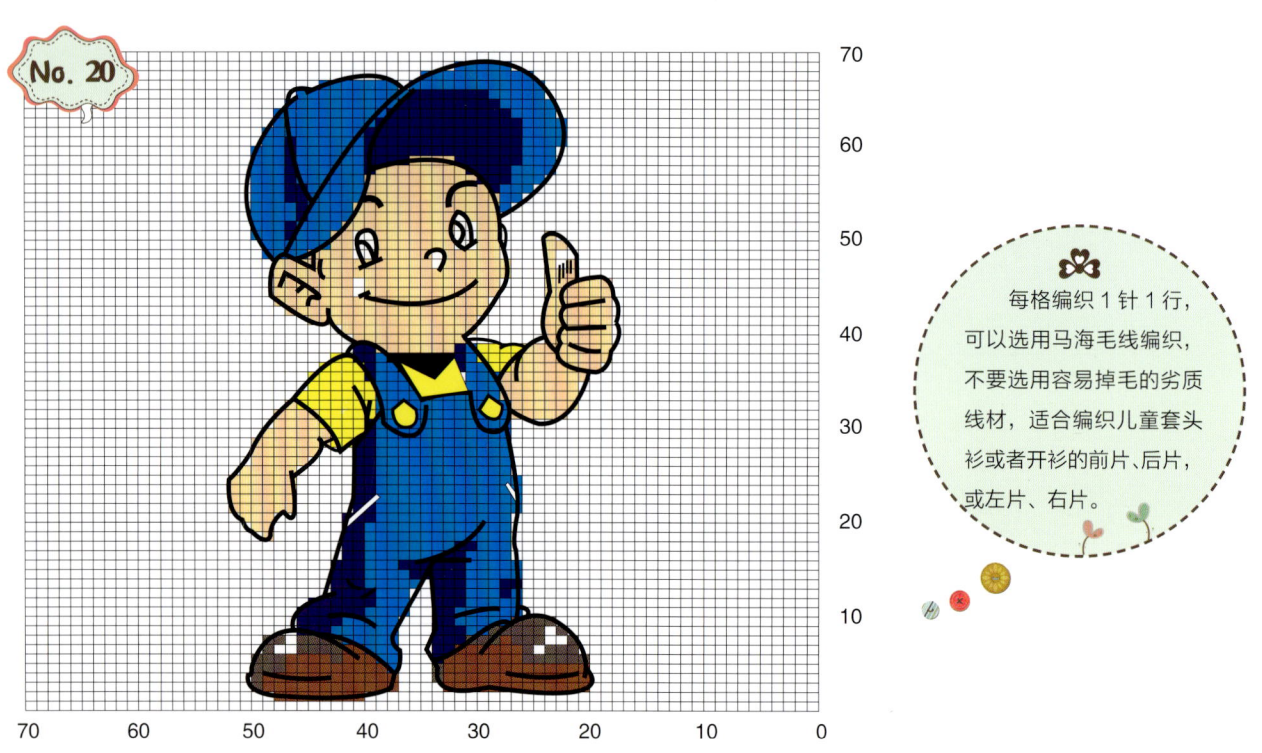

每格编织1针1行，可以选用马海毛线编织，不要选用容易掉毛的劣质线材，适合编织儿童套头衫或者开衫的前片、后片，或左片、右片。

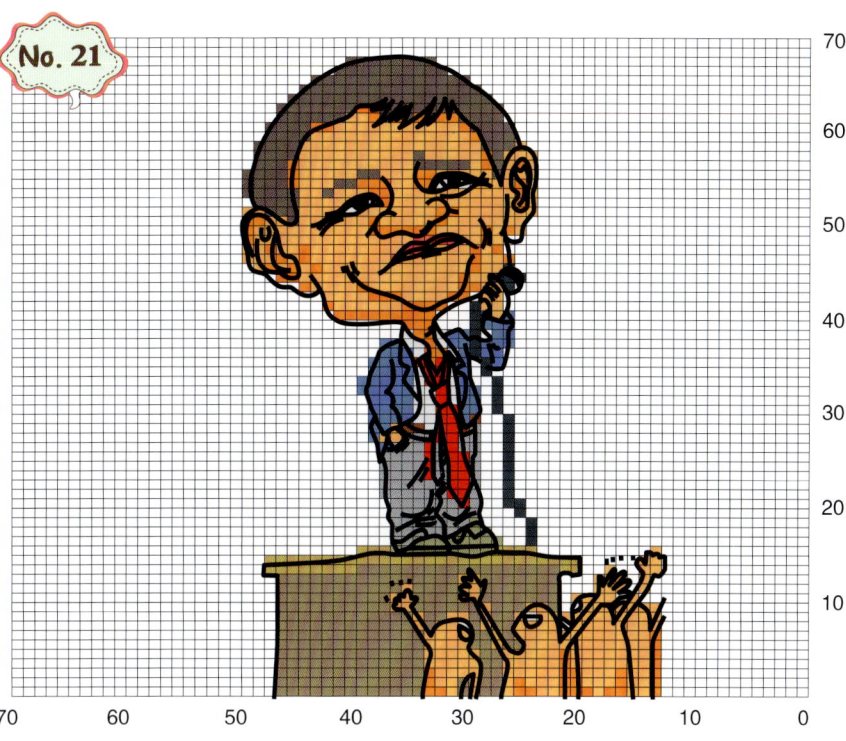

每格编织1针1行，可以选用质量较好且不易褪色的绒羊毛线编织，不要选用容易掉毛的毛线，编织时可以根据小朋友的喜好重新搭配线材颜色，编织时保持图案位置居中。

每格编织1针1行，可以选用马海毛线编织，不要选用容易掉毛的劣质线材，适合编织儿童套头衫或者开衫的前片、后片，或左片、右片。

No. 23

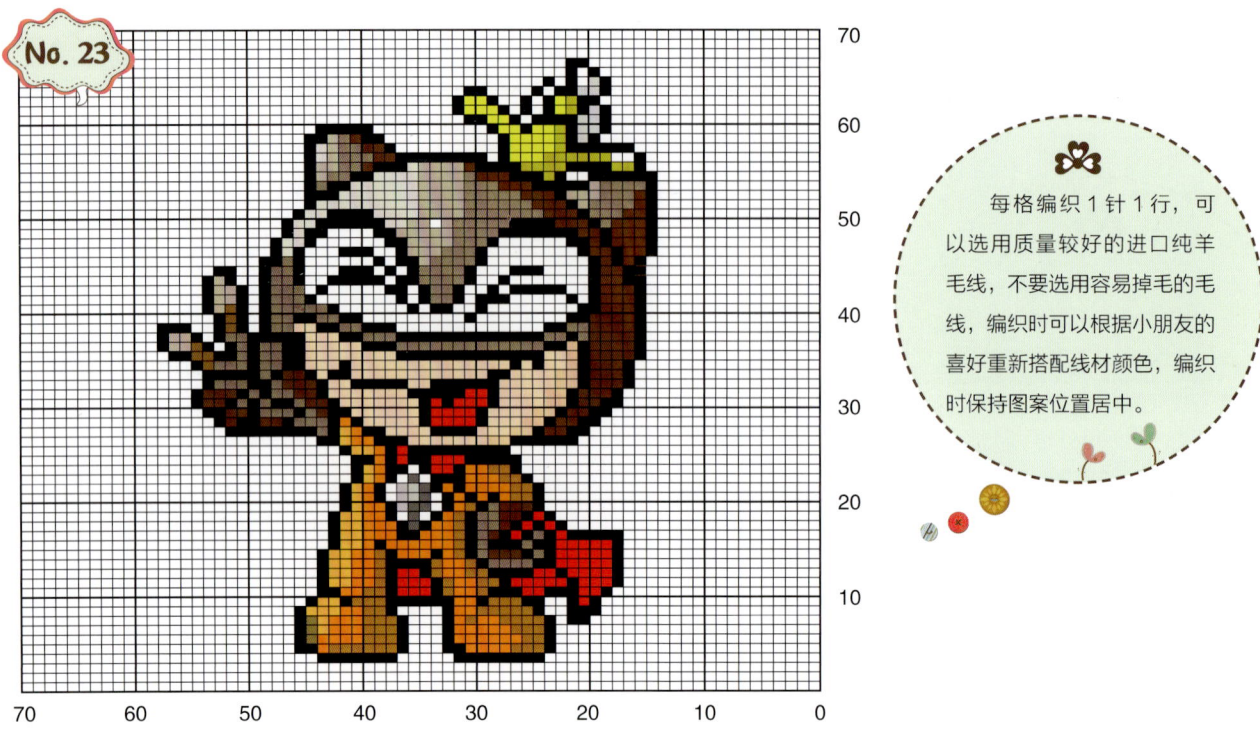

每格编织1针1行，可以选用质量较好的进口纯羊毛线，不要选用容易掉毛的毛线，编织时可以根据小朋友的喜好重新搭配线材颜色，编织时保持图案位置居中。

No. 24

每格编织1针1行，可以选用马海毛线编织，不要选用容易掉毛的劣质线材，适合编织儿童套头衫或者开衫的前片、后片，或左片、右片。

No. 25

每格编织1针1行，可以选用质量较好的开司米线，不要选用容易掉毛的毛线，编织时可以根据小朋友的喜好重新搭配线材颜色，编织时保持图案位置居中。

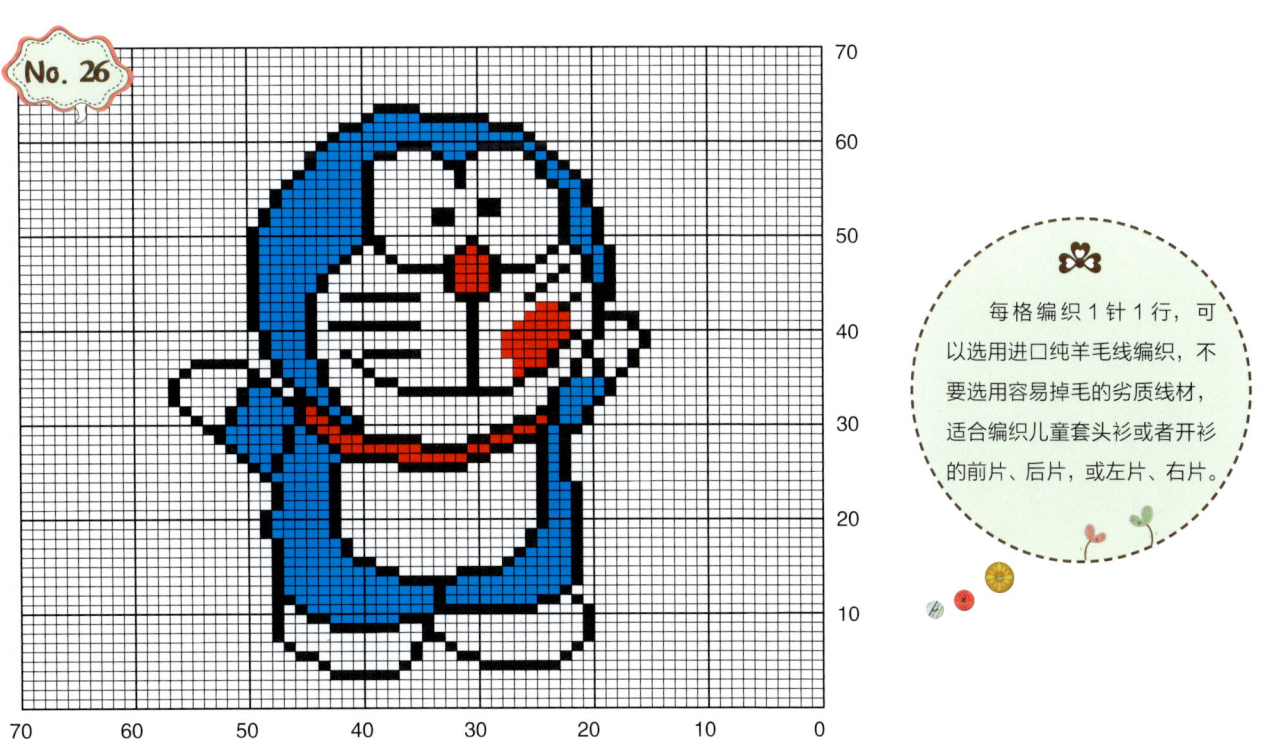

No. 26

每格编织1针1行，可以选用进口纯羊毛线编织，不要选用容易掉毛的劣质线材，适合编织儿童套头衫或者开衫的前片、后片，或左片、右片。

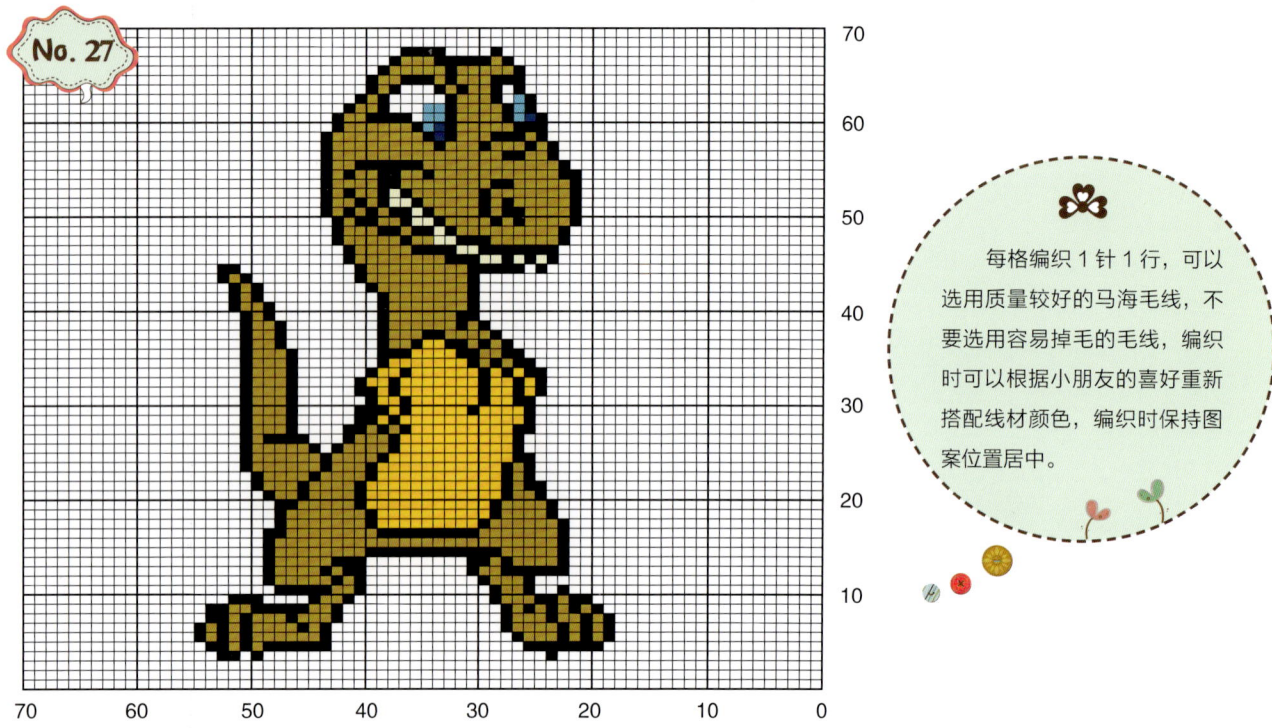

每格编织1针1行,可以选用质量较好的马海毛线,不要选用容易掉毛的毛线,编织时可以根据小朋友的喜好重新搭配线材颜色,编织时保持图案位置居中。

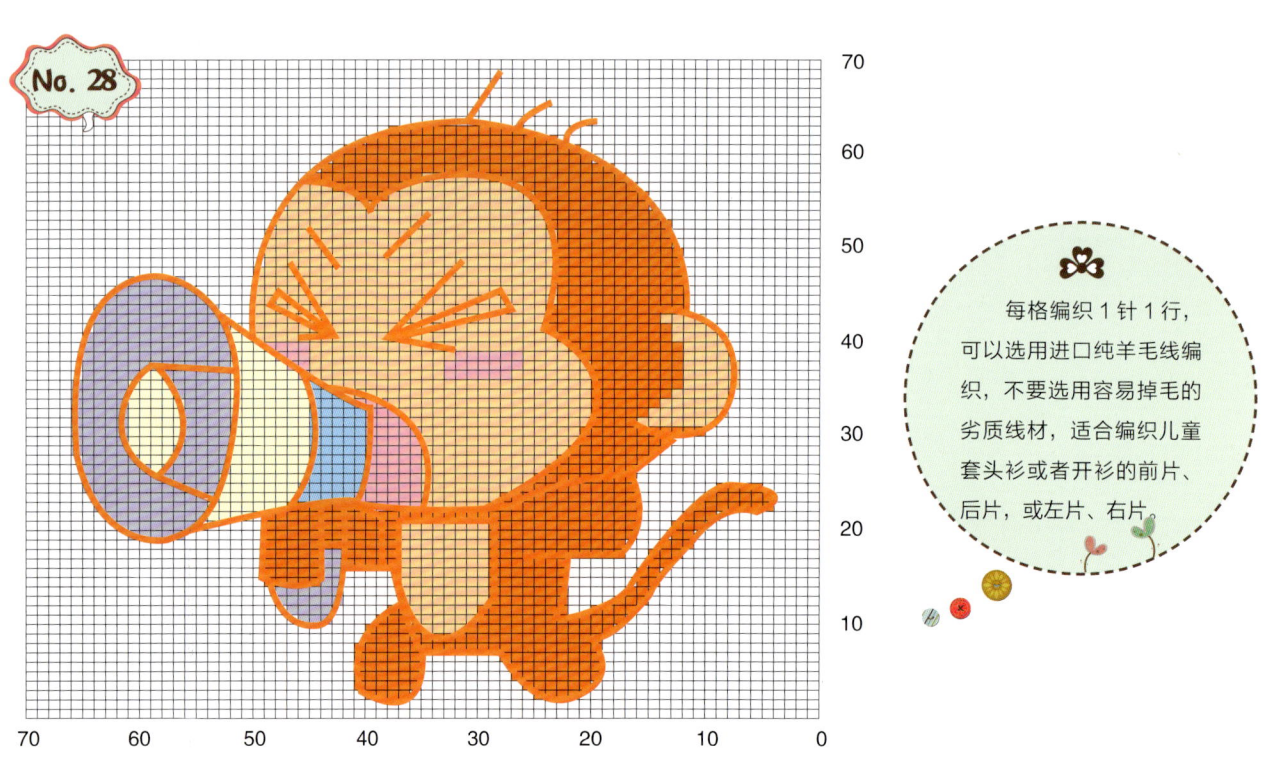

每格编织1针1行,可以选用进口纯羊毛线编织,不要选用容易掉毛的劣质线材,适合编织儿童套头衫或者开衫的前片、后片,或左片、右片。

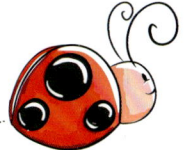

No. 29

每格编织1针1行,可以选用质量较好的马海毛毛线,不要选用容易掉毛的毛线,编织时可以根据小朋友的喜好重新搭配线材颜色,编织时保持图案位置居中。

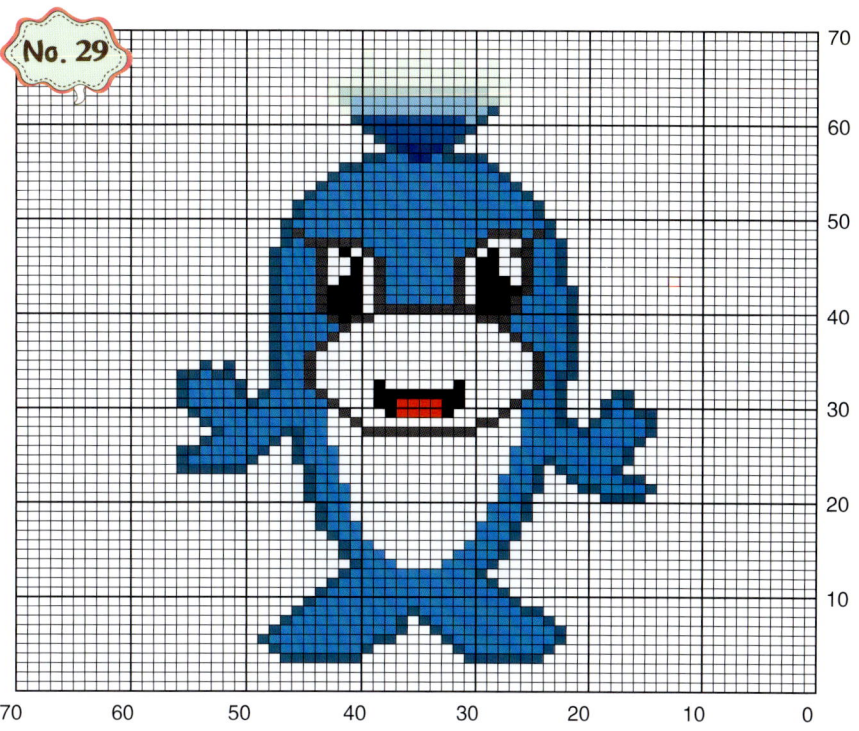

No. 30

每格编织1针1行,可以选用米兰线编织,不要选用容易掉毛的劣质线材,适合编织儿童套头衫或者开衫的前片、后片,或左片、右片。

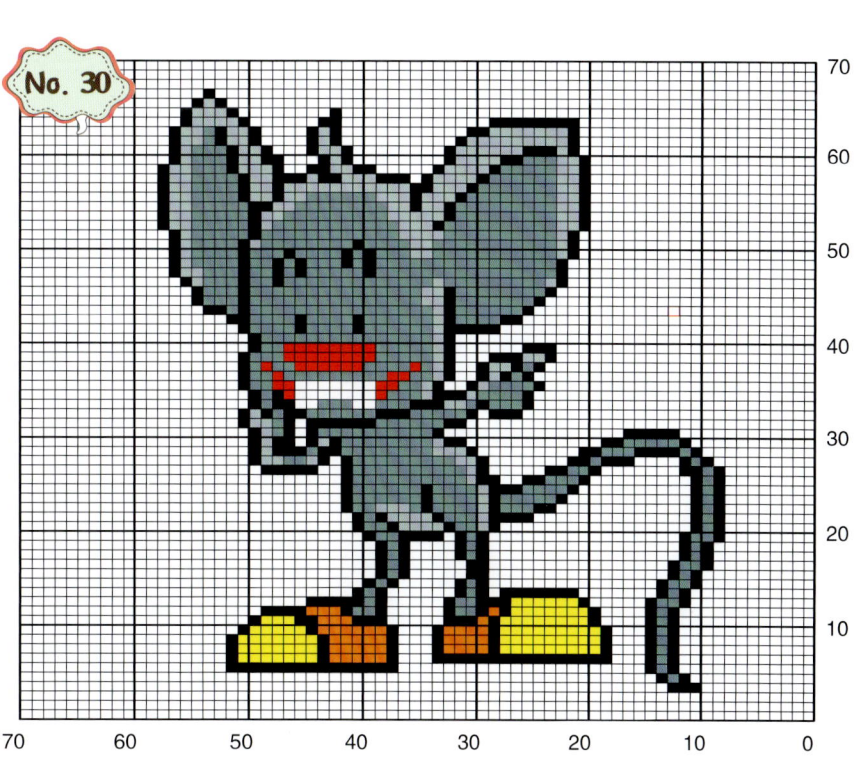

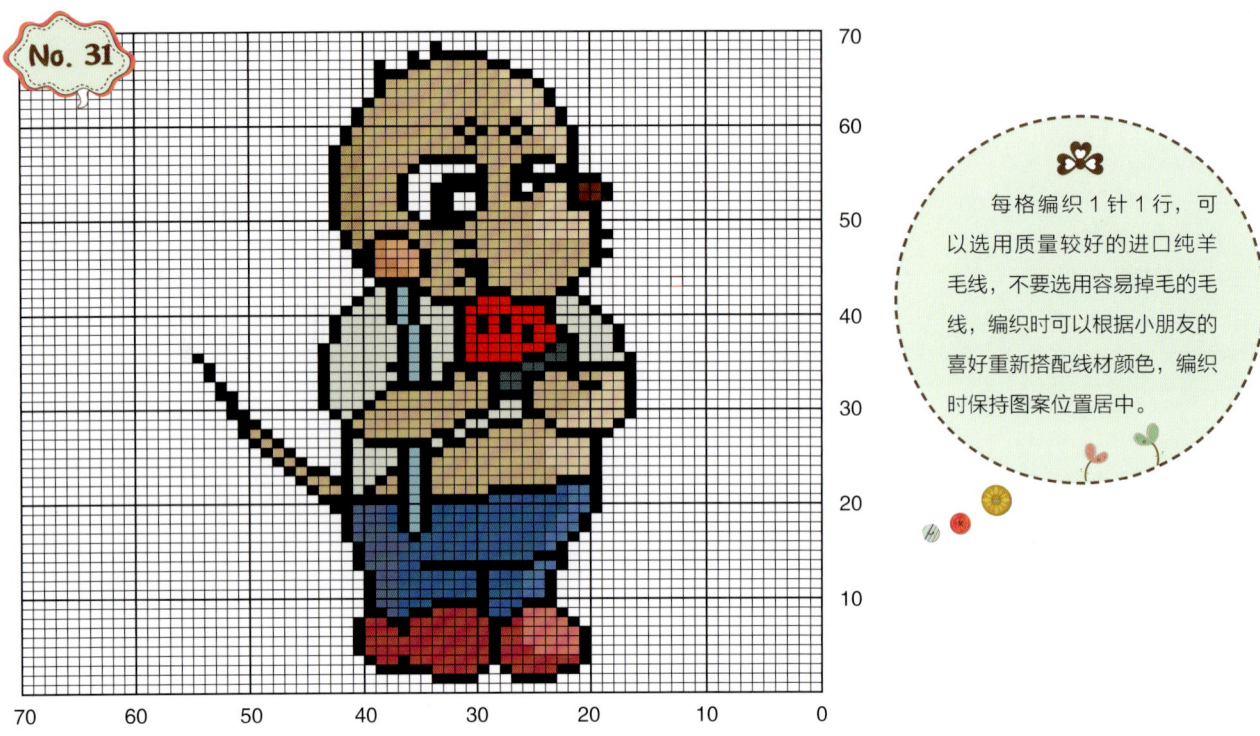

每格编织1针1行,可以选用质量较好的进口纯羊毛线,不要选用容易掉毛的毛线,编织时可以根据小朋友的喜好重新搭配线材颜色,编织时保持图案位置居中。

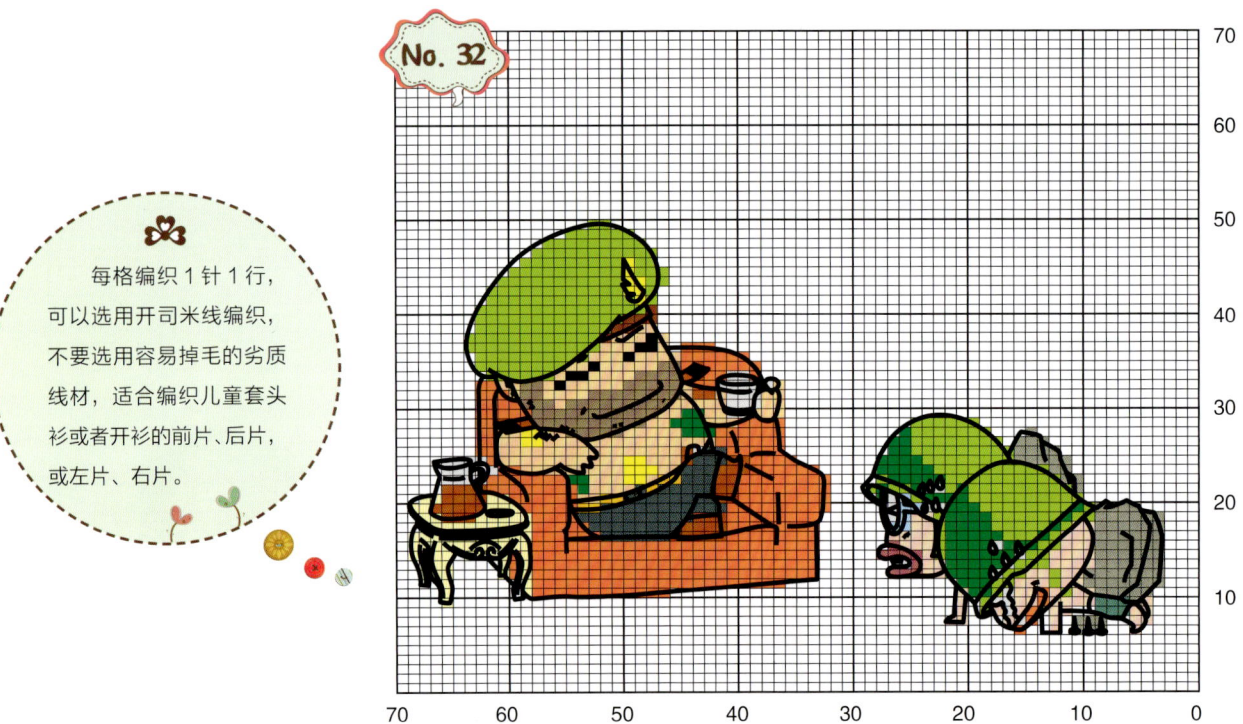

每格编织1针1行,可以选用开司米线编织,不要选用容易掉毛的劣质线材,适合编织儿童套头衫或者开衫的前片、后片,或左片、右片。

No. 33

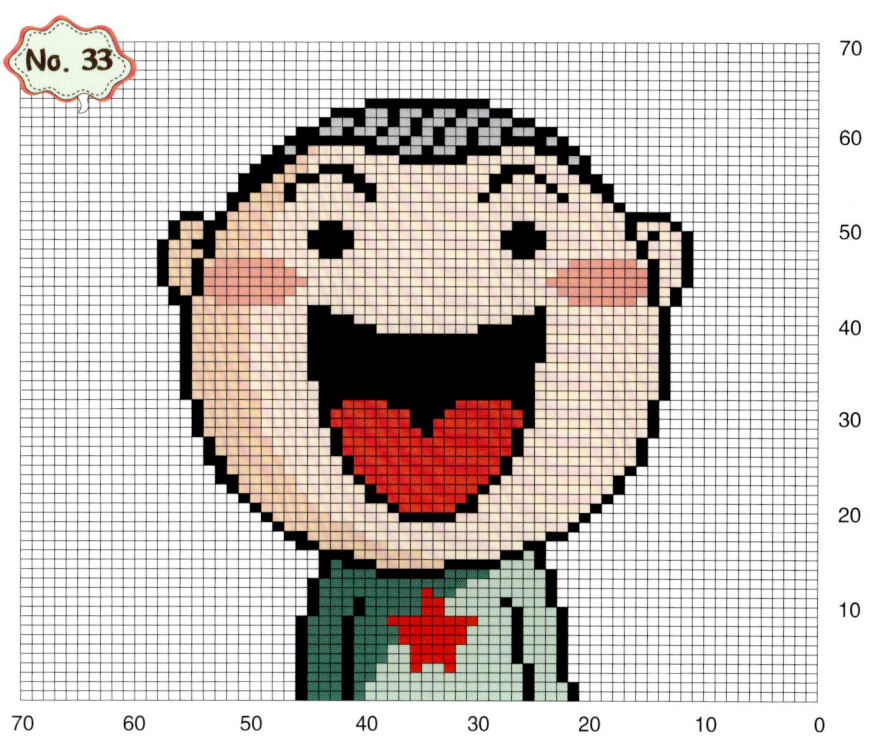

每格编织1针1行，可以选用质量较好的开司米线，不要选用容易掉毛的毛线，编织时可以根据小朋友的喜好重新搭配线材颜色，编织时保持图案位置居中。

No. 34

每格编织1针1行，可以选用米兰线编织，不要选用容易掉毛的劣质线材，适合编织儿童套头衫或者开衫的前片、后片，或左片、右片。

每格编织1针1行,可以选用质量较好的马海毛线,不要选用容易掉毛的毛线,编织时可以根据小朋友的喜好重新搭配线材颜色,编织时保持图案位置居中。

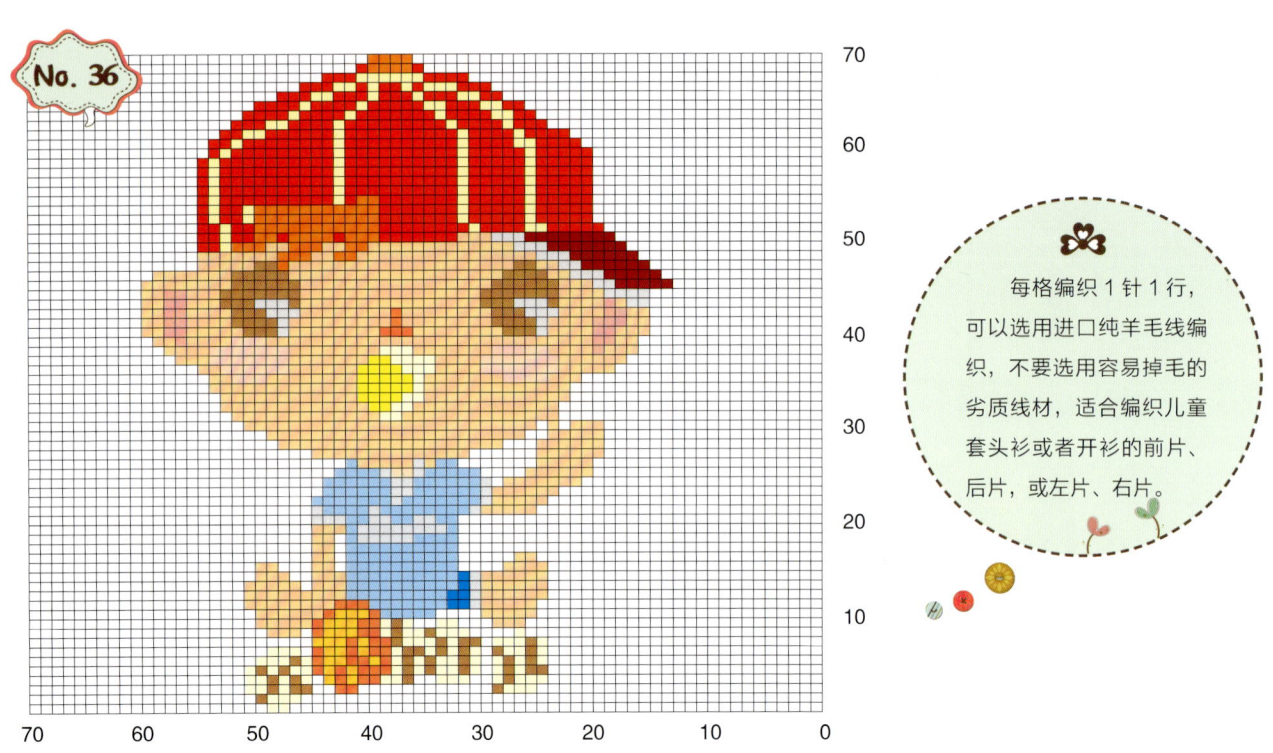

每格编织1针1行,可以选用进口纯羊毛线编织,不要选用容易掉毛的劣质线材,适合编织儿童套头衫或者开衫的前片、后片,或左片、右片。

No. 37

每格编织1针1行，可以选用质量较好的马海毛线，不要选用容易掉毛的毛线，编织时可以根据小朋友的喜好重新搭配线材颜色，编织时保持图案位置居中。

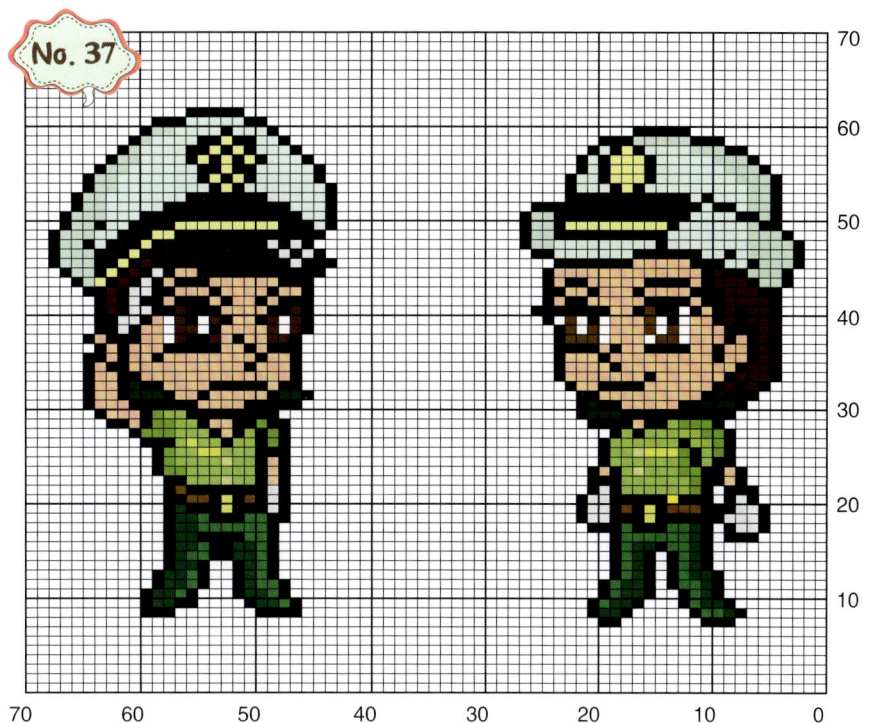

No. 38

每格编织1针1行，可以选用进口纯羊毛线编织，不要选用容易掉毛的劣质线材，适合编织儿童套头衫或者开衫的前片、后片，或左片、右片。

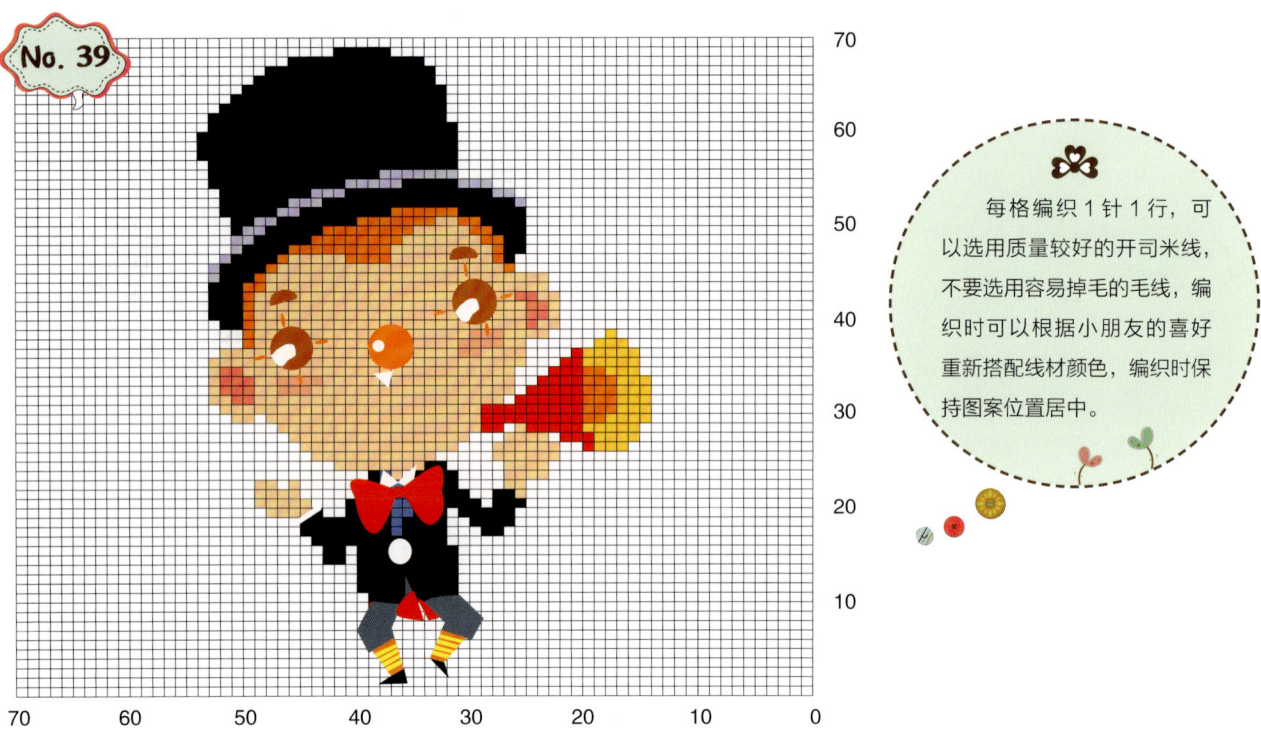

每格编织1针1行，可以选用质量较好的开司米线，不要选用容易掉毛的毛线，编织时可以根据小朋友的喜好重新搭配线材颜色，编织时保持图案位置居中。

每格编织1针1行，可以选用米兰线编织，不要选用容易掉毛的劣质线材，适合编织儿童套头衫或者开衫的前片、后片，或左片、右片。

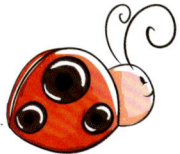

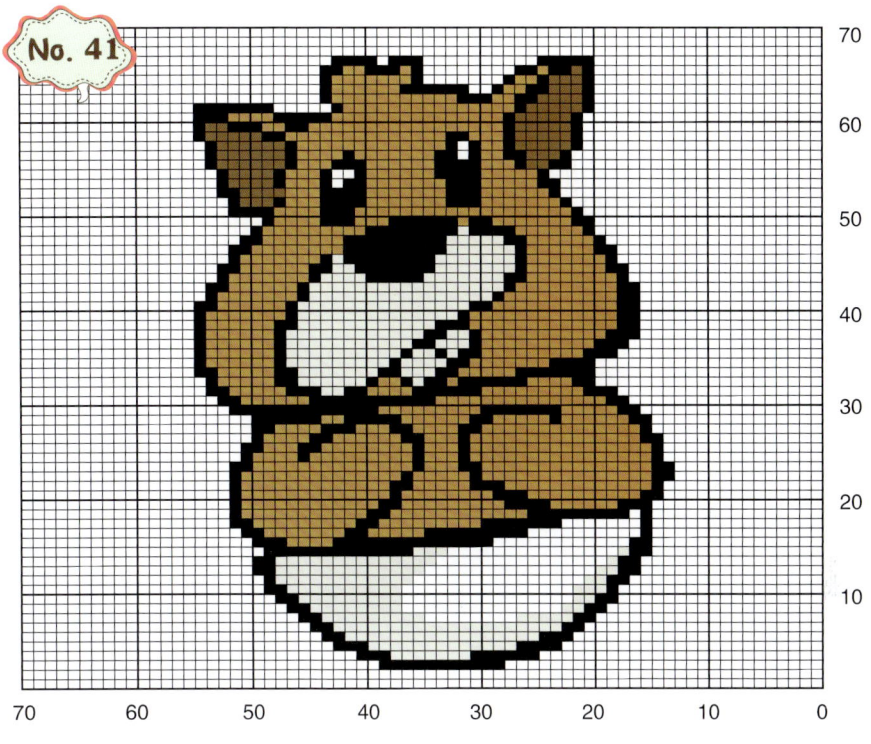

每格编织1针1行,可以选用质量较好的开司米线,不要选用容易掉毛的毛线,编织时可以根据小朋友的喜好重新搭配线材颜色,编织时保持图案位置居中。

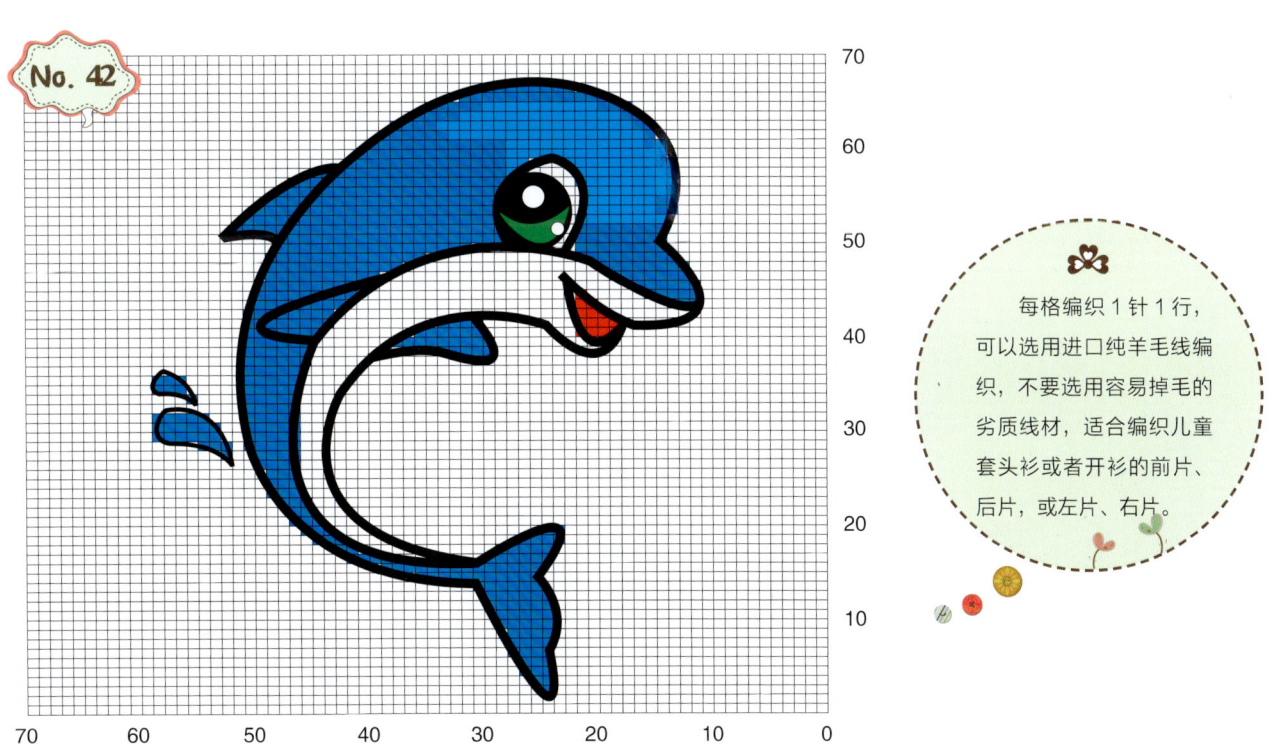

每格编织1针1行,可以选用进口纯羊毛线编织,不要选用容易掉毛的劣质线材,适合编织儿童套头衫或者开衫的前片、后片,或左片、右片。

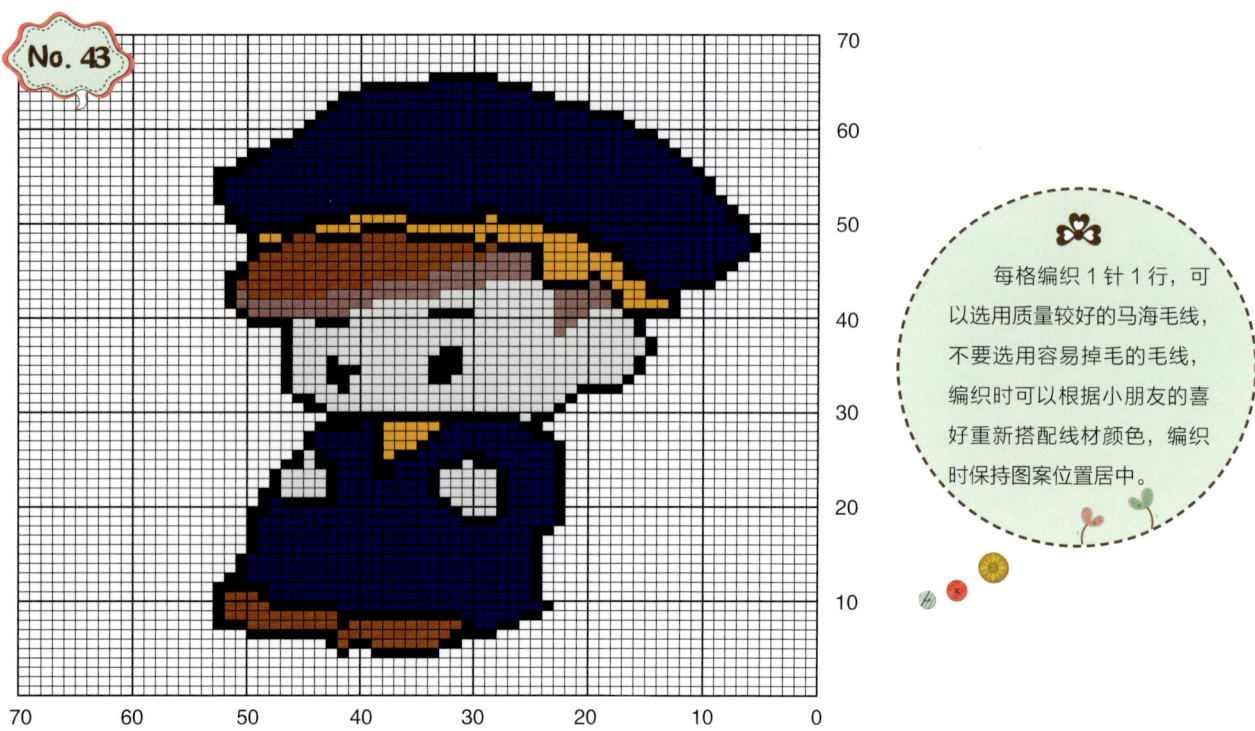

每格编织1针1行,可以选用质量较好的马海毛线,不要选用容易掉毛的毛线,编织时可以根据小朋友的喜好重新搭配线材颜色,编织时保持图案位置居中。

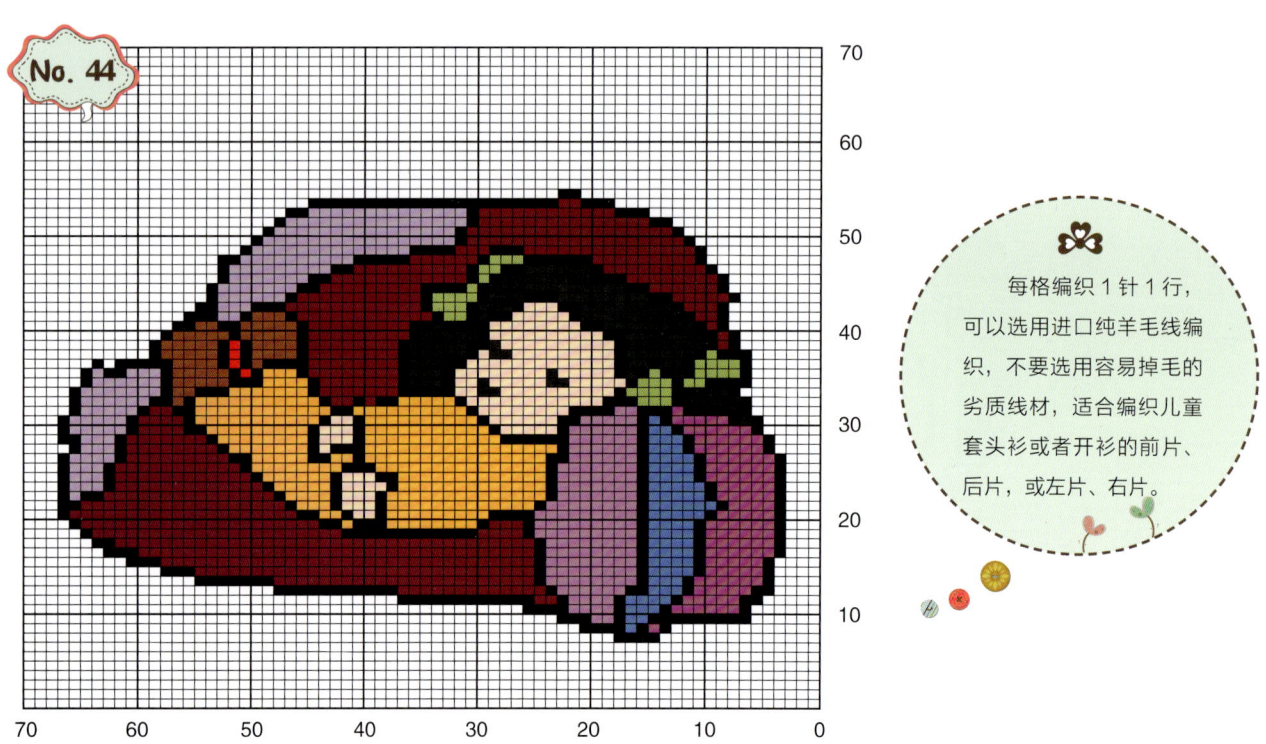

每格编织1针1行,可以选用进口纯羊毛线编织,不要选用容易掉毛的劣质线材,适合编织儿童套头衫或者开衫的前片、后片,或左片、右片。

No. 45

每格编织1针1行，可以选用质量较好的马海毛线，不要选用容易掉毛的毛线，编织时可以根据小朋友的喜好重新搭配线材颜色，编织时保持图案位置居中。

No. 46

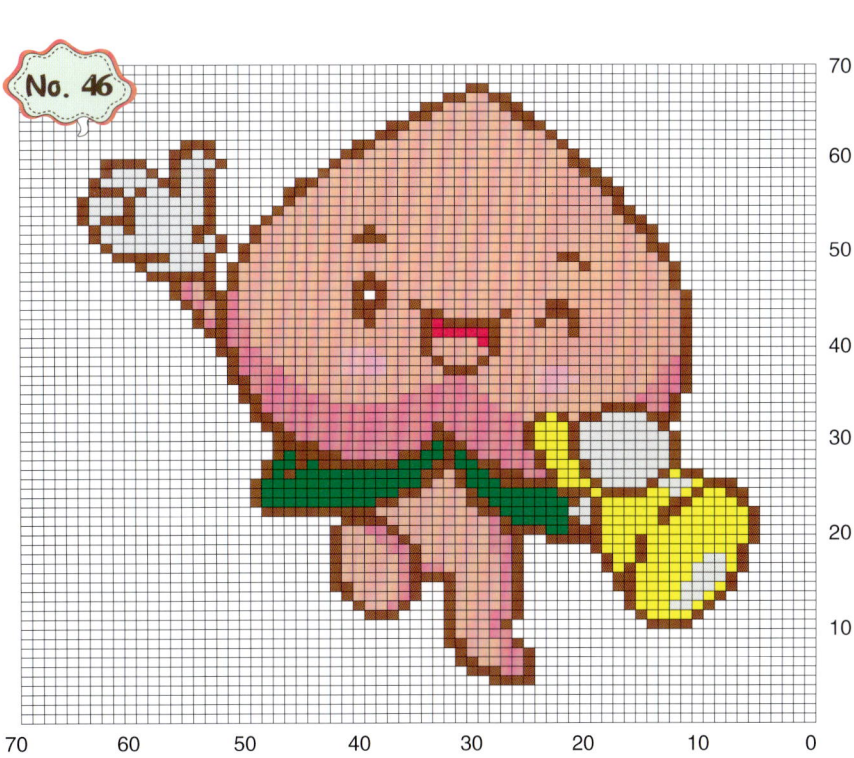

每格编织1针1行，可以选用进口纯羊毛线编织，不要选用容易掉毛的劣质线材，适合编织儿童套头衫或者开衫的前片、后片，或左片、右片。

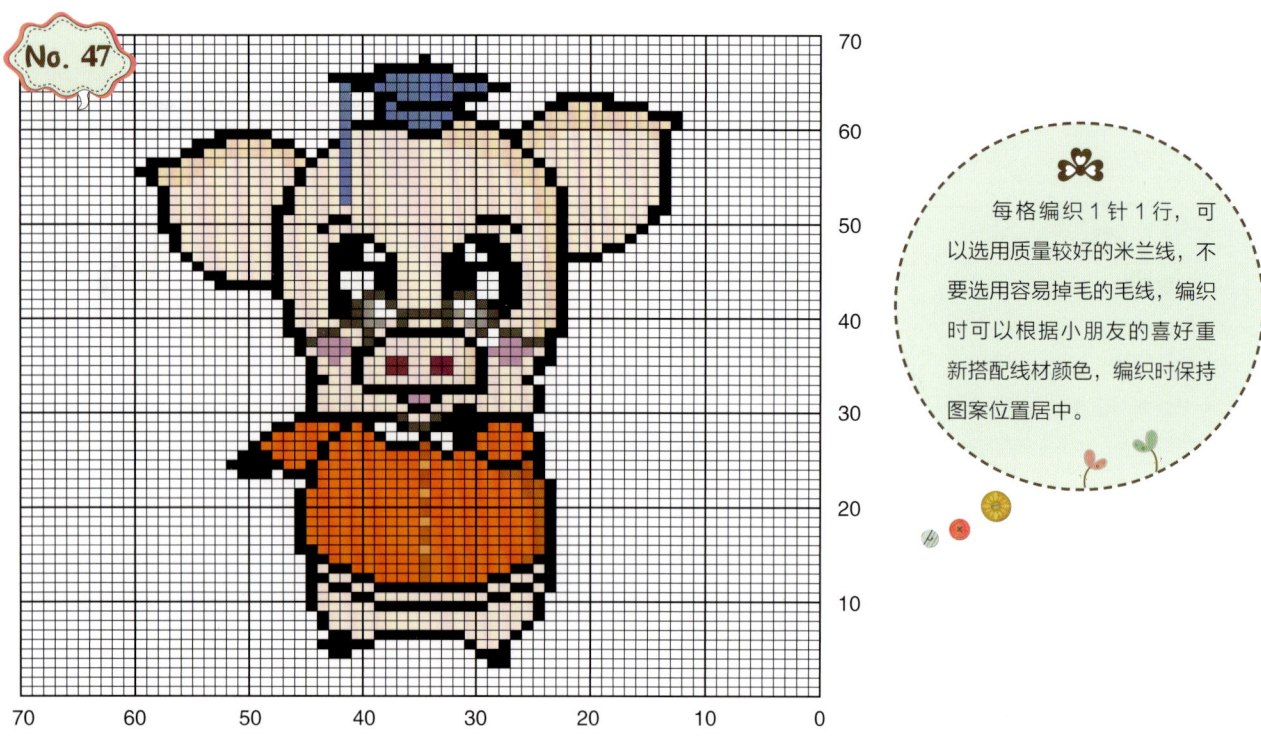

每格编织1针1行,可以选用质量较好的米兰线,不要选用容易掉毛的毛线,编织时可以根据小朋友的喜好重新搭配线材颜色,编织时保持图案位置居中。

每格编织1针1行,可以选用进口纯羊毛线编织,不要选用容易掉毛的劣质线材,适合编织儿童套头衫或者开衫的前片、后片,或左片、右片。

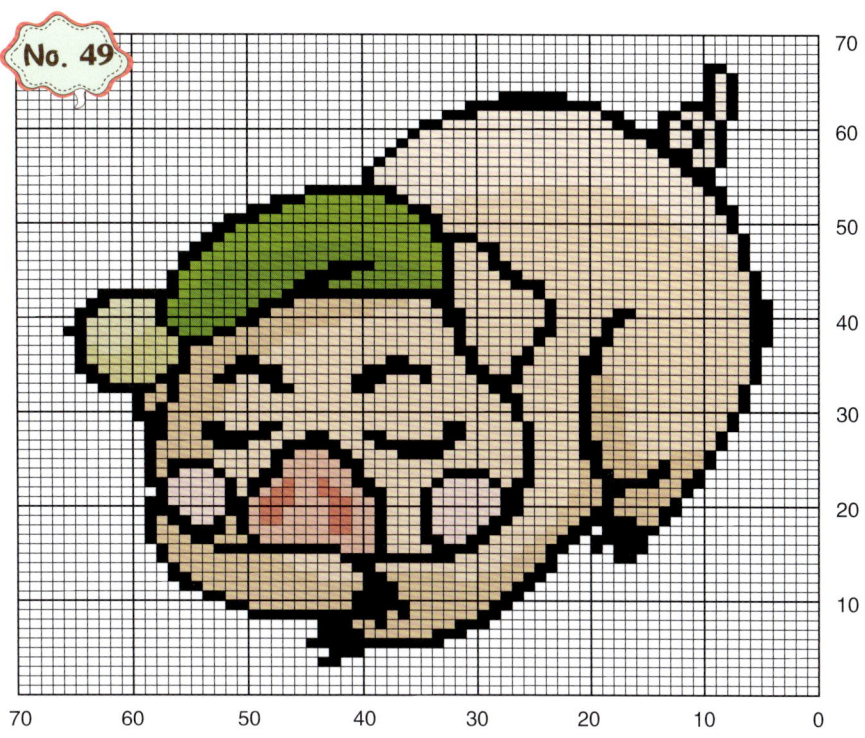

每格编织1针1行，可以选用质量较好的开司米线，不要选用容易掉毛的毛线，编织时可以根据小朋友的喜好重新搭配线材颜色，编织时保持图案位置居中。

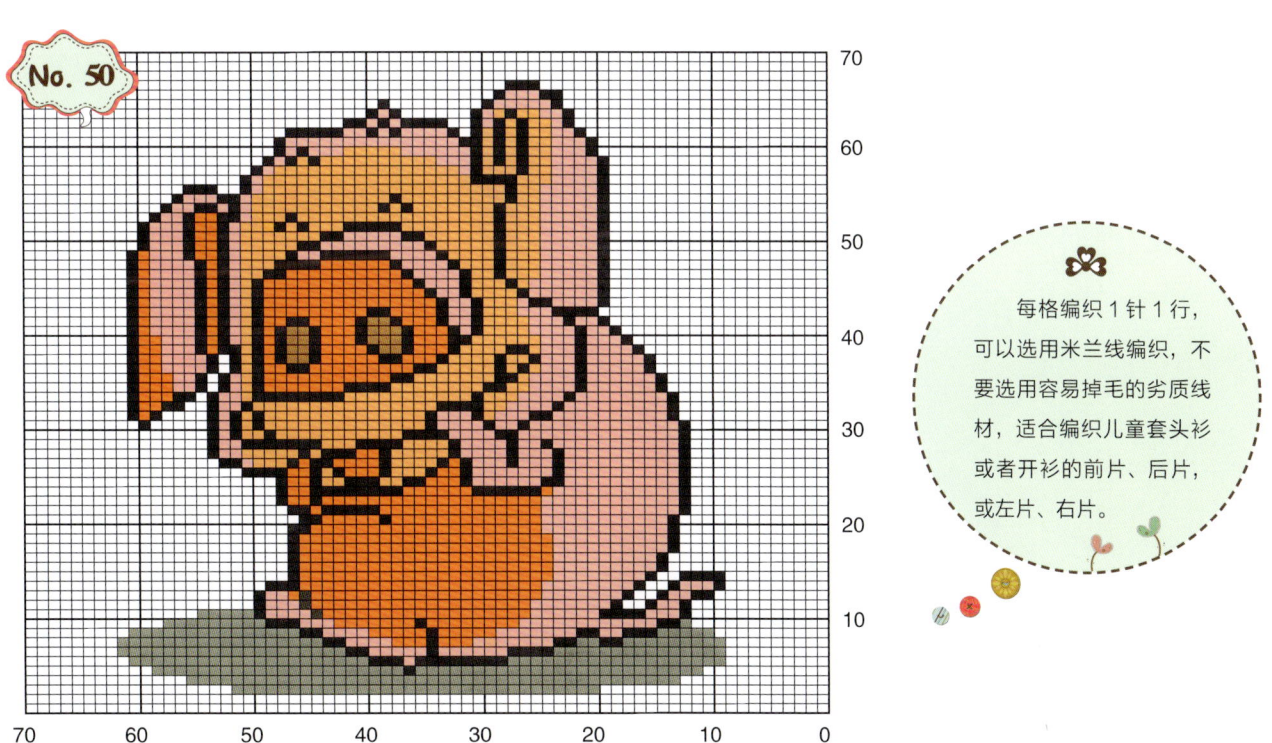

每格编织1针1行，可以选用米兰线编织，不要选用容易掉毛的劣质线材，适合编织儿童套头衫或者开衫的前片、后片，或左片、右片。

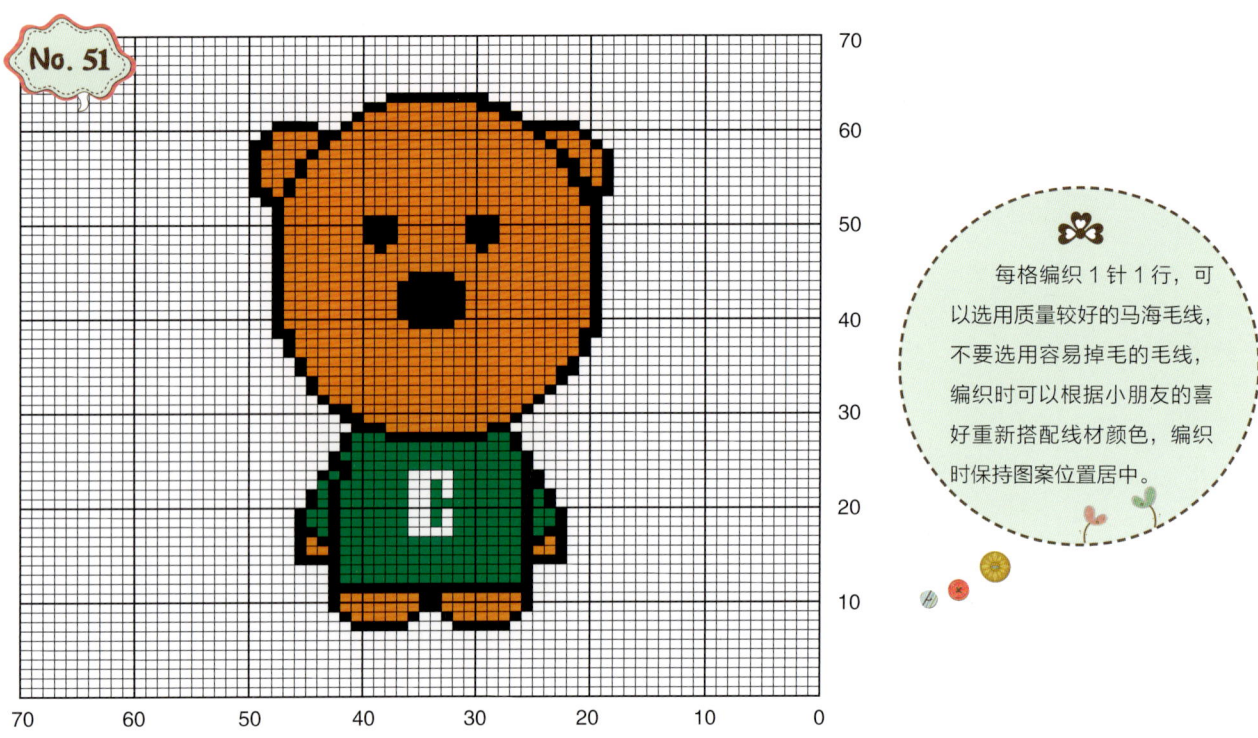

每格编织1针1行,可以选用质量较好的马海毛线,不要选用容易掉毛的毛线,编织时可以根据小朋友的喜好重新搭配线材颜色,编织时保持图案位置居中。

每格编织1针1行,可以选用进口纯羊毛线编织,不要选用容易掉毛的劣质线材,适合编织儿童套头衫或者开衫的前片、后片,或左片、右片。

每格编织1针1行，可以选用质量较好的马海毛线，不要选用容易掉毛的毛线，编织时可以根据小朋友的喜好重新搭配线材颜色，编织时保持图案位置居中。

每格编织1针1行，可以选用开司米线编织，不要选用容易掉毛的劣质线材，适合编织儿童套头衫或者开衫的前片、后片，或左片、右片。

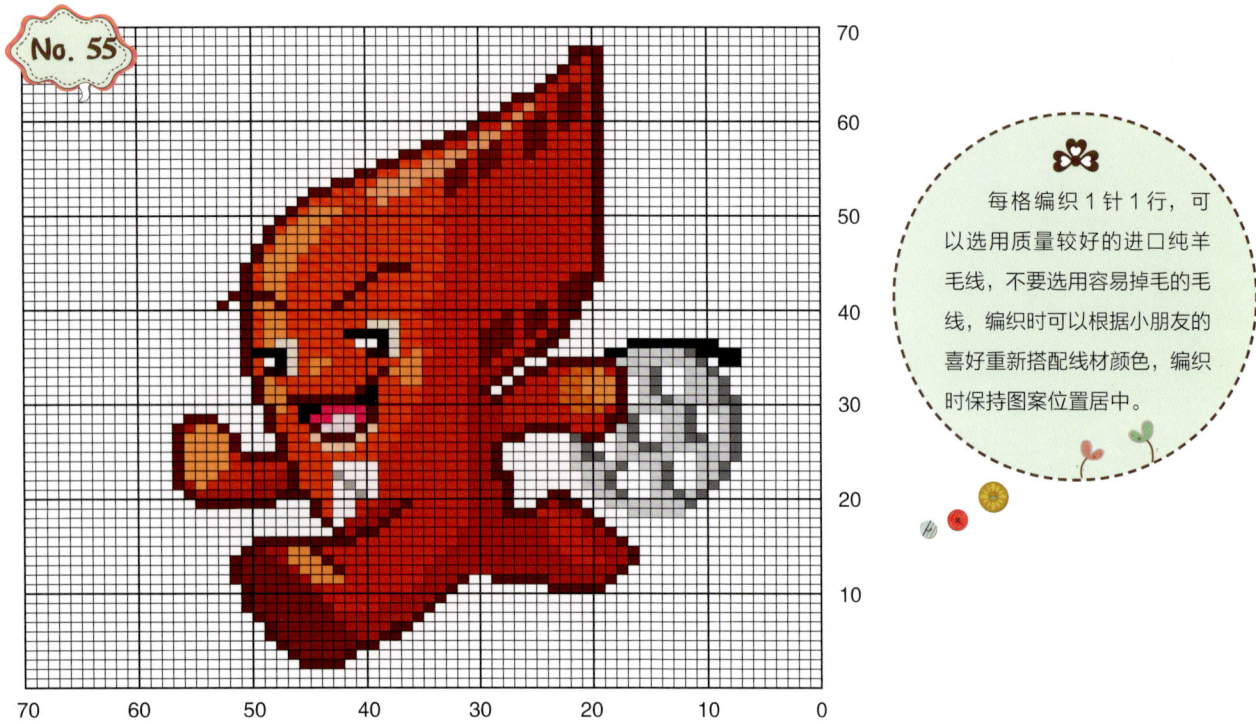

每格编织1针1行，可以选用质量较好的进口纯羊毛线，不要选用容易掉毛的毛线，编织时可以根据小朋友的喜好重新搭配线材颜色，编织时保持图案位置居中。

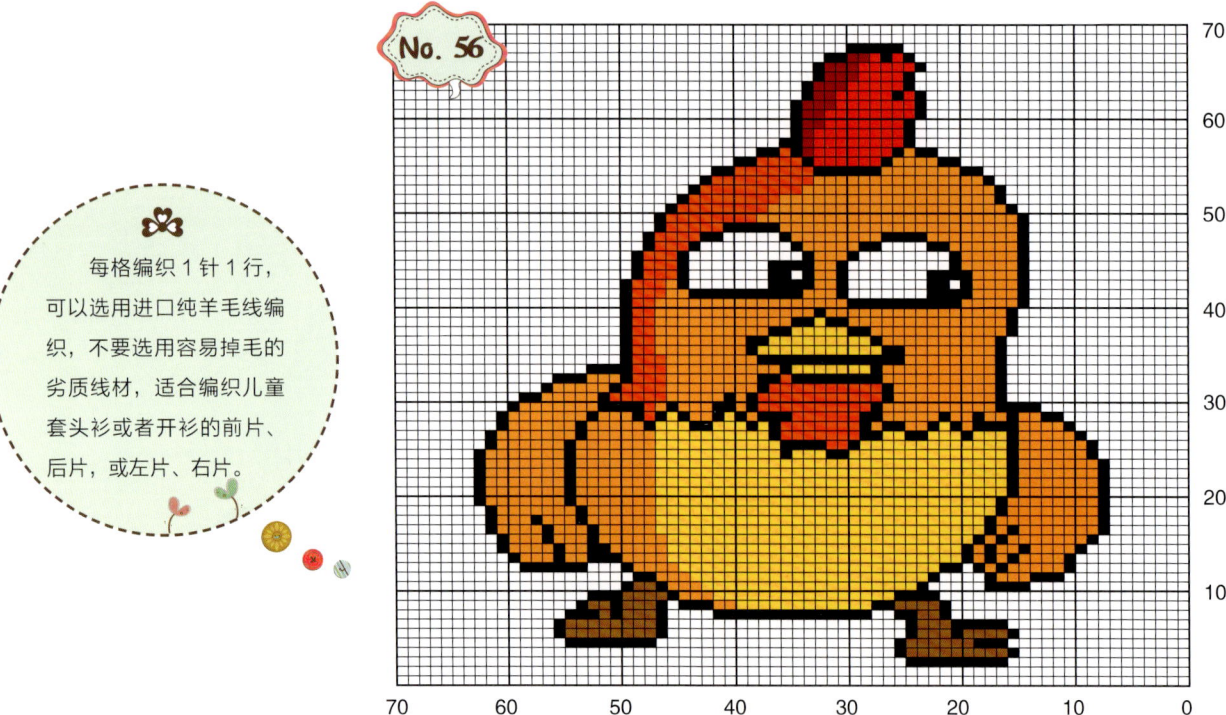

每格编织1针1行，可以选用进口纯羊毛线编织，不要选用容易掉毛的劣质线材，适合编织儿童套头衫或者开衫的前片、后片，或左片、右片。

No. 57

每格编织1针1行，可以选用质量较好的开司米线，不要选用容易掉毛的毛线，编织时可以根据小朋友的喜好重新搭配线材颜色，编织时保持图案位置居中。

No. 58

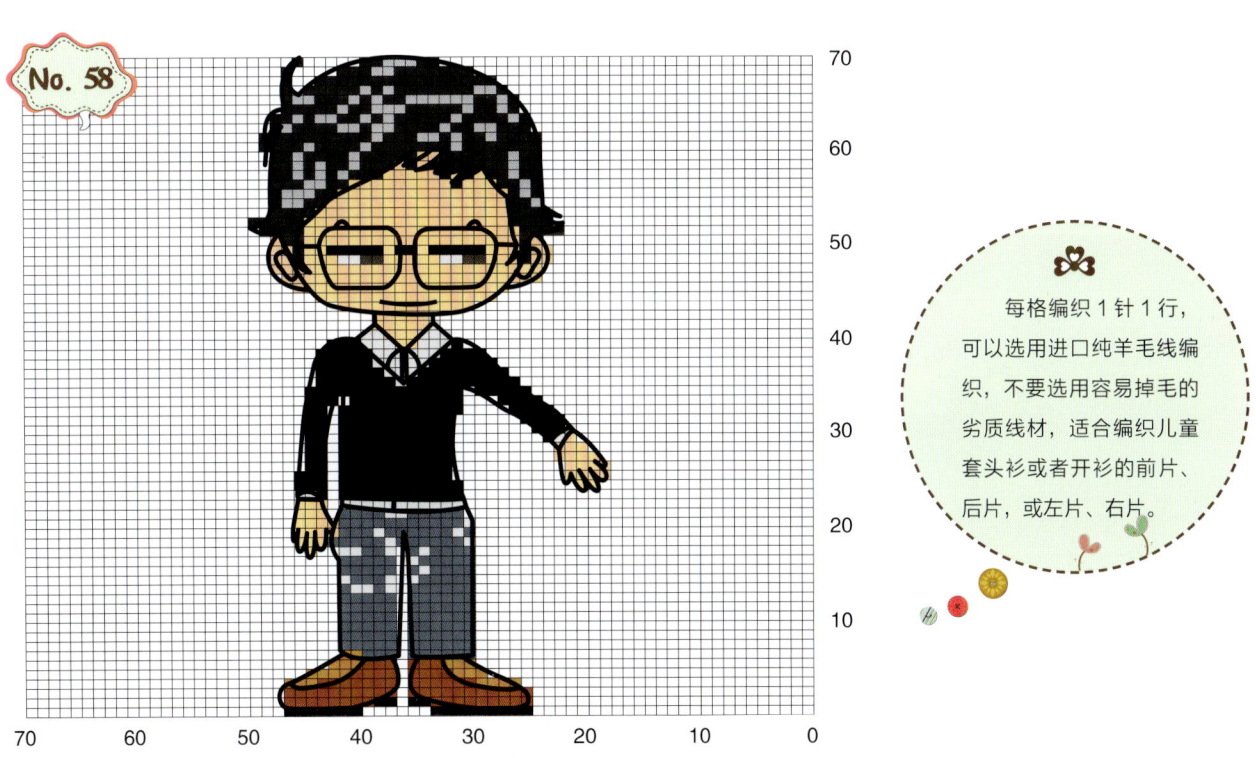

每格编织1针1行，可以选用进口纯羊毛线编织，不要选用容易掉毛的劣质线材，适合编织儿童套头衫或者开衫的前片、后片，或左片、右片。

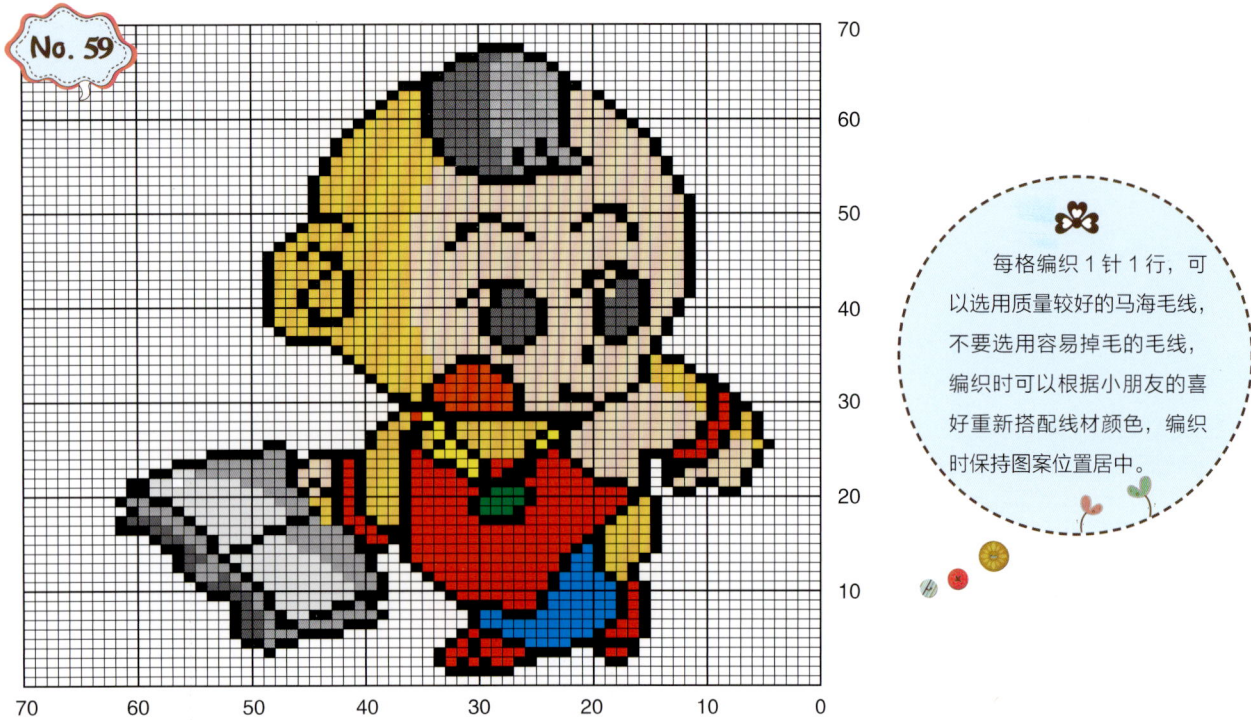

每格编织1针1行，可以选用质量较好的马海毛线，不要选用容易掉毛的毛线，编织时可以根据小朋友的喜好重新搭配线材颜色，编织时保持图案位置居中。

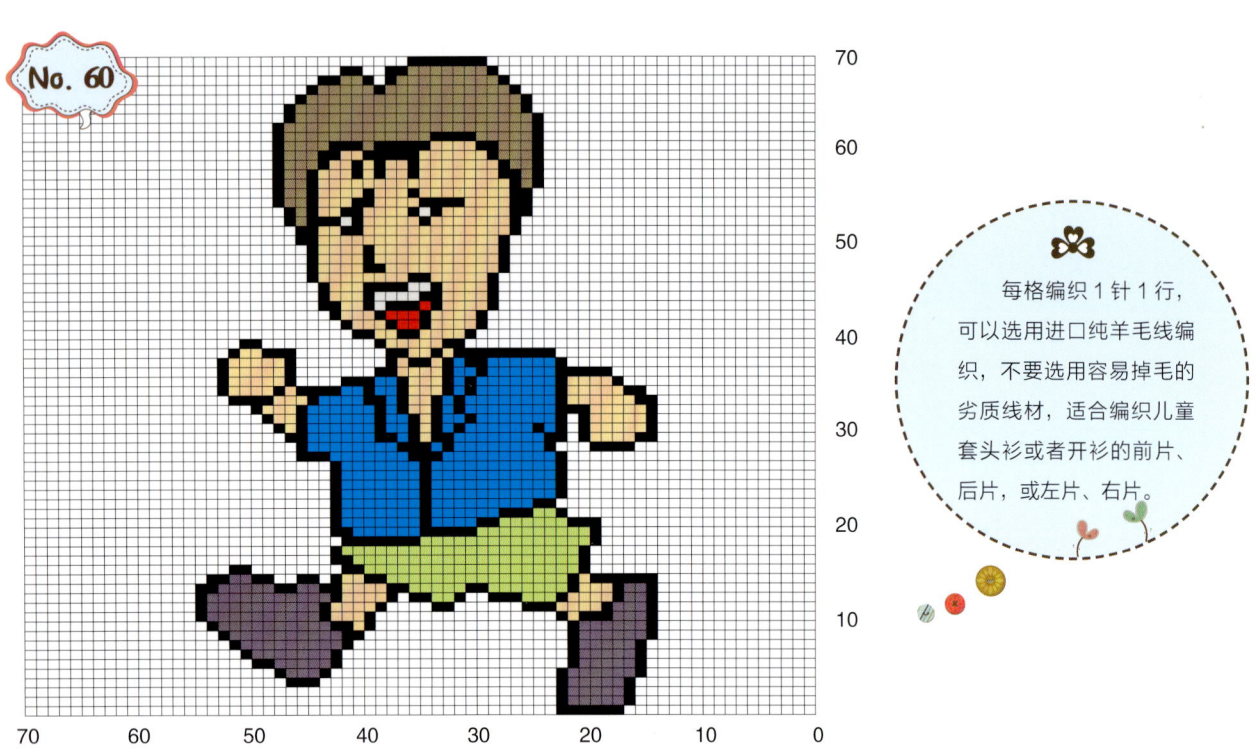

每格编织1针1行，可以选用进口纯羊毛线编织，不要选用容易掉毛的劣质线材，适合编织儿童套头衫或者开衫的前片、后片，或左片、右片。

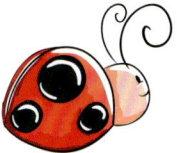

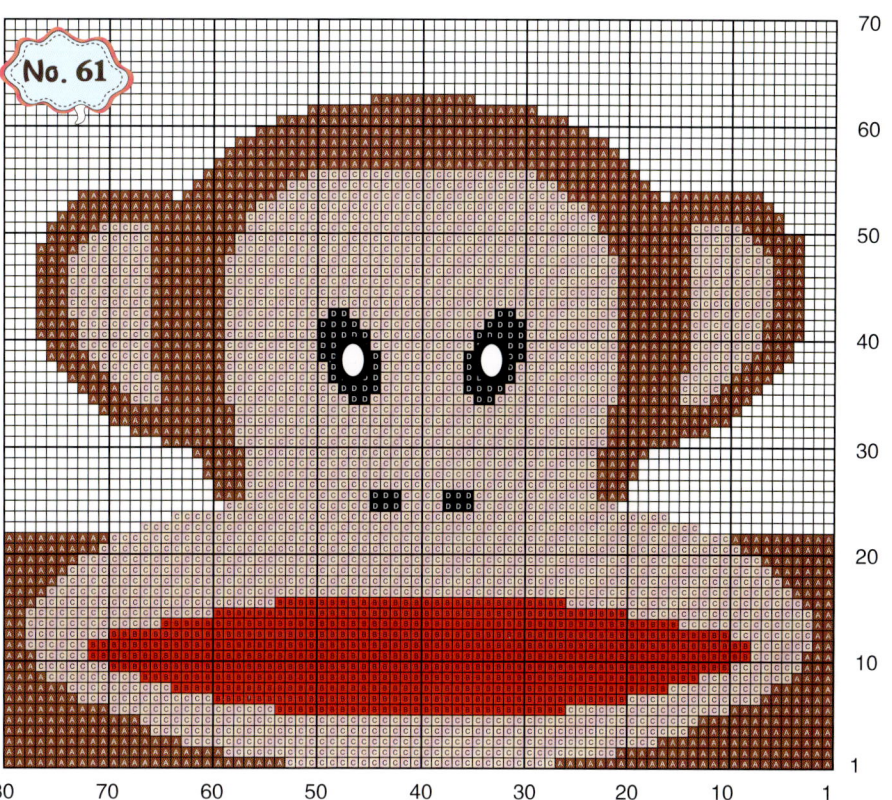

每格编织1针1行，可以选用质量较好的马海毛线，不要选用容易掉毛的毛线，编织时可以根据小朋友的喜好重新搭配线材颜色，编织时保持图案位置居中。

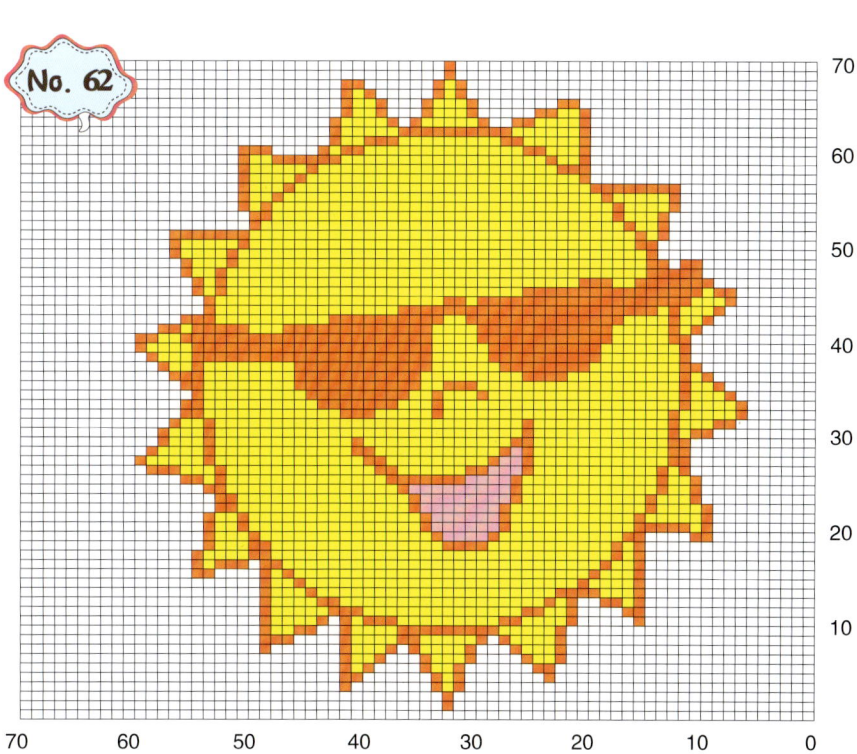

每格编织1针1行，可以选用开司米线编织，不要选用容易掉毛的劣质线材，适合编织儿童套头衫或者开衫的前片、后片，或左片、右片。

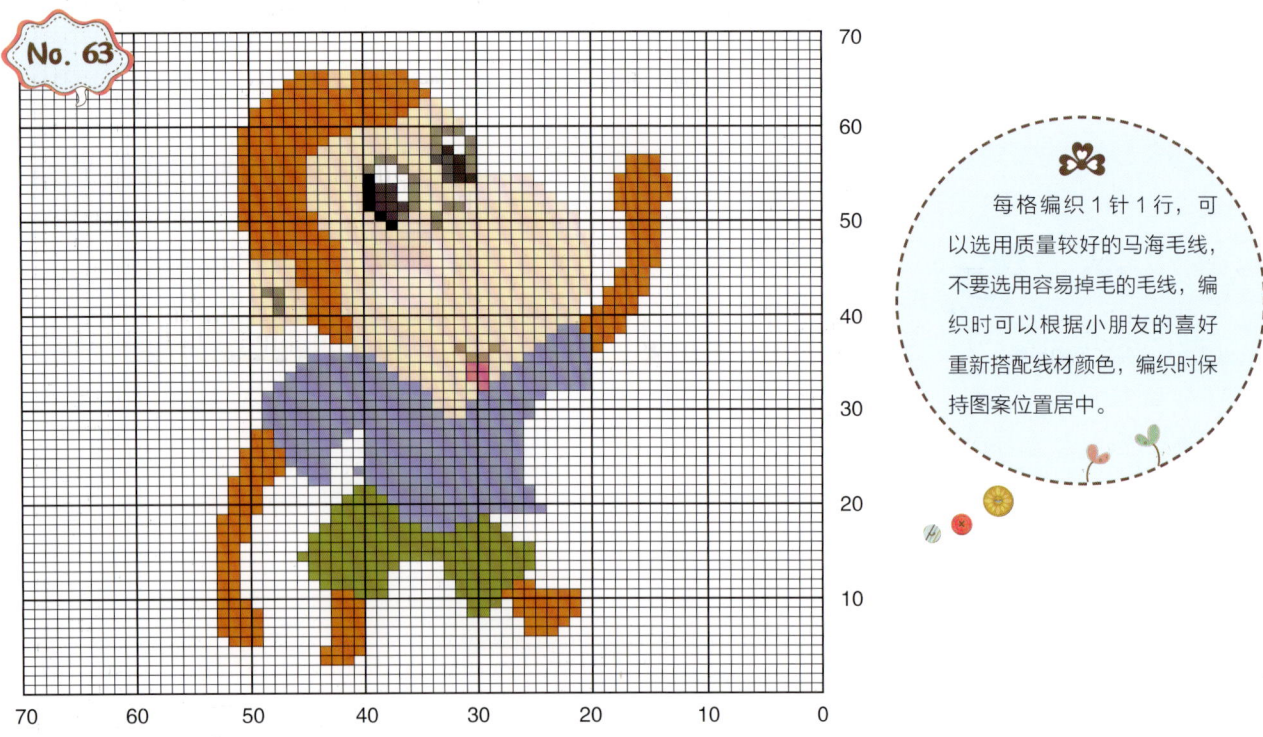

每格编织1针1行，可以选用质量较好的马海毛线，不要选用容易掉毛的毛线，编织时可以根据小朋友的喜好重新搭配线材颜色，编织时保持图案位置居中。

每格编织1针1行，可以选用进口纯羊毛线编织，不要选用容易掉毛的劣质线材，适合编织儿童套头衫或者开衫的前片、后片，或左片、右片。

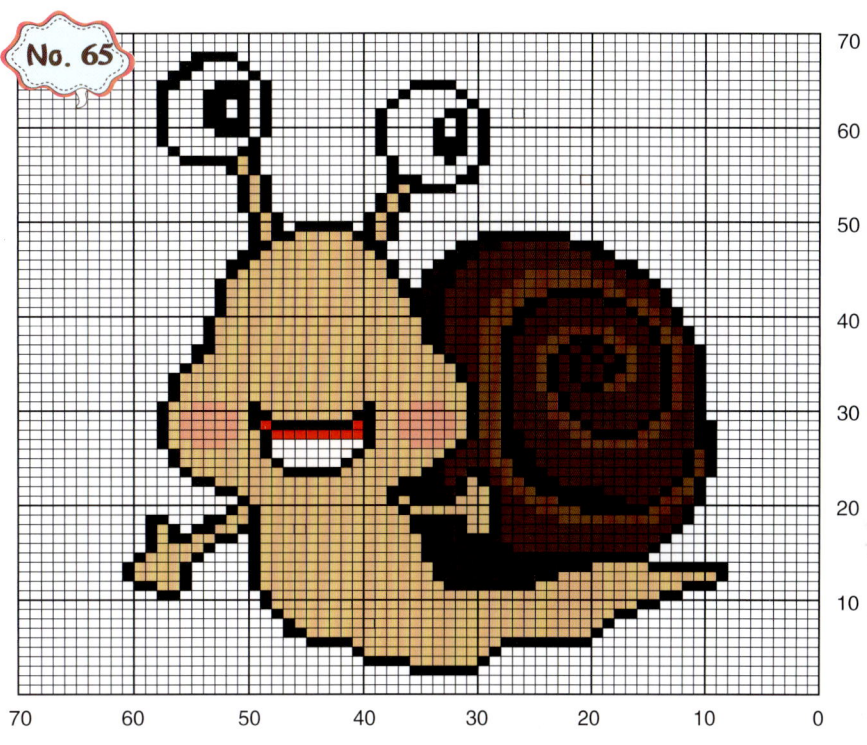

每格编织1针1行，可以选用质量较好的马海毛线，不要选用容易掉毛的毛线，编织时可以根据小朋友的喜好重新搭配线材颜色，编织时保持图案位置居中。

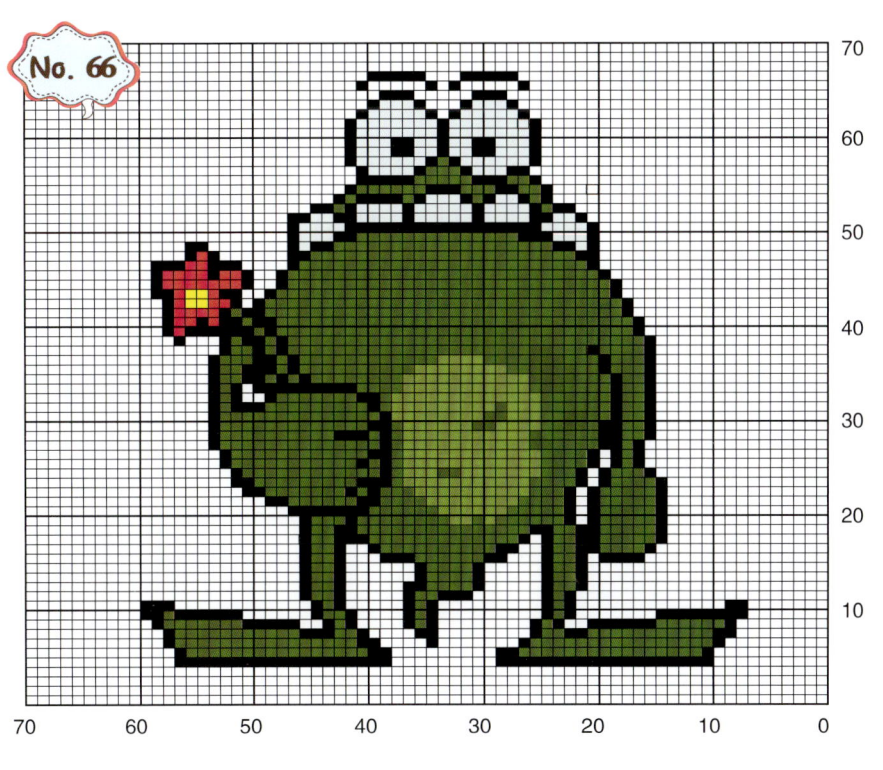

每格编织1针1行，可以选用米兰线编织，不要选用容易掉毛的劣质线材，适合编织儿童套头衫或者开衫的前片、后片，或左片、右片。

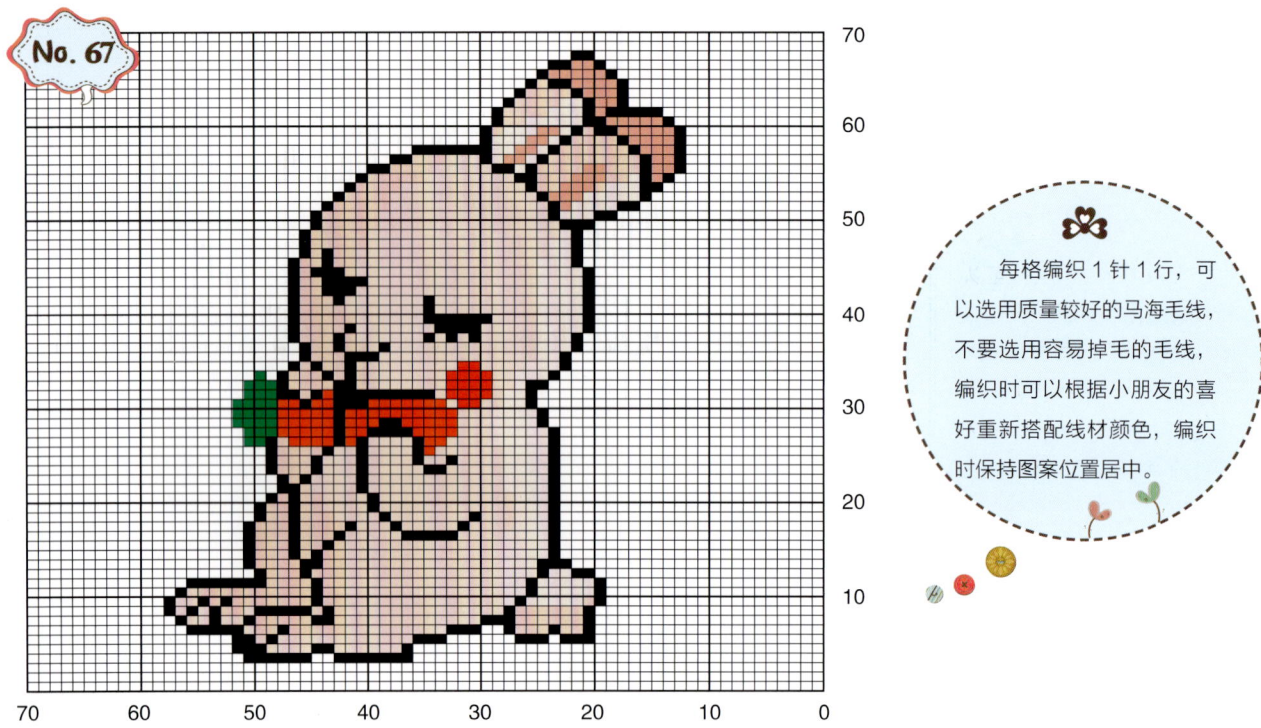

每格编织1针1行,可以选用质量较好的马海毛线,不要选用容易掉毛的毛线,编织时可以根据小朋友的喜好重新搭配线材颜色,编织时保持图案位置居中。

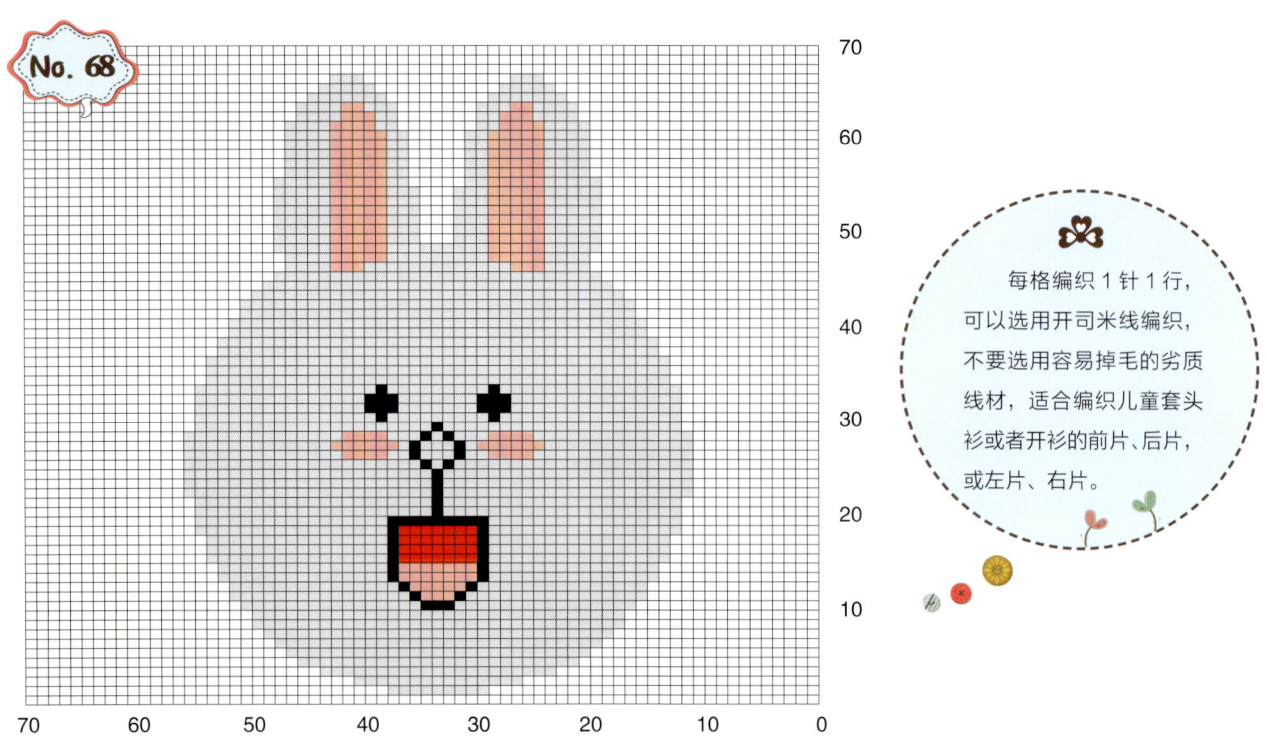

每格编织1针1行,可以选用开司米线编织,不要选用容易掉毛的劣质线材,适合编织儿童套头衫或者开衫的前片、后片,或左片、右片。

No. 69

每格编织1针1行，可以选用质量较好的马海毛线，不要选用容易掉毛的毛线，编织时可以根据小朋友的喜好重新搭配线材颜色，编织时保持图案位置居中。

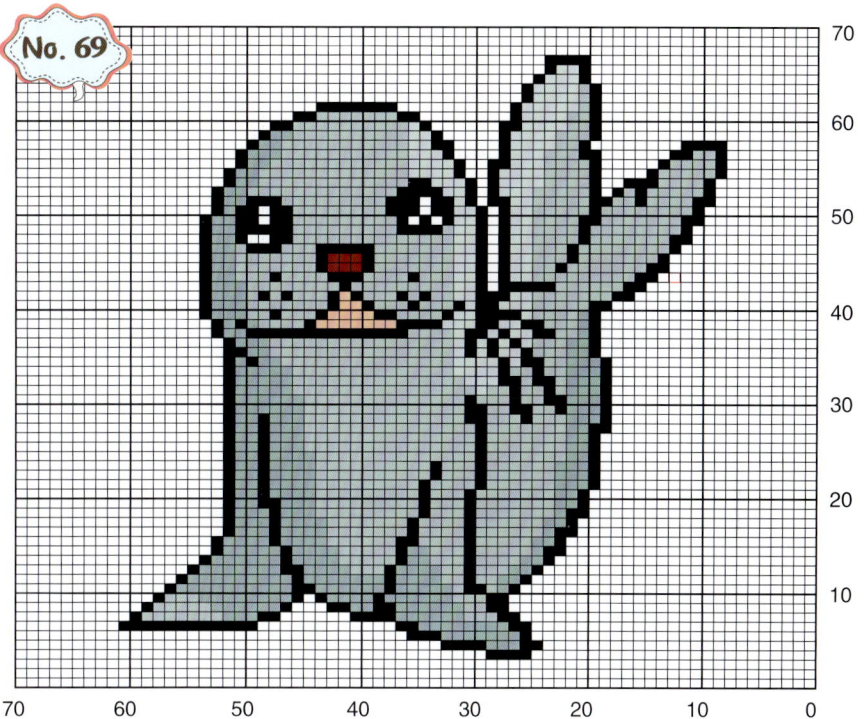

No. 70

每格编织1针1行，可以选用进口纯羊毛线编织，不要选用容易掉毛的劣质线材，适合编织儿童套头衫或者开衫的前片、后片，或左片、右片。

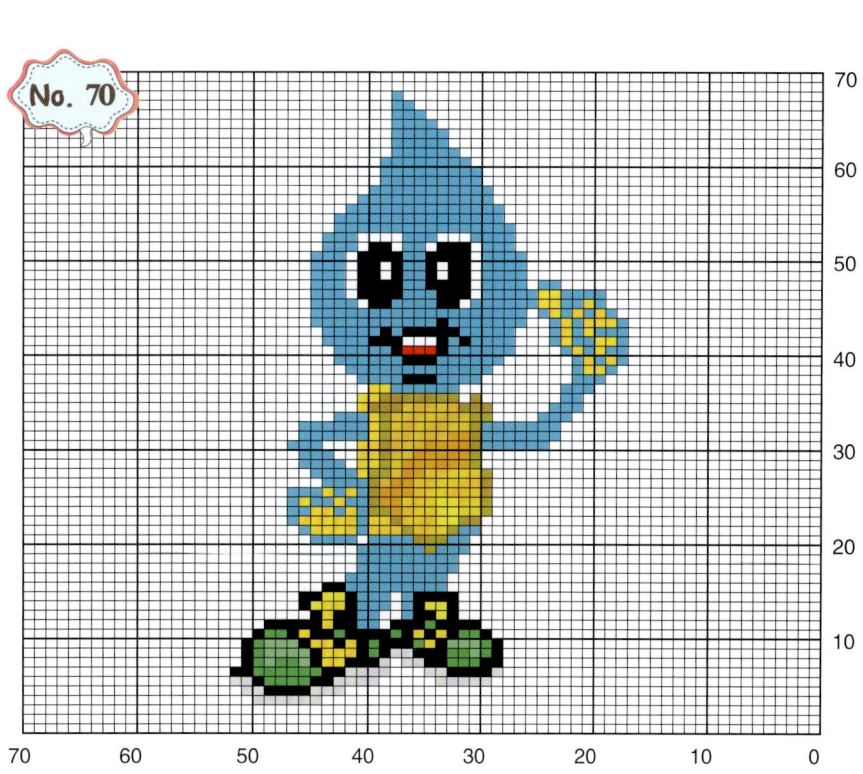

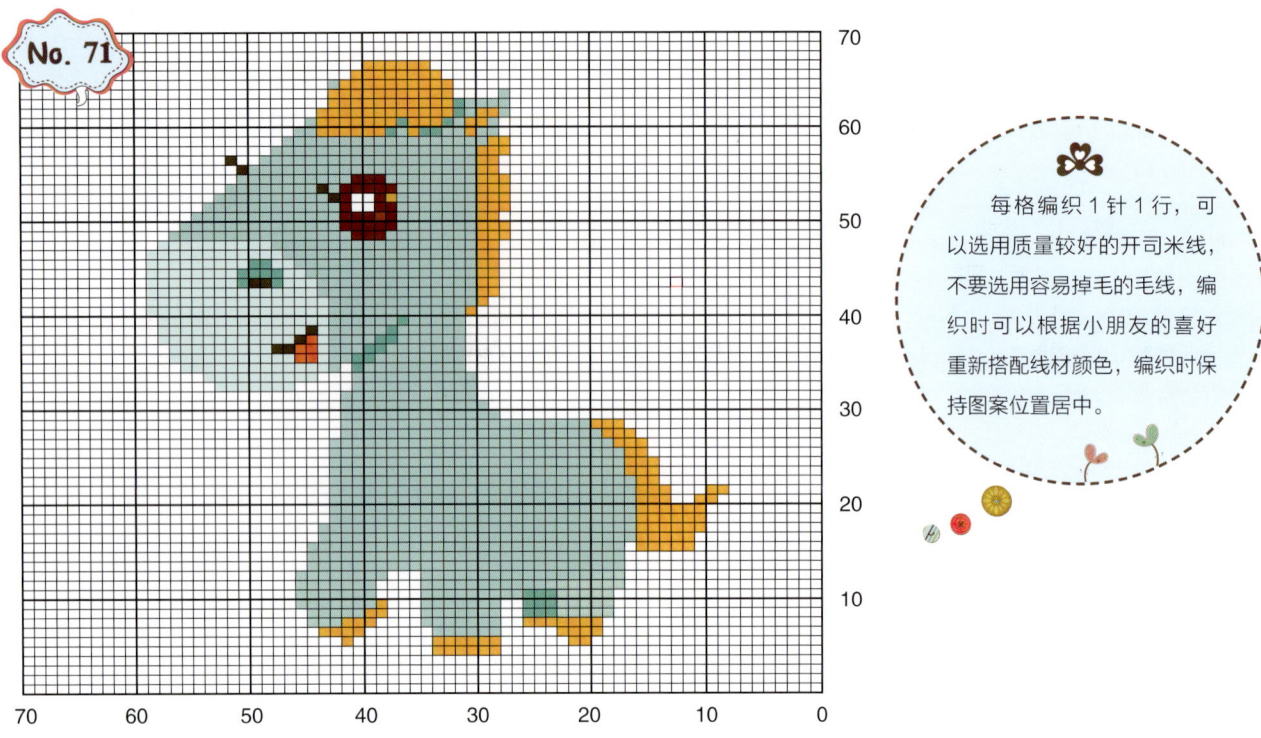

每格编织1针1行，可以选用质量较好的开司米线，不要选用容易掉毛的毛线，编织时可以根据小朋友的喜好重新搭配线材颜色，编织时保持图案位置居中。

每格编织1针1行，可以选用进口纯羊毛线编织，不要选用容易掉毛的劣质线材，适合编织儿童套头衫或者开衫的前片、后片，或左片、右片。

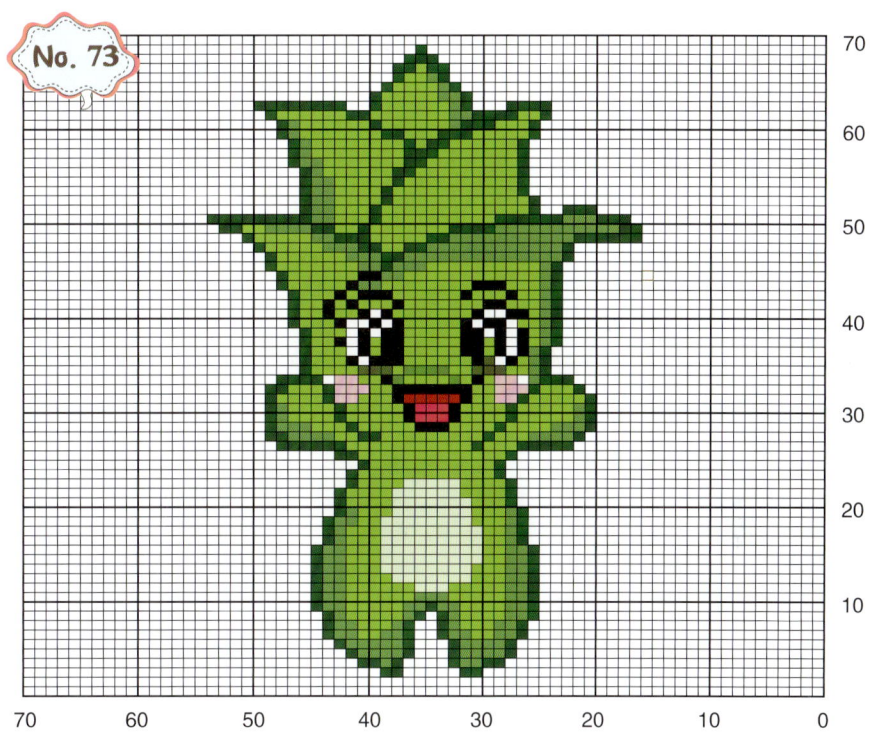

每格编织1针1行，可以选用质量较好的马海毛线，不要选用容易掉毛的毛线，编织时可以根据小朋友的喜好重新搭配线材颜色，编织时保持图案位置居中。

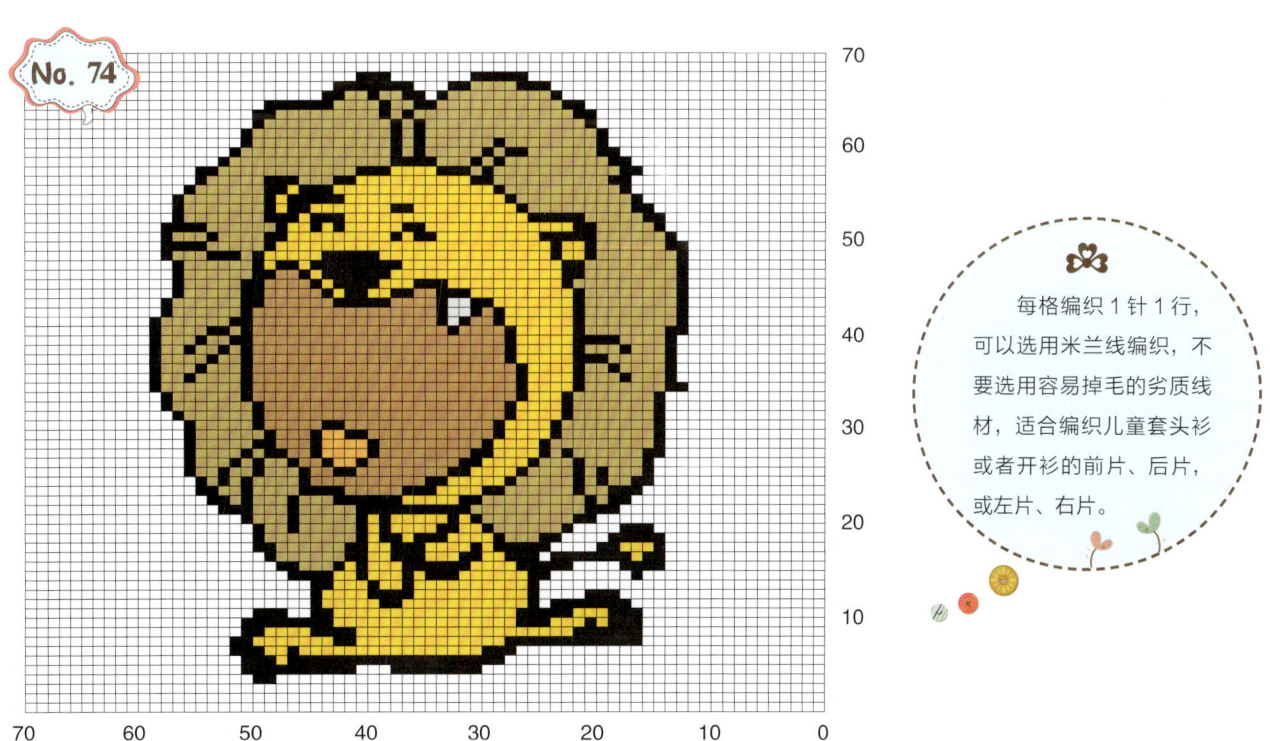

每格编织1针1行，可以选用米兰线编织，不要选用容易掉毛的劣质线材，适合编织儿童套头衫或者开衫的前片、后片，或左片、右片。

No. 75

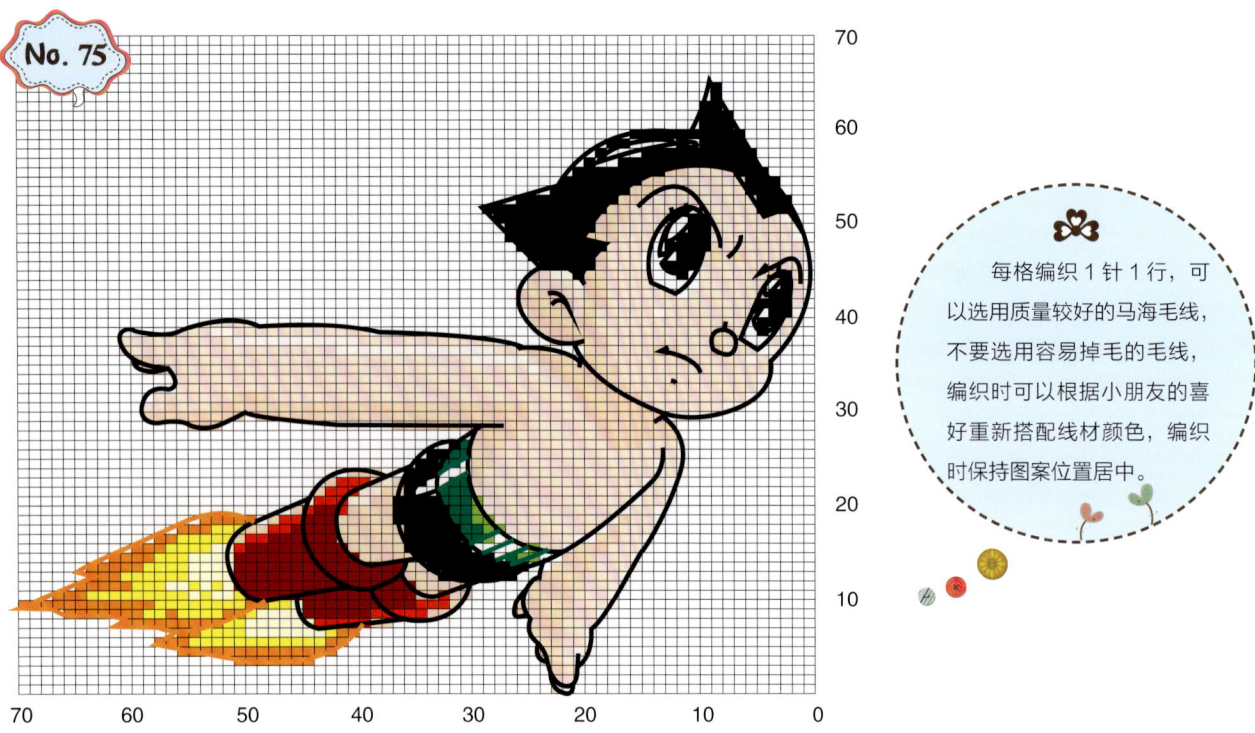

每格编织1针1行，可以选用质量较好的马海毛线，不要选用容易掉毛的毛线，编织时可以根据小朋友的喜好重新搭配线材颜色，编织时保持图案位置居中。

No. 76

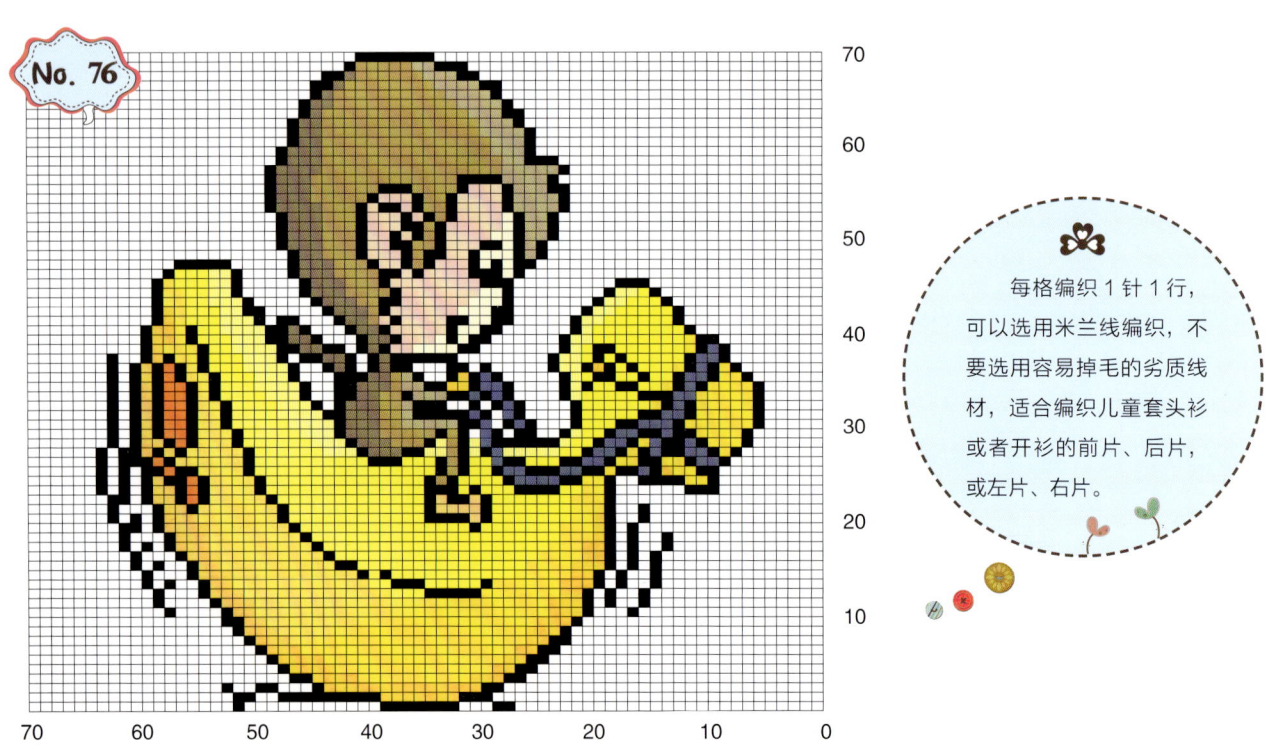

每格编织1针1行，可以选用米兰线编织，不要选用容易掉毛的劣质线材，适合编织儿童套头衫或者开衫的前片、后片，或左片、右片。

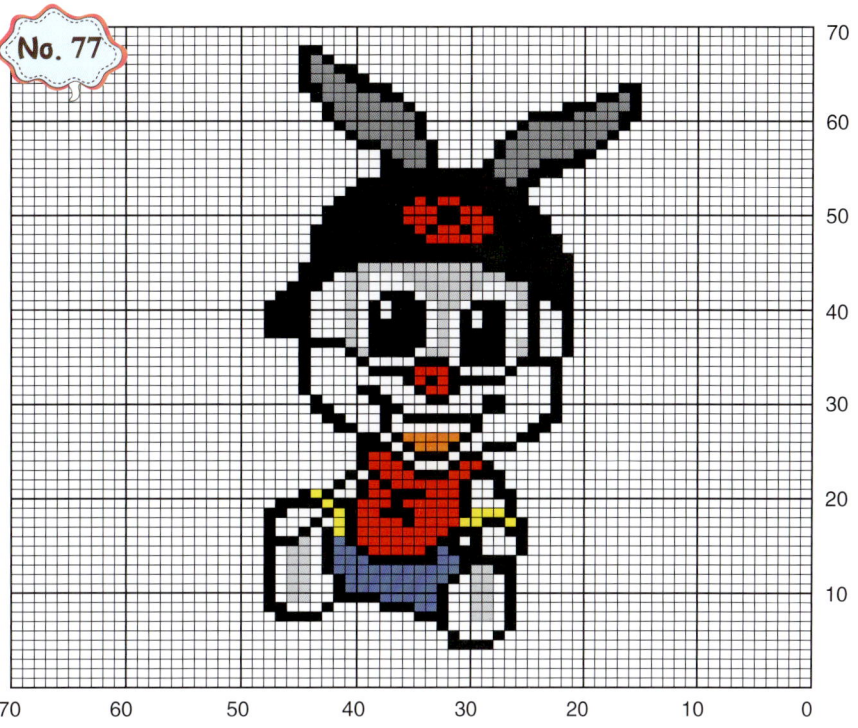

 每格编织1针1行，可以选用质量较好的马海毛线，不要选用容易掉毛的毛线，编织时可以根据小朋友的喜好重新搭配线材颜色，编织时保持图案位置居中。

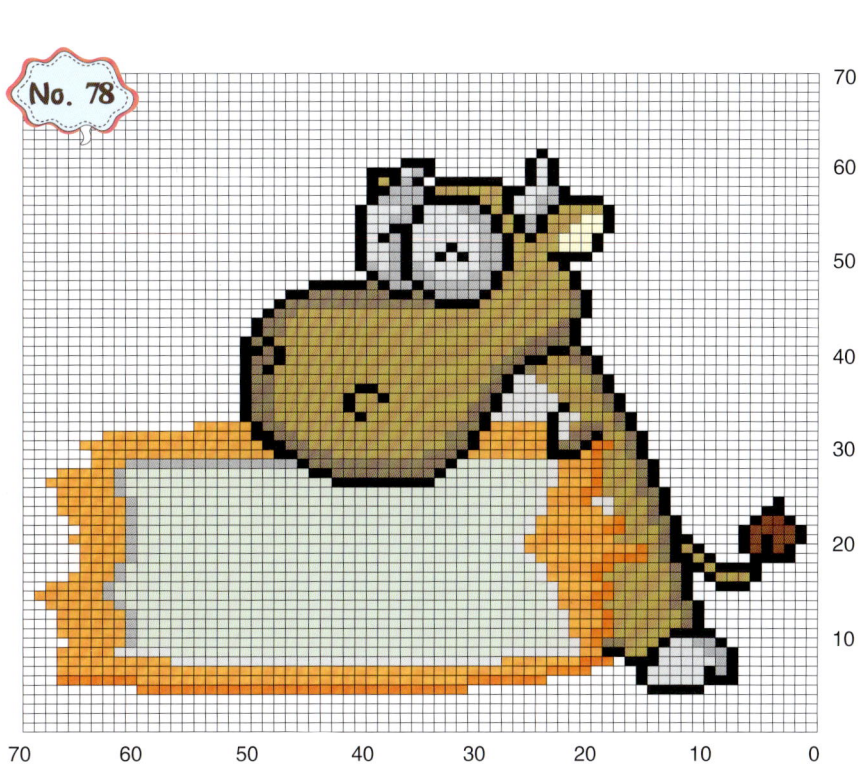

每格编织1针1行，可以选用进口纯羊毛线编织，不要选用容易掉毛的劣质线材，适合编织儿童套头衫或者开衫的前片、后片，或左片、右片。

每格编织1针1行,可以选用质量较好的马海毛线,不要选用容易掉毛的毛线,编织时可以根据小朋友的喜好重新搭配线材颜色,编织时保持图案位置居中。

每格编织1针1行,可以选用开司米线编织,不要选用容易掉毛的劣质线材,适合编织儿童套头衫或者开衫的前片、后片,或左片、右片。

每格编织1针1行,可以选用质量较好的马海毛线,不要选用容易掉毛的毛线,编织时可以根据小朋友的喜好重新搭配线材颜色,编织时保持图案位置居中。

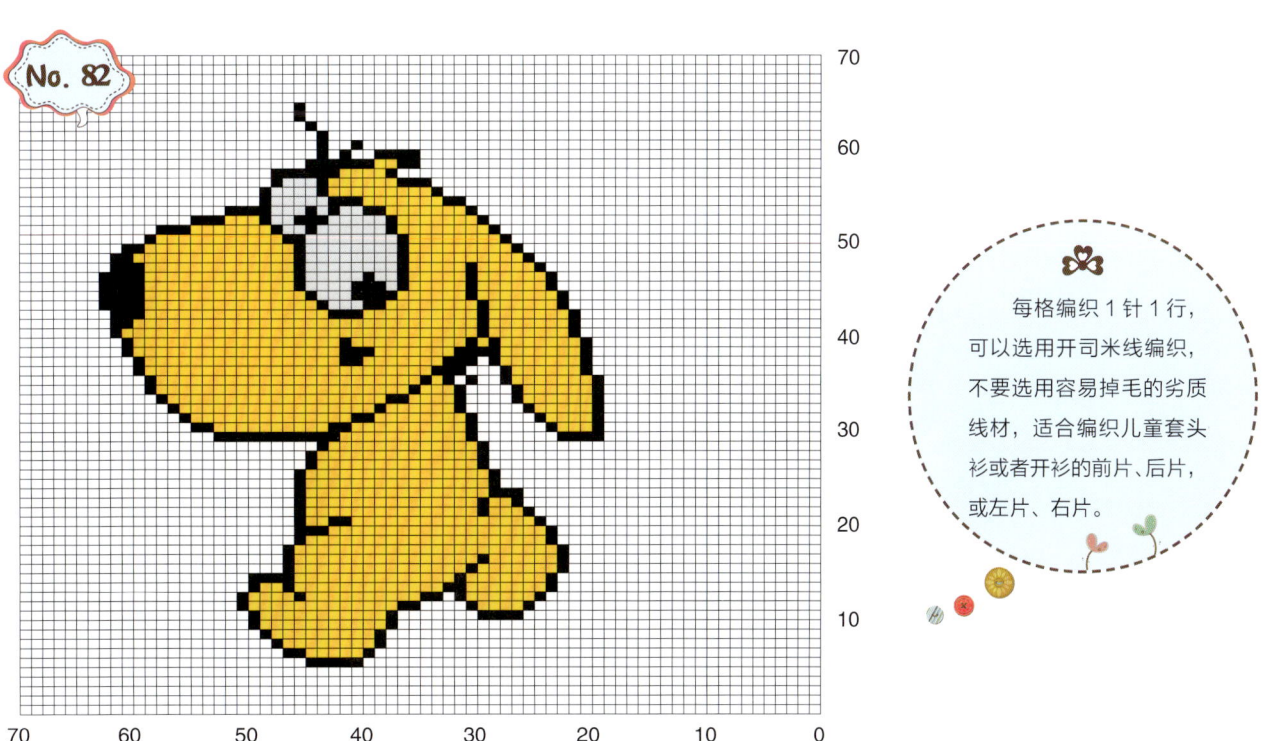

每格编织1针1行,可以选用开司米线编织,不要选用容易掉毛的劣质线材,适合编织儿童套头衫或者开衫的前片、后片,或左片、右片。

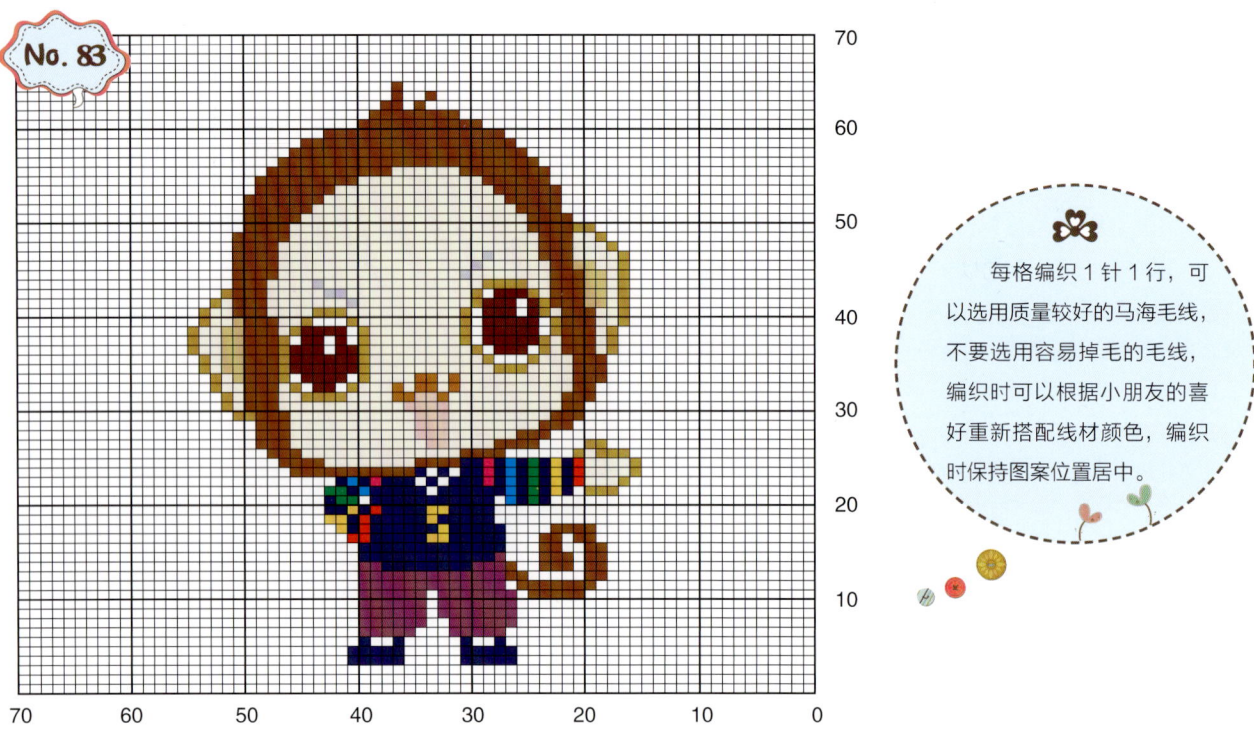

每格编织1针1行,可以选用质量较好的马海毛线,不要选用容易掉毛的毛线,编织时可以根据小朋友的喜好重新搭配线材颜色,编织时保持图案位置居中。

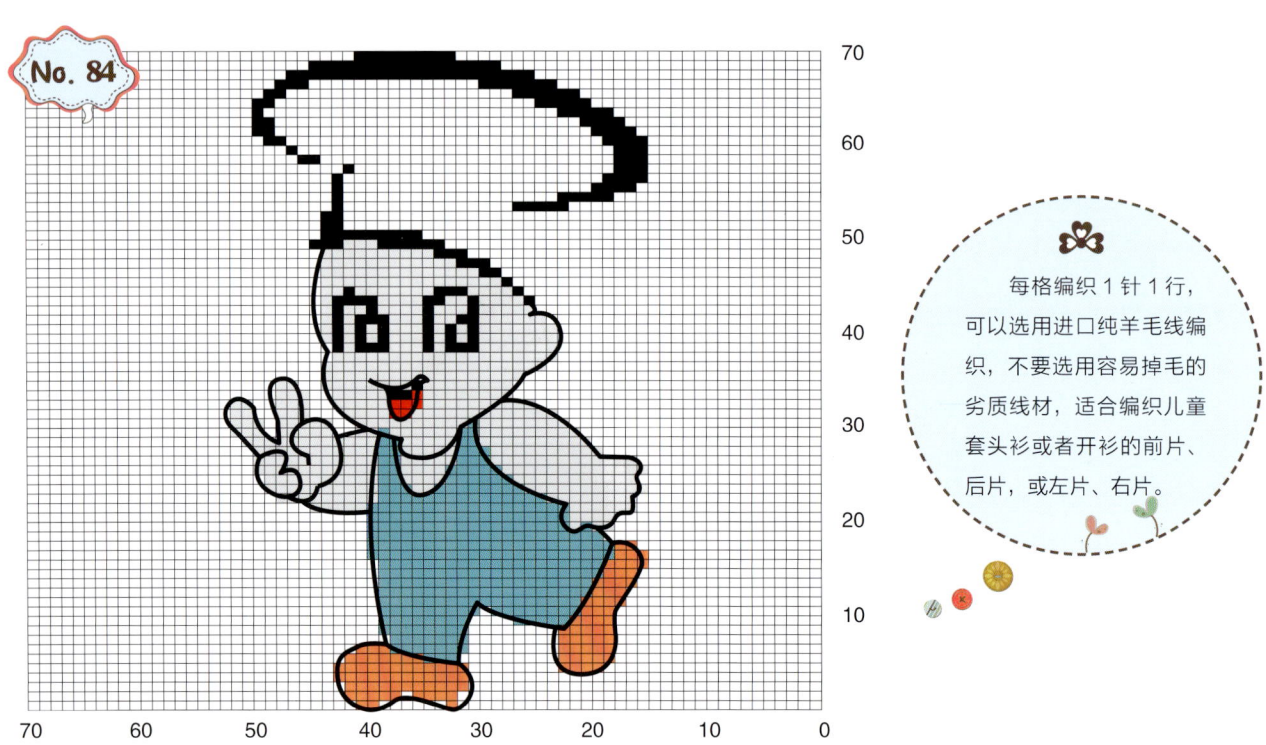

每格编织1针1行,可以选用进口纯羊毛线编织,不要选用容易掉毛的劣质线材,适合编织儿童套头衫或者开衫的前片、后片,或左片、右片。

No. 85

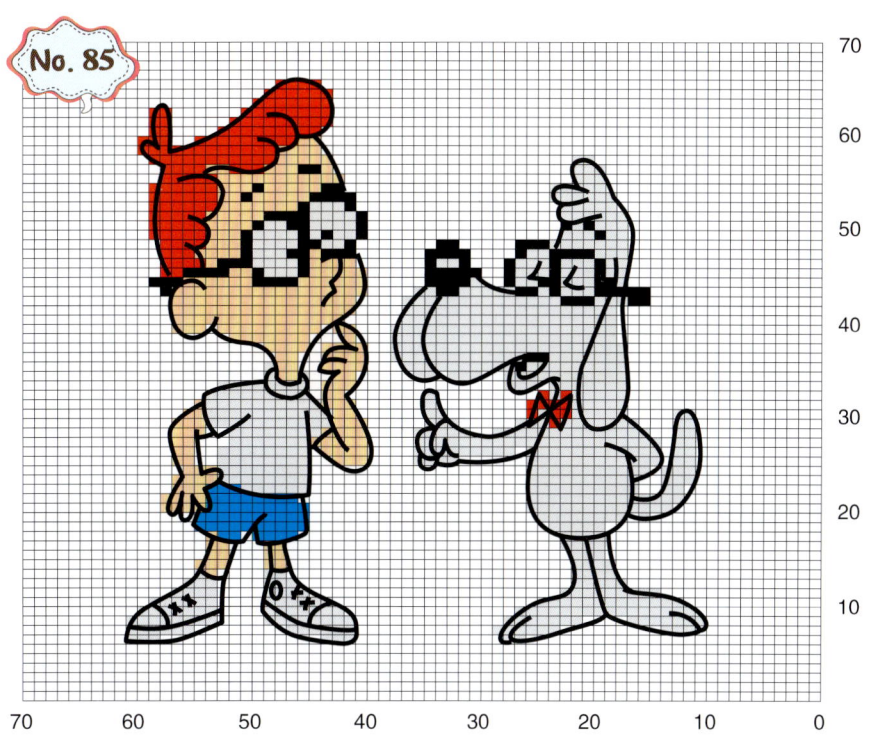

每格编织1针1行，可以选用质量好的米兰线，不要选用容易掉毛的毛线，编织时可以根据小朋友的喜好重新搭配线材颜色，编织时保持图案位置居中。

No. 86

每格编织1针1行，可以选用进口纯羊毛线编织，不要选用容易掉毛的劣质线材，适合编织儿童套头衫或者开衫的前片、后片，或左片、右片。

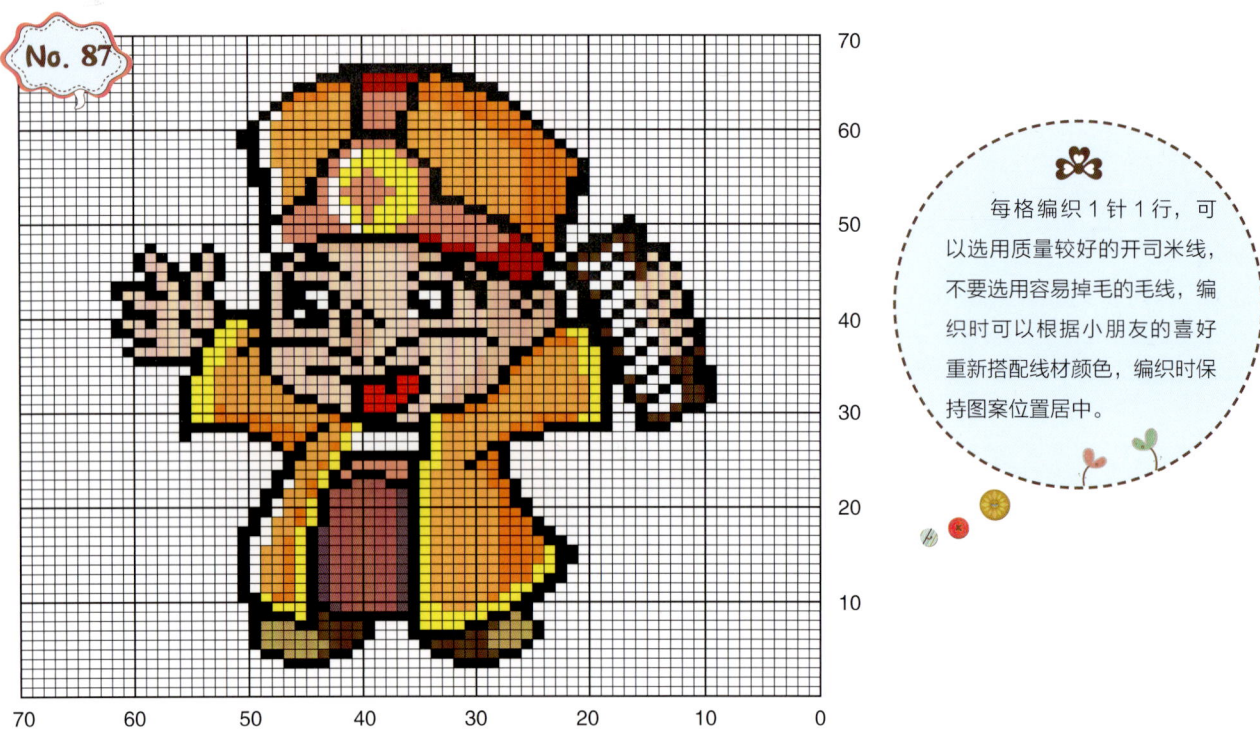

每格编织1针1行，可以选用质量较好的开司米线，不要选用容易掉毛的毛线，编织时可以根据小朋友的喜好重新搭配线材颜色，编织时保持图案位置居中。

每格编织1针1行，可以选用米兰线编织，不要选用容易掉毛的劣质线材，适合编织儿童套头衫或者开衫的前片、后片，或左片、右片。

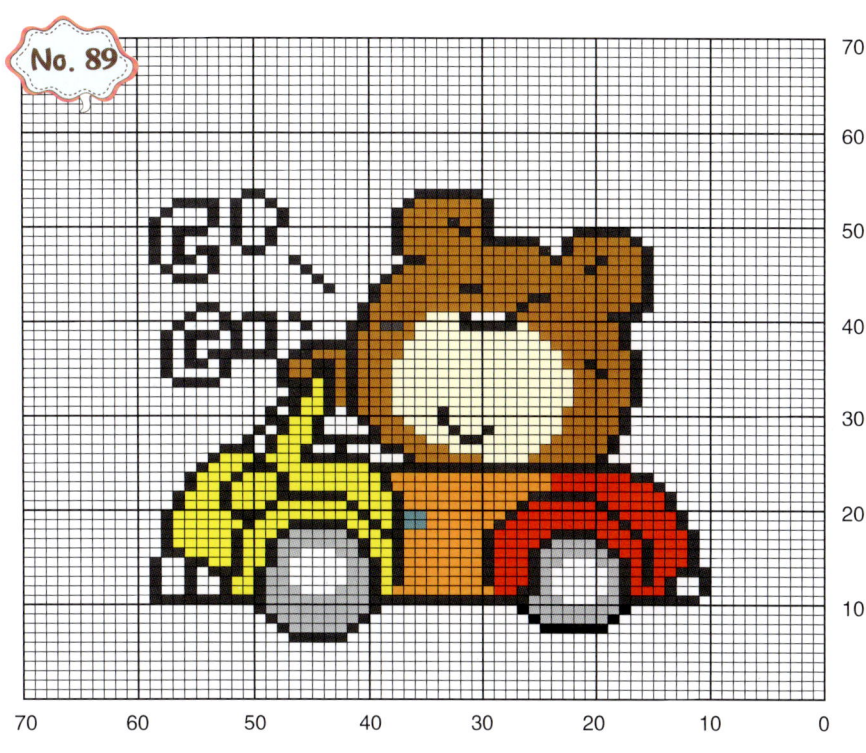

每格编织1针1行，可以选用质量较好的马海毛线，不要选用容易掉毛的毛线，编织时可以根据小朋友的喜好重新搭配线材颜色，编织时保持图案位置居中。

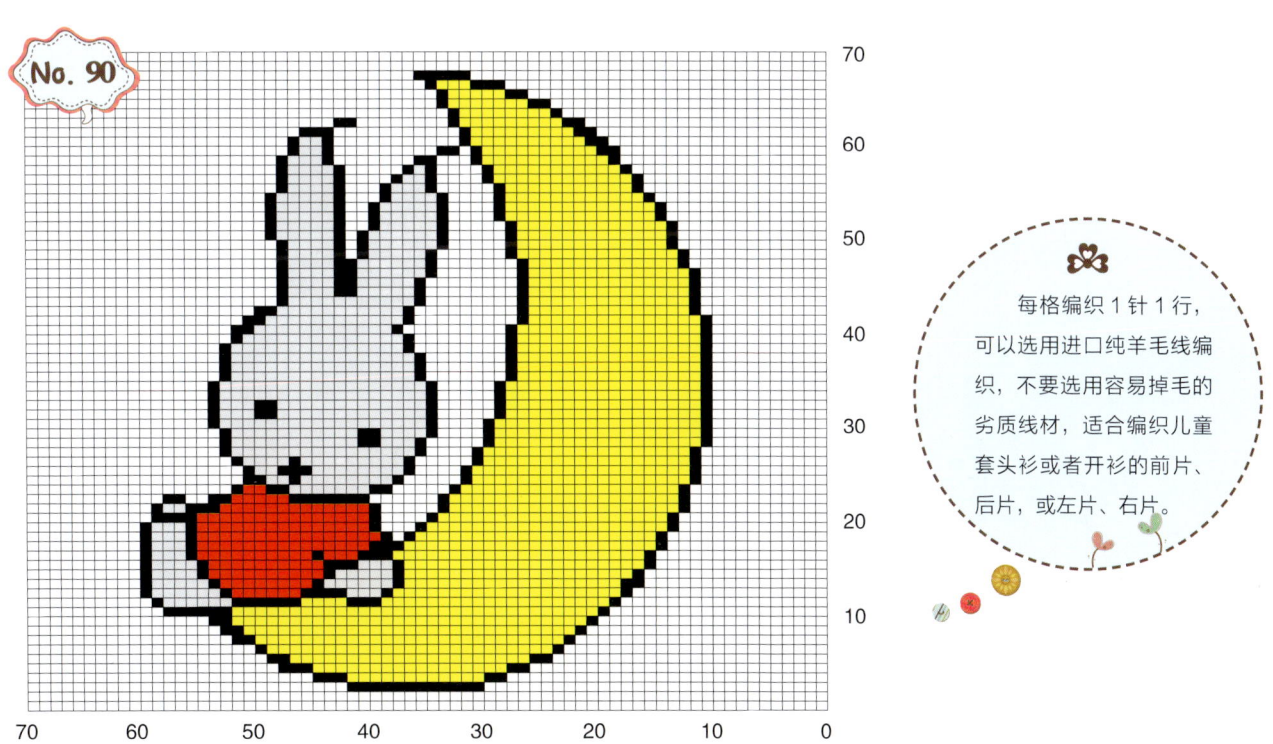

每格编织1针1行，可以选用进口纯羊毛线编织，不要选用容易掉毛的劣质线材，适合编织儿童套头衫或者开衫的前片、后片，或左片、右片。

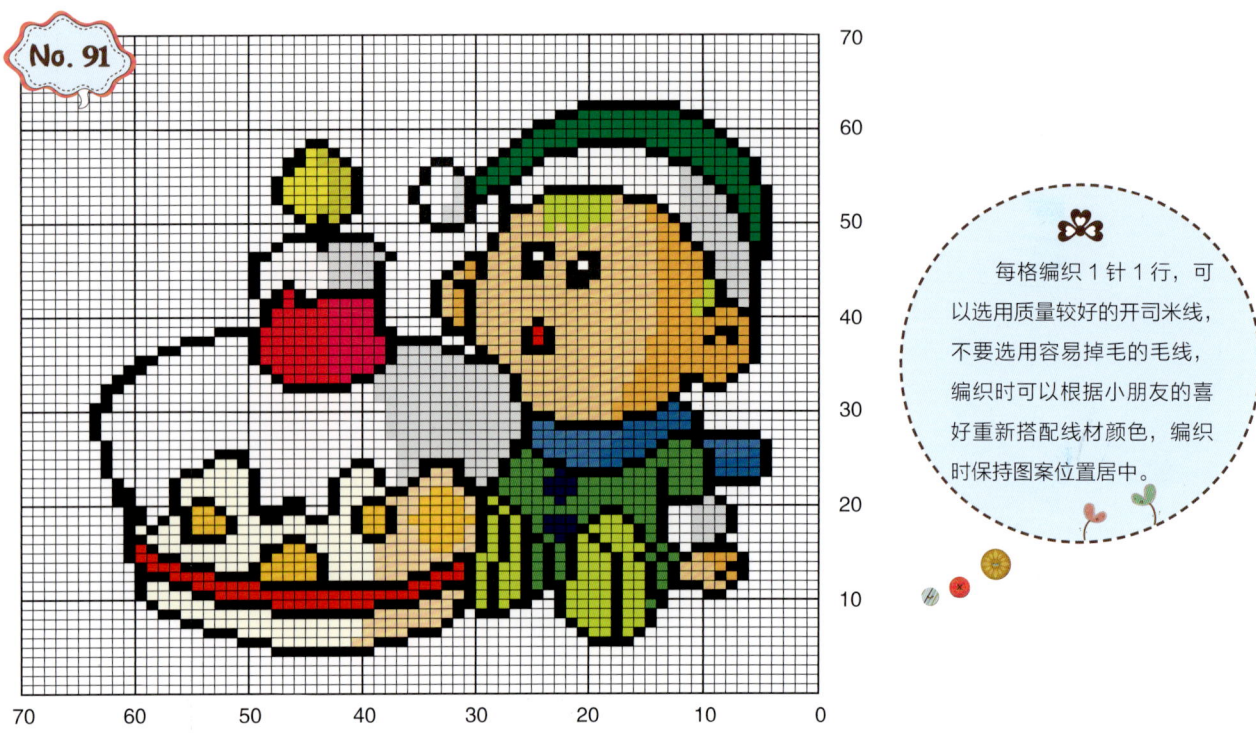

每格编织1针1行,可以选用质量较好的开司米线,不要选用容易掉毛的毛线,编织时可以根据小朋友的喜好重新搭配线材颜色,编织时保持图案位置居中。

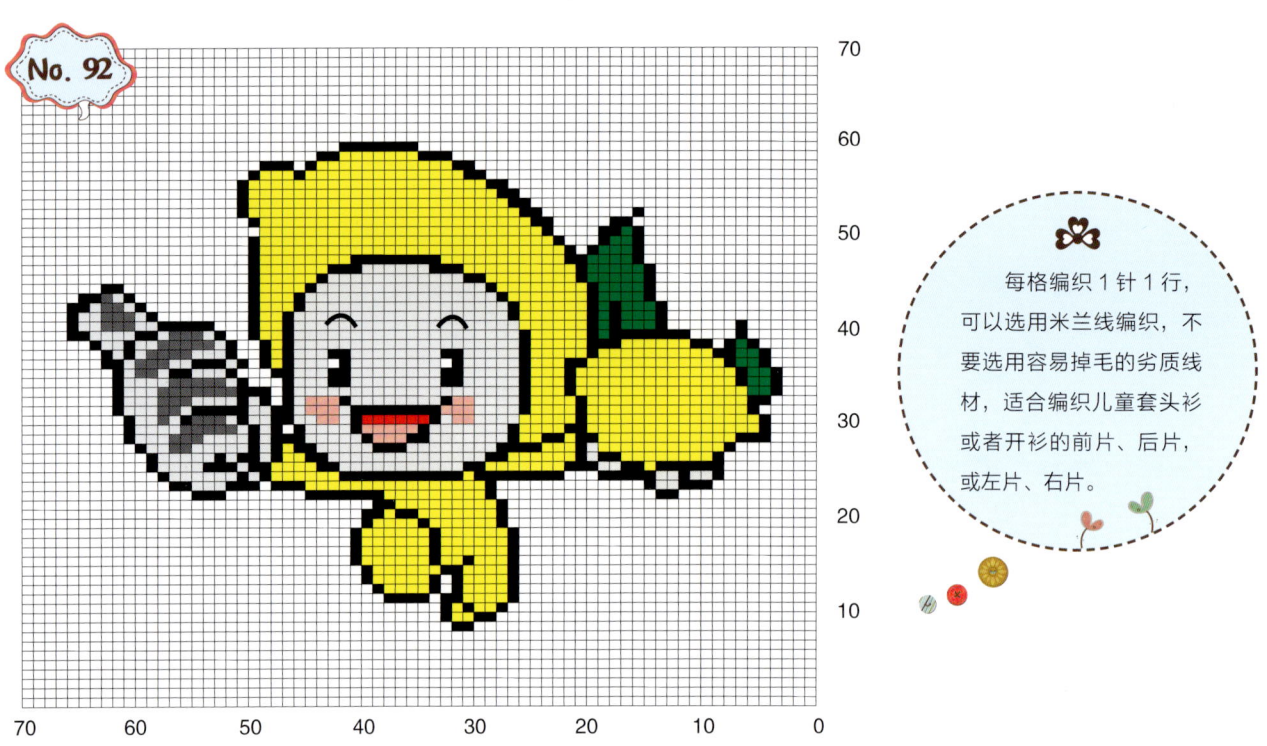

每格编织1针1行,可以选用米兰线编织,不要选用容易掉毛的劣质线材,适合编织儿童套头衫或者开衫的前片、后片,或左片、右片。

每格编织1针1行，可以选用质量较好的马海毛线，不要选用容易掉毛的毛线，编织时可以根据小朋友的喜好重新搭配线材颜色，编织时保持图案位置居中。

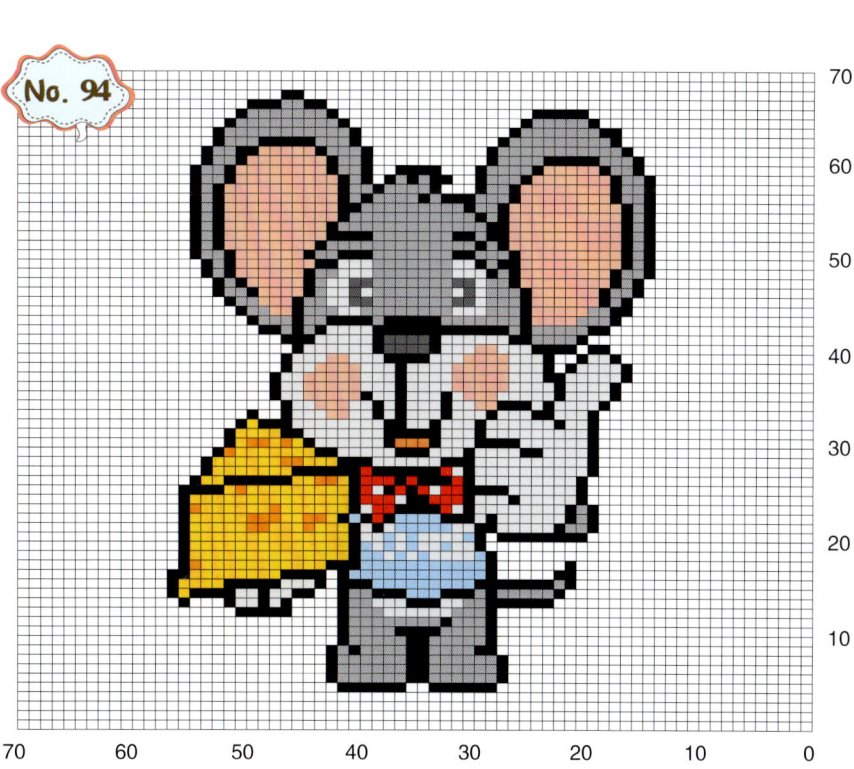

每格编织1针1行，可以选用米兰线编织，不要选用容易掉毛的劣质线材，适合编织儿童套头衫或者开衫的前片、后片，或左片、右片。

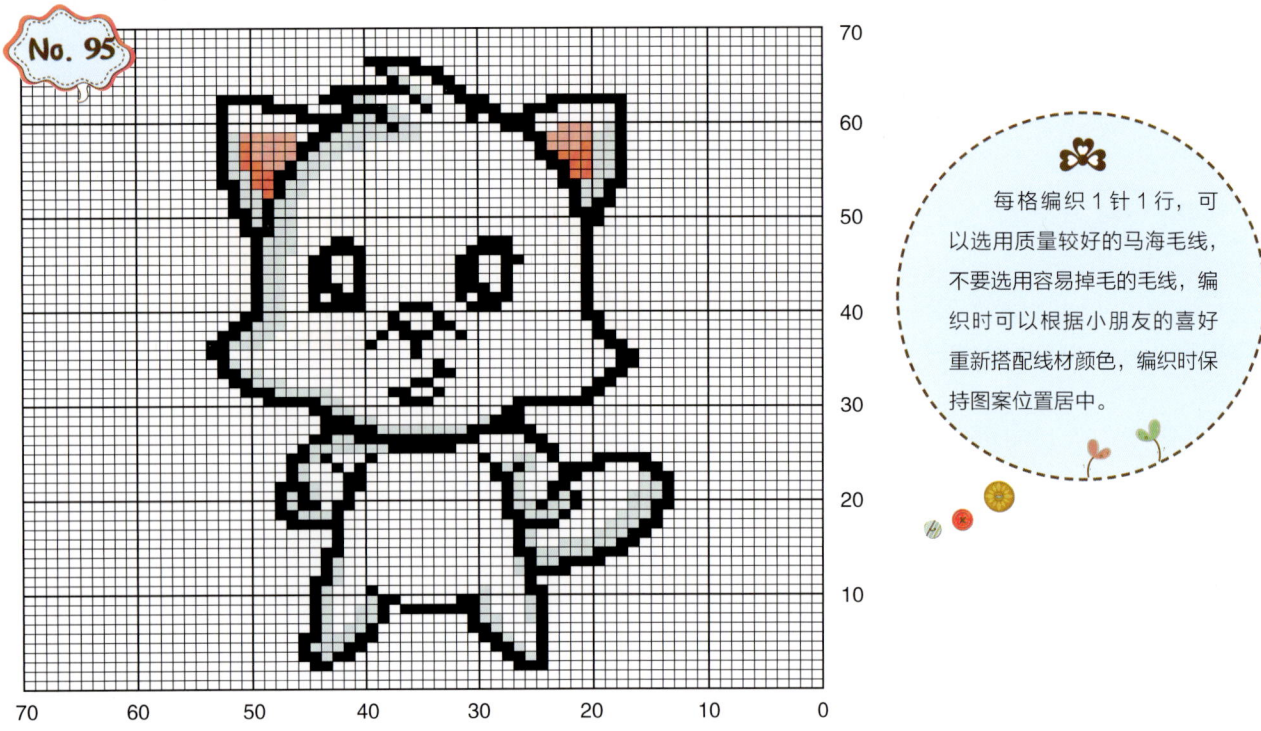

每格编织1针1行，可以选用质量较好的马海毛线，不要选用容易掉毛的毛线，编织时可以根据小朋友的喜好重新搭配线材颜色，编织时保持图案位置居中。

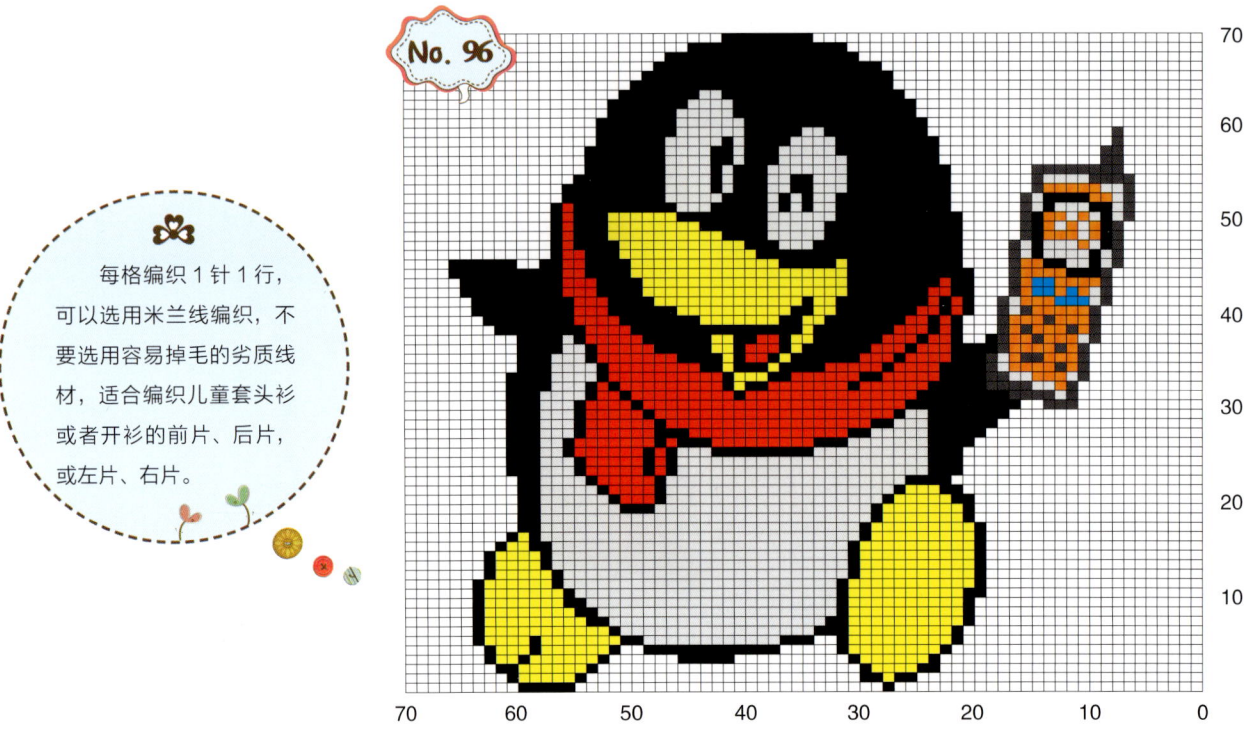

每格编织1针1行，可以选用米兰线编织，不要选用容易掉毛的劣质线材，适合编织儿童套头衫或者开衫的前片、后片，或左片、右片。

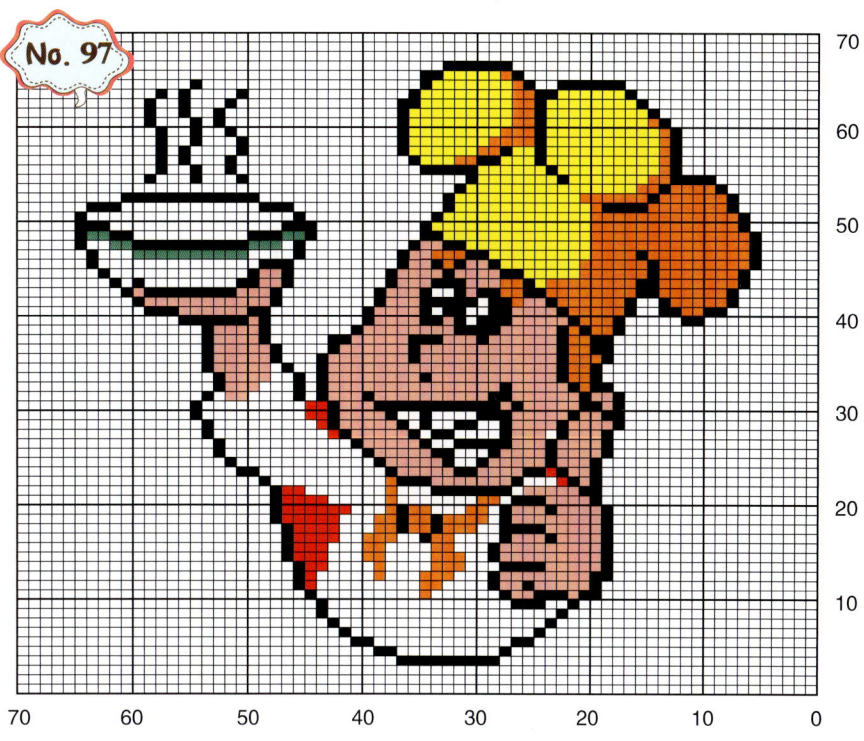

 每格编织1针1行，可以选用质量较好的开司米线，不要选用容易掉毛的毛线，编织时可以根据小朋友的喜好重新搭配线材颜色，编织时保持图案位置居中。

每格编织1针1行，可以选用进口纯羊毛线编织，不要选用容易掉毛的劣质线材，适合编织儿童套头衫或者开衫的前片、后片，或左片、右片。

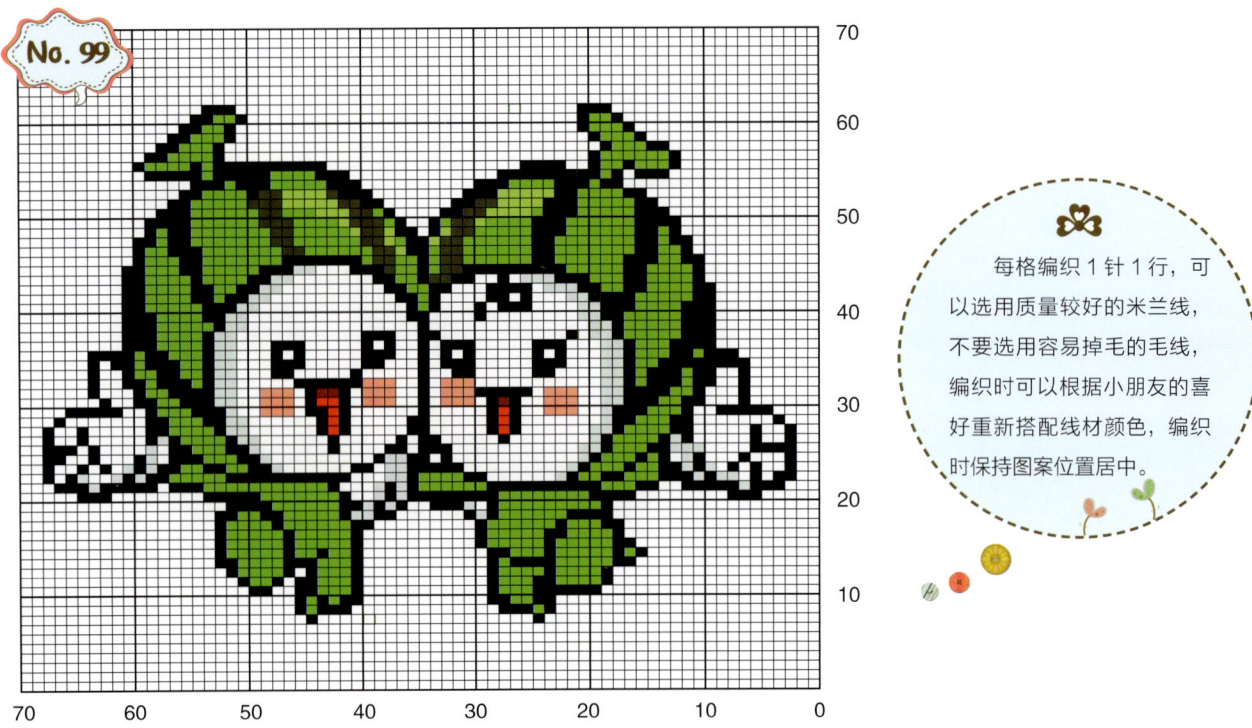

每格编织1针1行,可以选用质量较好的米兰线,不要选用容易掉毛的毛线,编织时可以根据小朋友的喜好重新搭配线材颜色,编织时保持图案位置居中。

每格编织1针1行,可以选用进口纯羊毛线编织,不要选用容易掉毛的劣质线材,适合编织儿童套头衫或者开衫的前片、后片,或左片、右片。

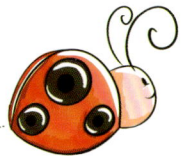

No. 101

每格编织1针1行，可以选用质量较好的马海毛线，不要选用容易掉毛的毛线，编织时可以根据小朋友的喜好重新搭配线材颜色，编织时保持图案位置居中。

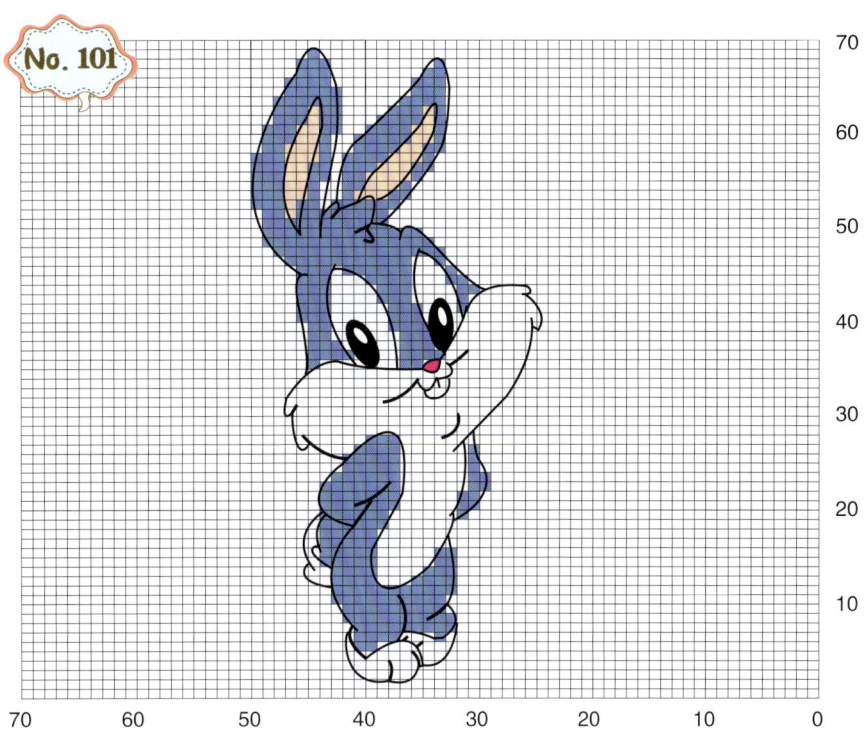

No. 102

每格编织1针1行，可以选用米兰线编织，不要选用容易掉毛的劣质线材，适合编织儿童套头衫或者开衫的前片、后片，或左片、右片。

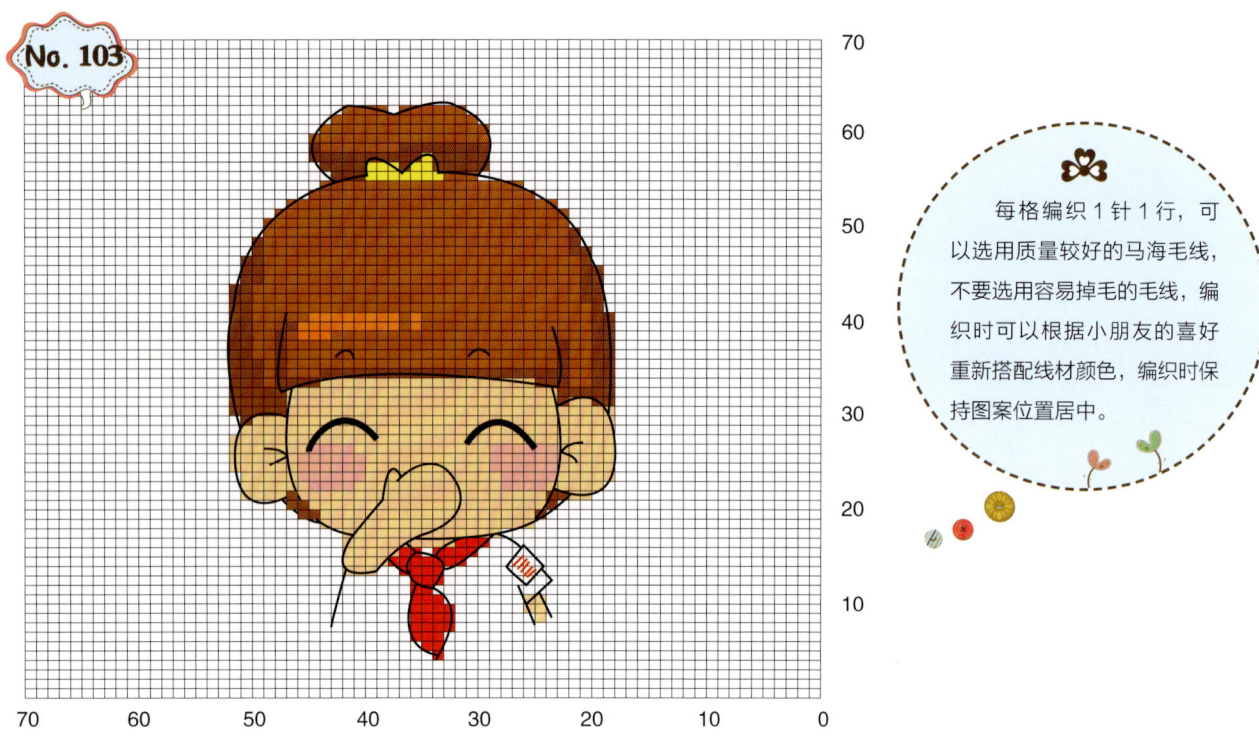

No. 103

每格编织1针1行，可以选用质量较好的马海毛线，不要选用容易掉毛的毛线，编织时可以根据小朋友的喜好重新搭配线材颜色，编织时保持图案位置居中。

No. 104

每格编织1针1行，可以选用开司米线编织，不要选用容易掉毛的劣质线材，适合编织儿童套头衫或者开衫的前片、后片，或左片、右片。

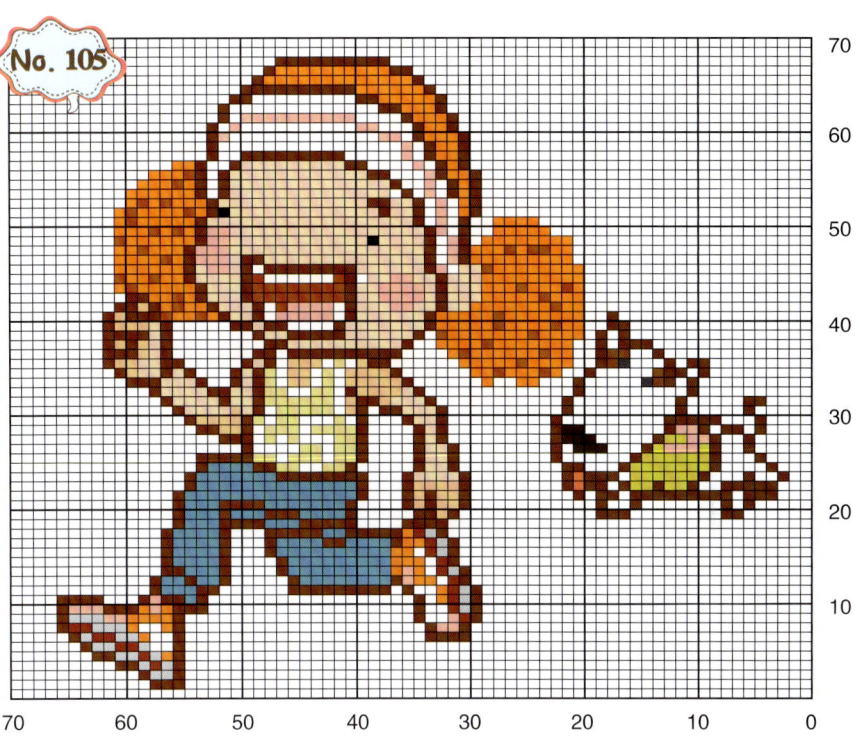

No. 105

每格编织1针1行,可以选用质量较好的米兰线,不要选用容易掉毛的毛线,编织时可以根据小朋友的喜好重新搭配线材颜色,编织时保持图案位置居中。

No. 106

每格编织1针1行,可以选用进口纯羊毛线编织,不要选用容易掉毛的劣质线材,适合编织儿童套头衫或者开衫的前片、后片,或左片、右片。

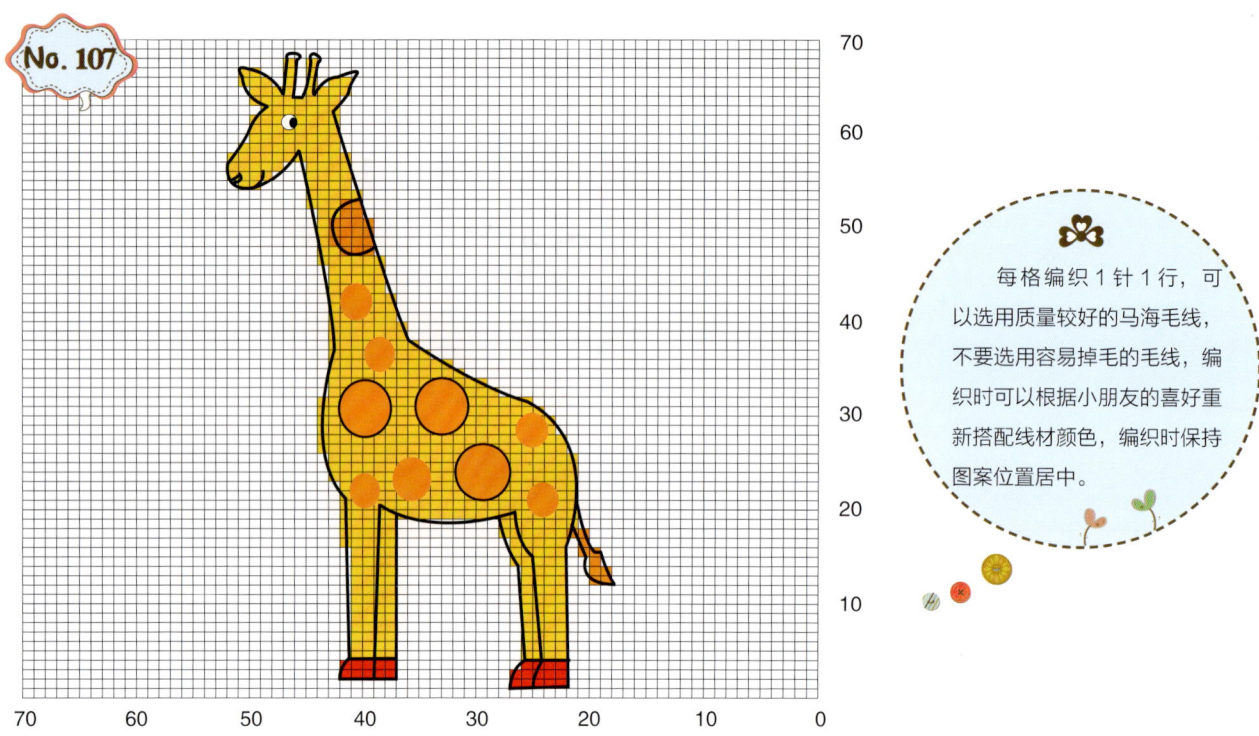

每格编织1针1行，可以选用质量较好的马海毛线，不要选用容易掉毛的毛线，编织时可以根据小朋友的喜好重新搭配线材颜色，编织时保持图案位置居中。

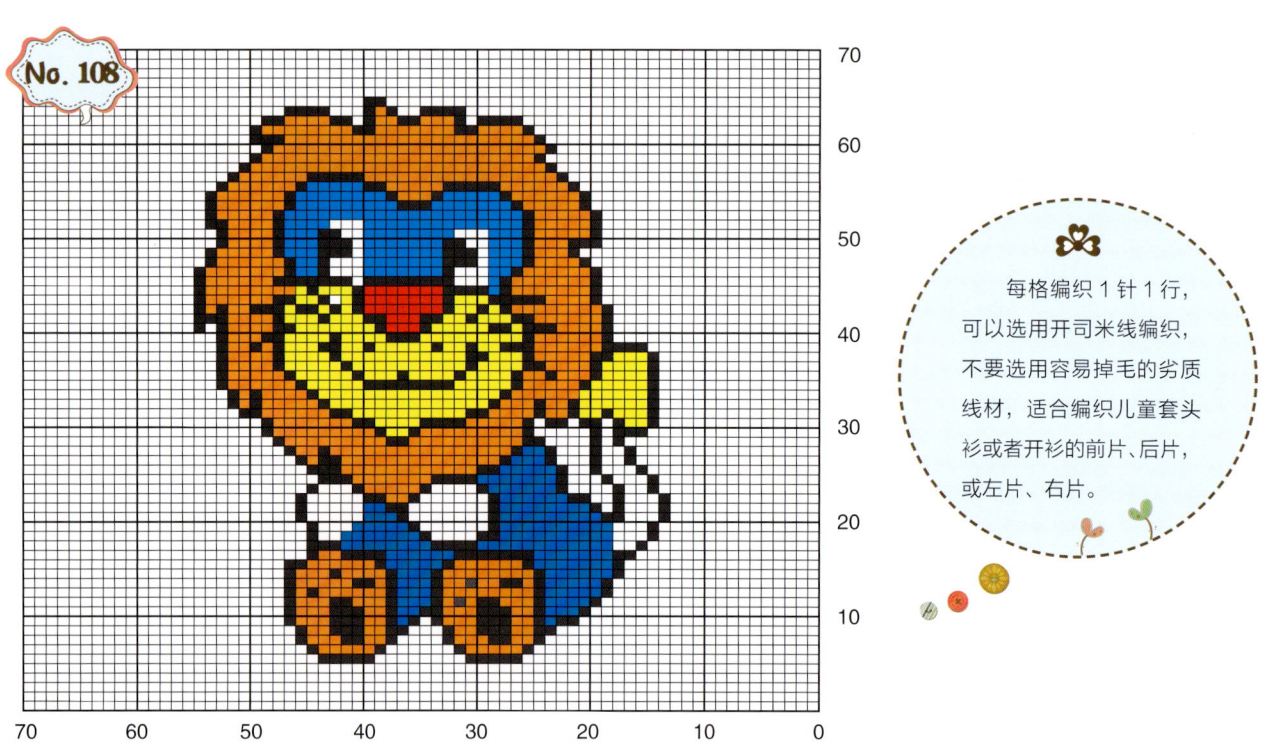

每格编织1针1行，可以选用开司米线编织，不要选用容易掉毛的劣质线材，适合编织儿童套头衫或者开衫的前片、后片，或左片、右片。

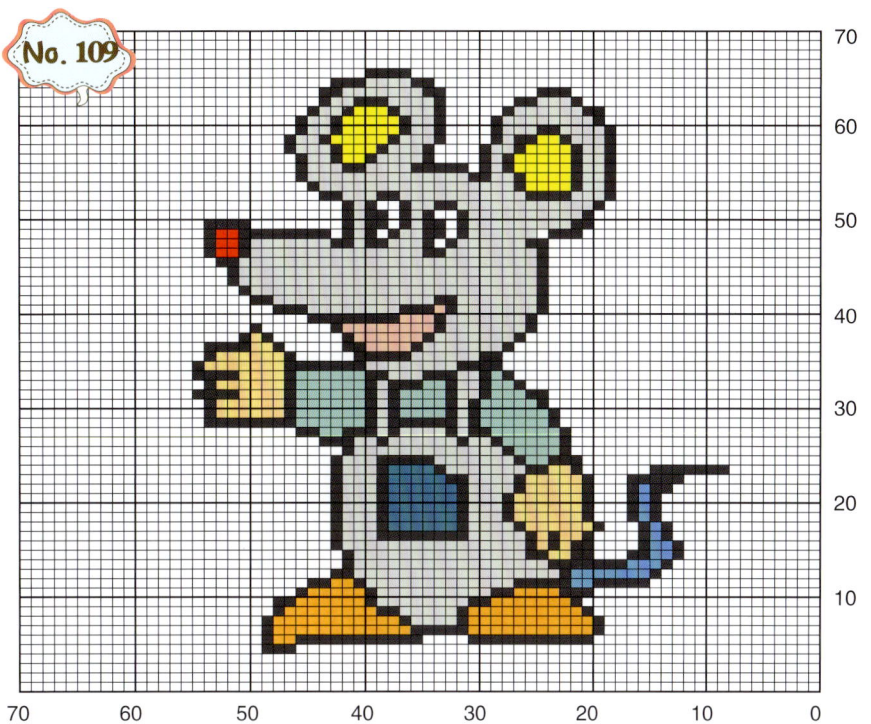

每格编织1针1行，可以选用质量较好的马海毛线，不要选用容易掉毛的毛线，编织时可以根据小朋友的喜好重新搭配线材颜色，编织时保持图案位置居中。

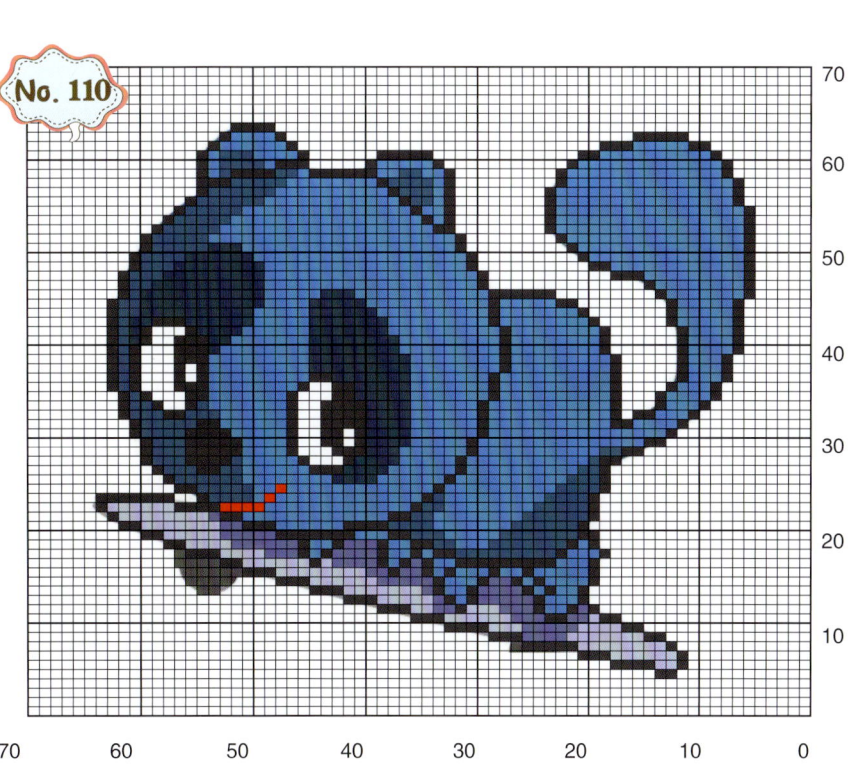

每格编织1针1行，可以选用开司米线编织，不要选用容易掉毛的劣质线材，适合编织儿童套头衫或者开衫的前片、后片，或左片、右片。

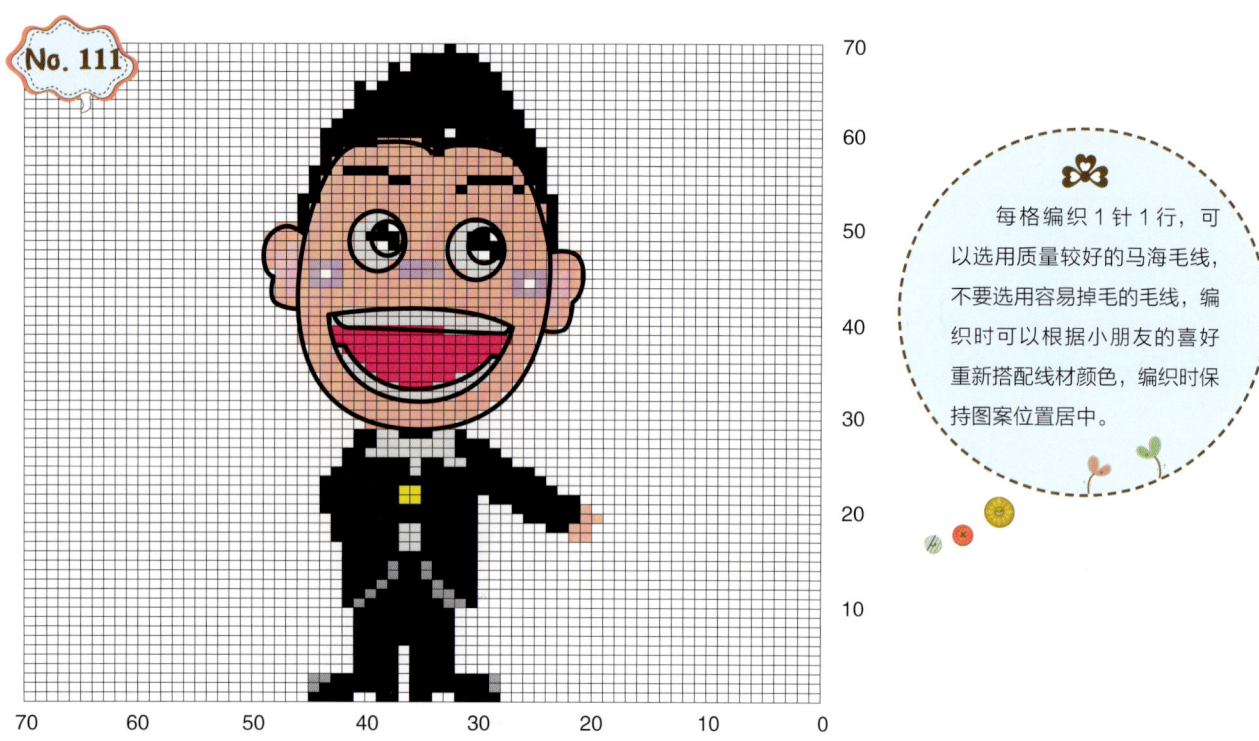

每格编织1针1行，可以选用质量较好的马海毛线，不要选用容易掉毛的毛线，编织时可以根据小朋友的喜好重新搭配线材颜色，编织时保持图案位置居中。

每格编织1针1行，可以选用进口纯羊毛线编织，不要选用容易掉毛的劣质线材，适合编织儿童套头衫或者开衫的前片、后片，或左片、右片。

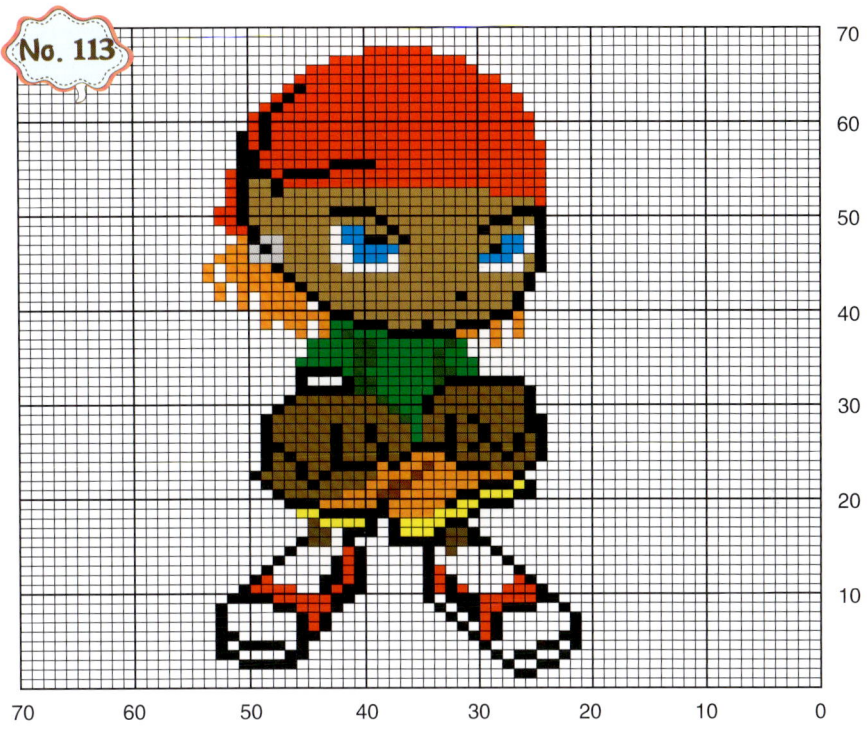

每格编织1针1行，可以选用质量较好的米兰线，不要选用容易掉毛的毛线，编织时可以根据小朋友的喜好重新搭配线材颜色，编织时保持图案位置居中。

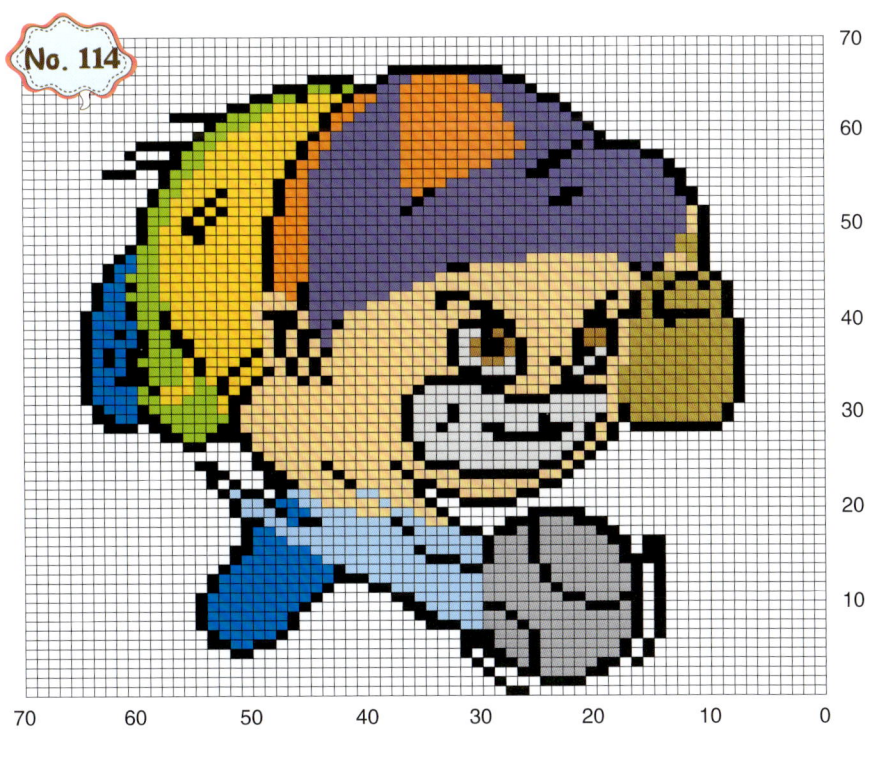

每格编织1针1行，可以选用开司米线编织，不要选用容易掉毛的劣质线材，适合编织儿童套头衫或者开衫的前片、后片，或左片、右片。

No. 115

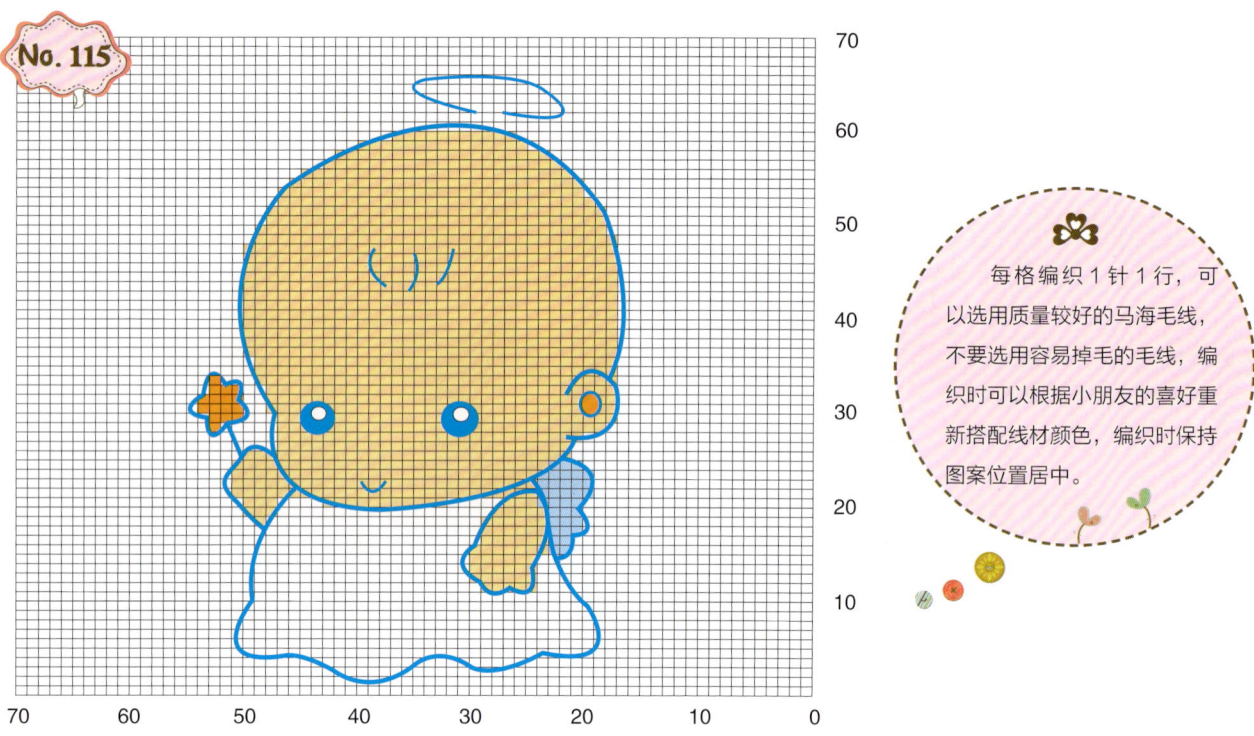

每格编织1针1行，可以选用质量较好的马海毛线，不要选用容易掉毛的毛线，编织时可以根据小朋友的喜好重新搭配线材颜色，编织时保持图案位置居中。

No. 116

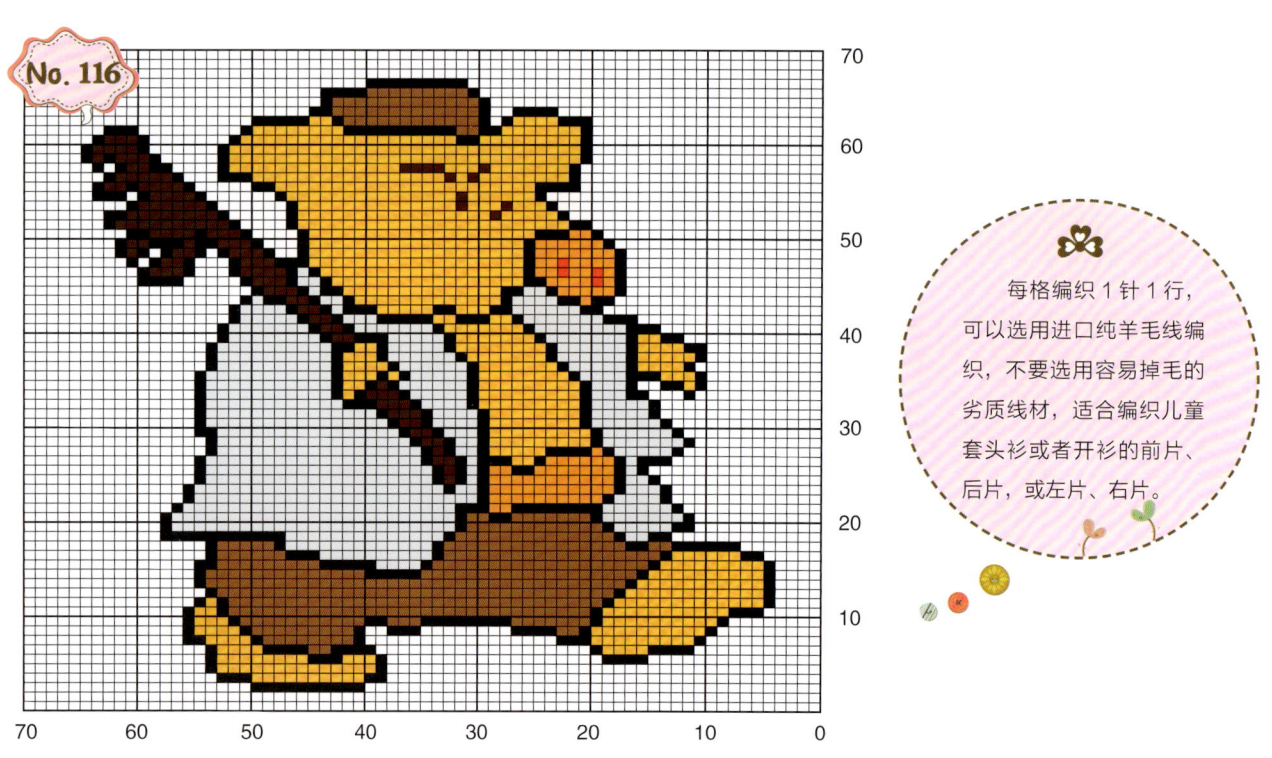

每格编织1针1行，可以选用进口纯羊毛线编织，不要选用容易掉毛的劣质线材，适合编织儿童套头衫或者开衫的前片、后片，或左片、右片。

每格编织1针1行，可以选用质量较好的马海毛线，不要选用容易掉毛的毛线，编织时可以根据小朋友的喜好重新搭配线材颜色，编织时保持图案位置居中。

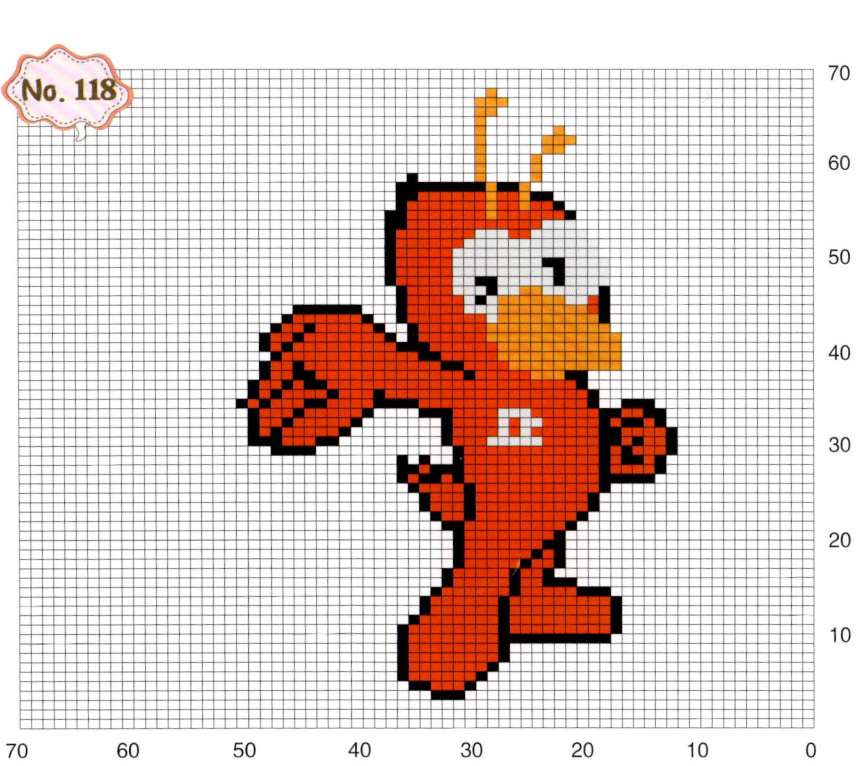

每格编织1针1行，可以选用米兰线编织，不要选用容易掉毛的劣质线材，适合编织儿童套头衫或者开衫的前片、后片，或左片、右片。

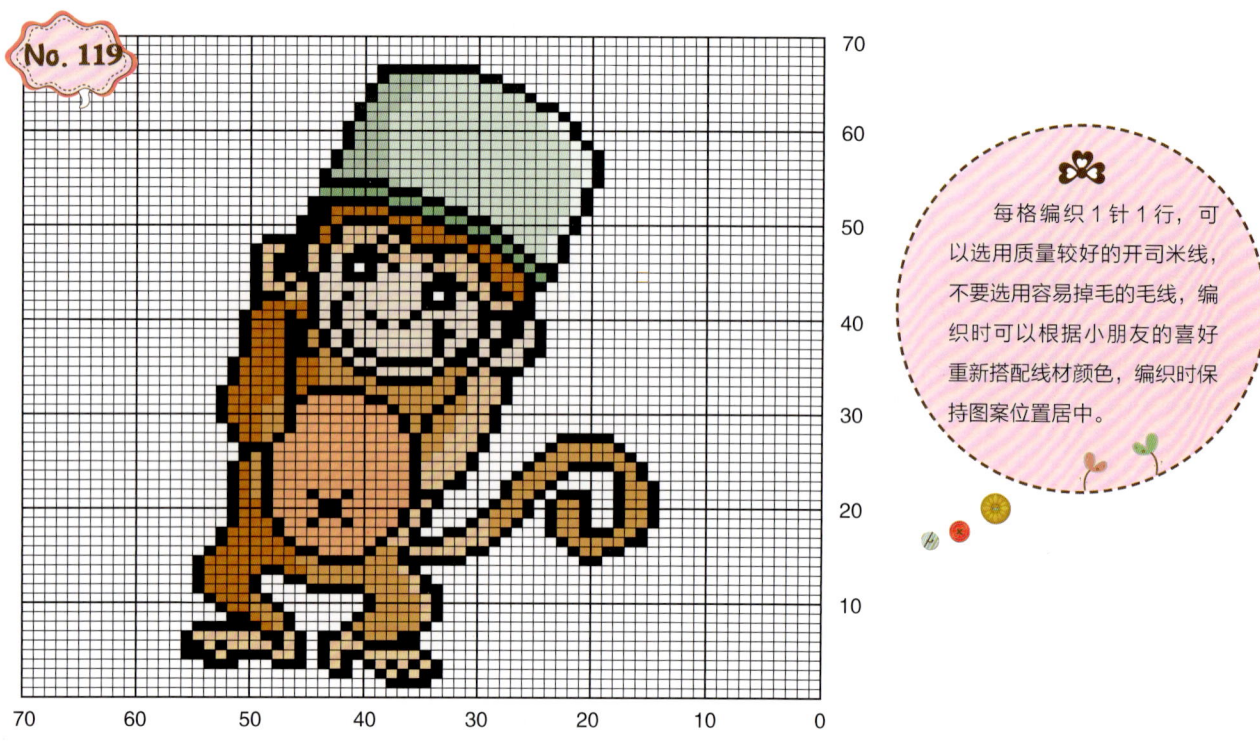

每格编织1针1行，可以选用质量较好的开司米线，不要选用容易掉毛的毛线，编织时可以根据小朋友的喜好重新搭配线材颜色，编织时保持图案位置居中。

每格编织1针1行，可以选用进口纯羊毛线编织，不要选用容易掉毛的劣质线材，适合编织儿童套头衫或者开衫的前片、后片，或左片、右片。

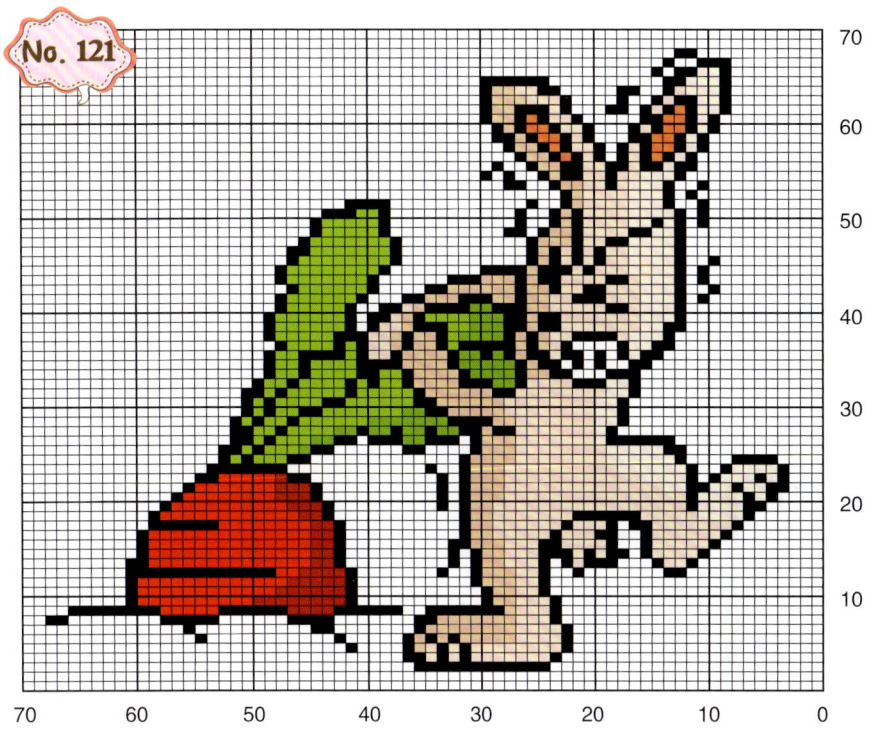

No. 121

每格编织1针1行,可以选用质量较好的马海毛线,不要选用容易掉毛的毛线,编织时可以根据小朋友的喜好重新搭配线材颜色,编织时保持图案位置居中。

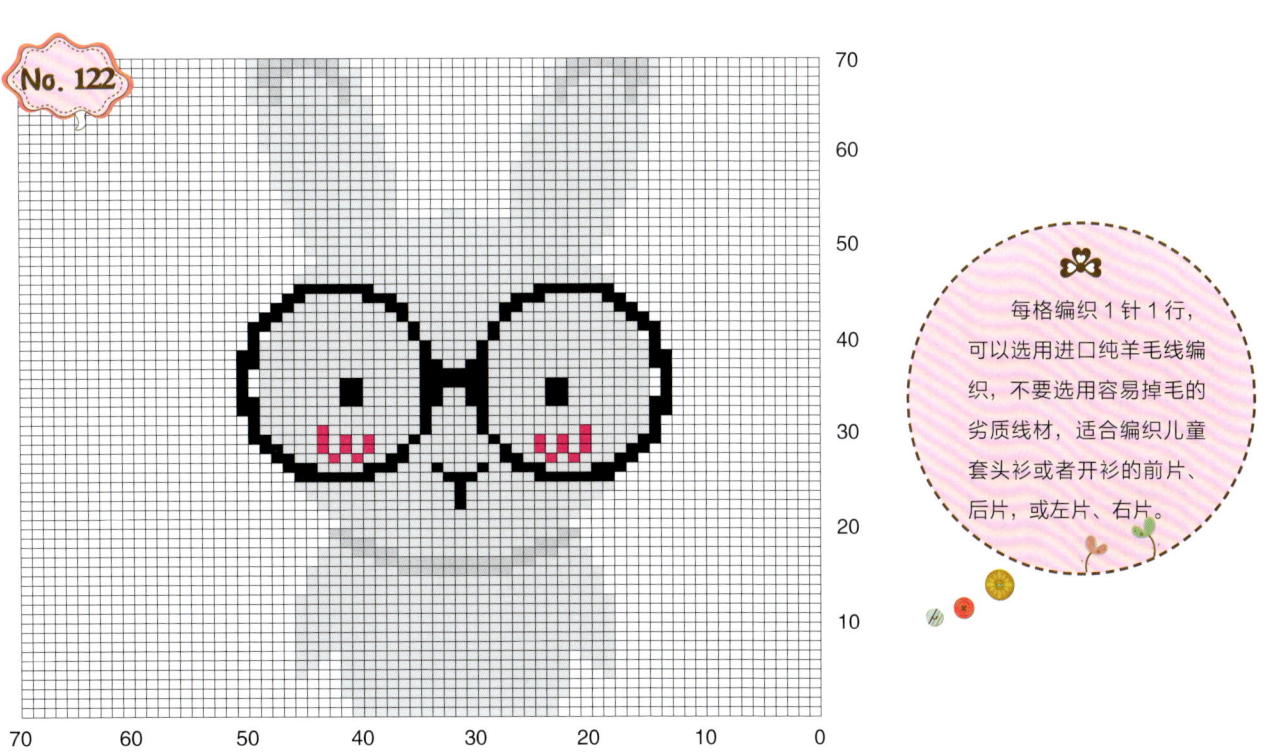

No. 122

每格编织1针1行,可以选用进口纯羊毛线编织,不要选用容易掉毛的劣质线材,适合编织儿童套头衫或者开衫的前片、后片,或左片、右片。

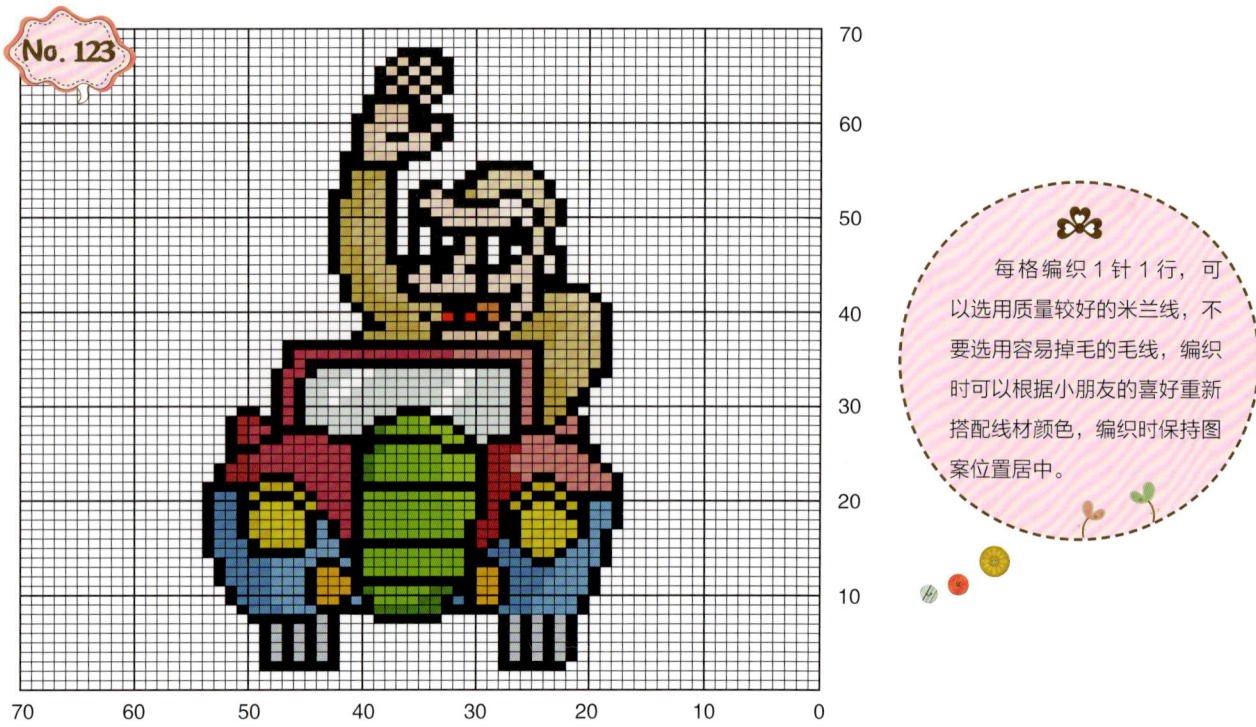

No. 123

每格编织1针1行，可以选用质量较好的米兰线，不要选用容易掉毛的毛线，编织时可以根据小朋友的喜好重新搭配线材颜色，编织时保持图案位置居中。

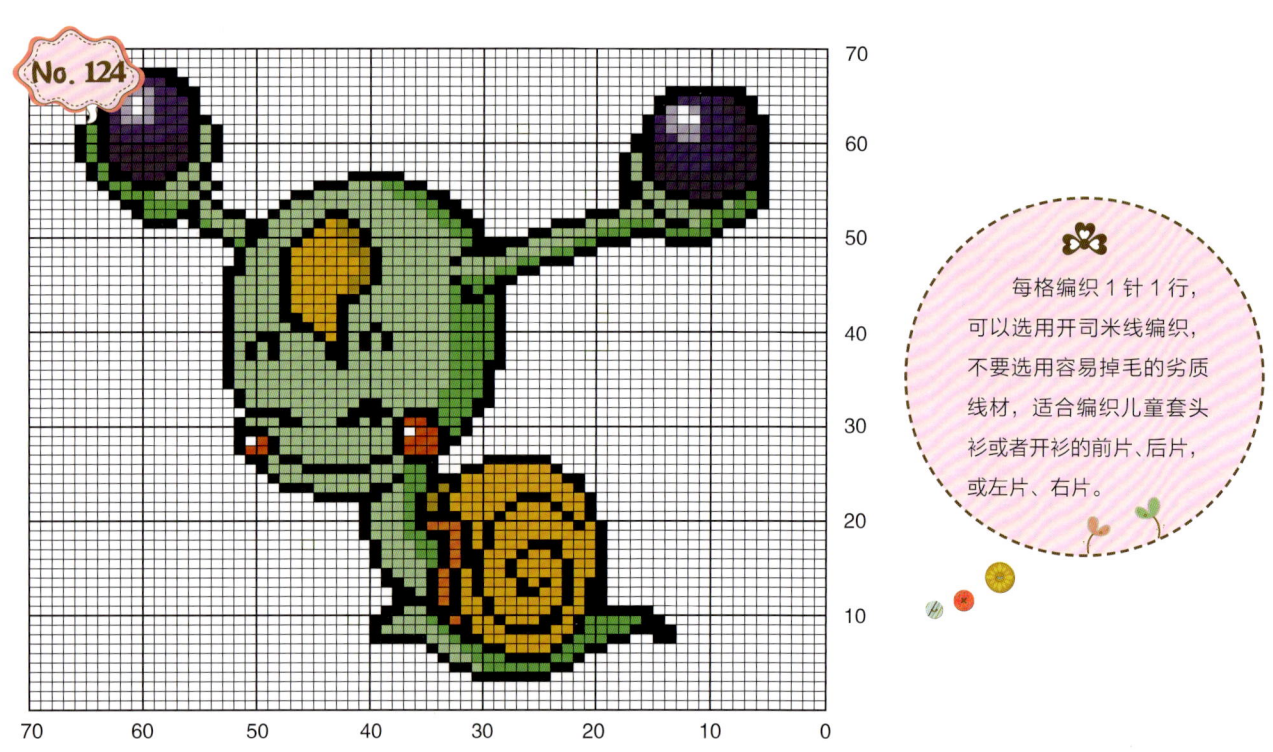

No. 124

每格编织1针1行，可以选用开司米线编织，不要选用容易掉毛的劣质线材，适合编织儿童套头衫或者开衫的前片、后片，或左片、右片。

No. 125

每格编织1针1行，可以选用质量较好的马海毛线，不要选用容易掉毛的毛线，编织时可以根据小朋友的喜好重新搭配线材颜色，编织时保持图案位置居中。

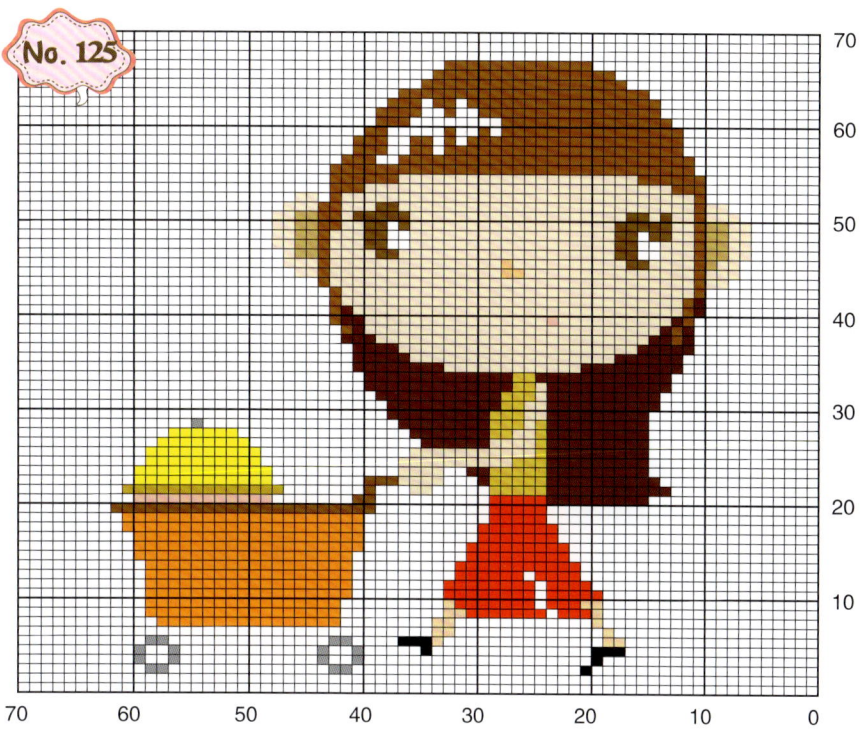

No. 126

每格编织1针1行，可以选用进口纯羊毛线编织，不要选用容易掉毛的劣质线材，适合编织儿童套头衫或者开衫的前片、后片，或左片、右片。

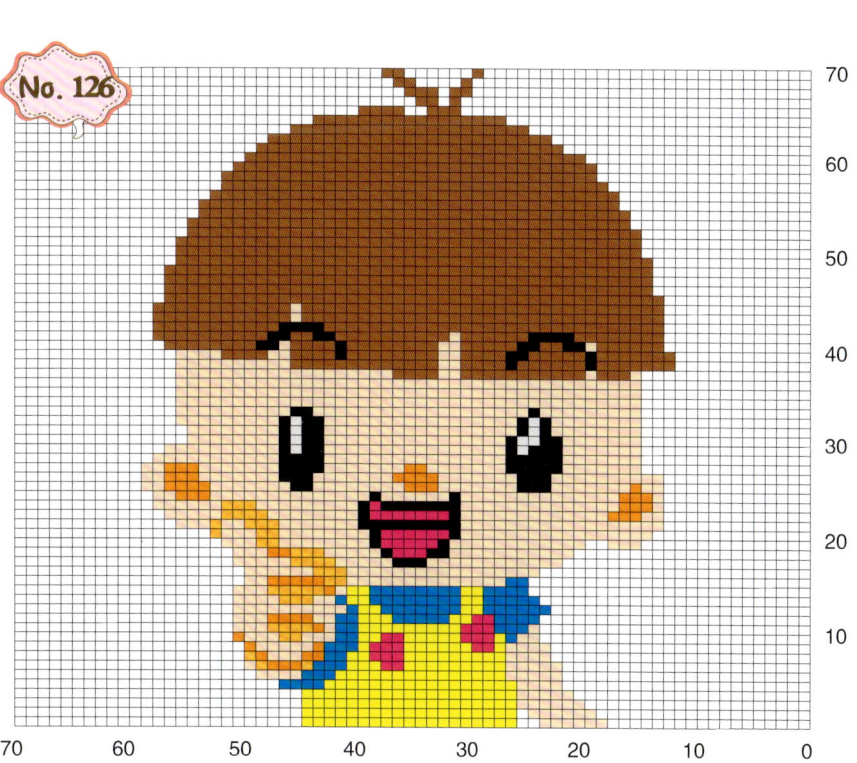

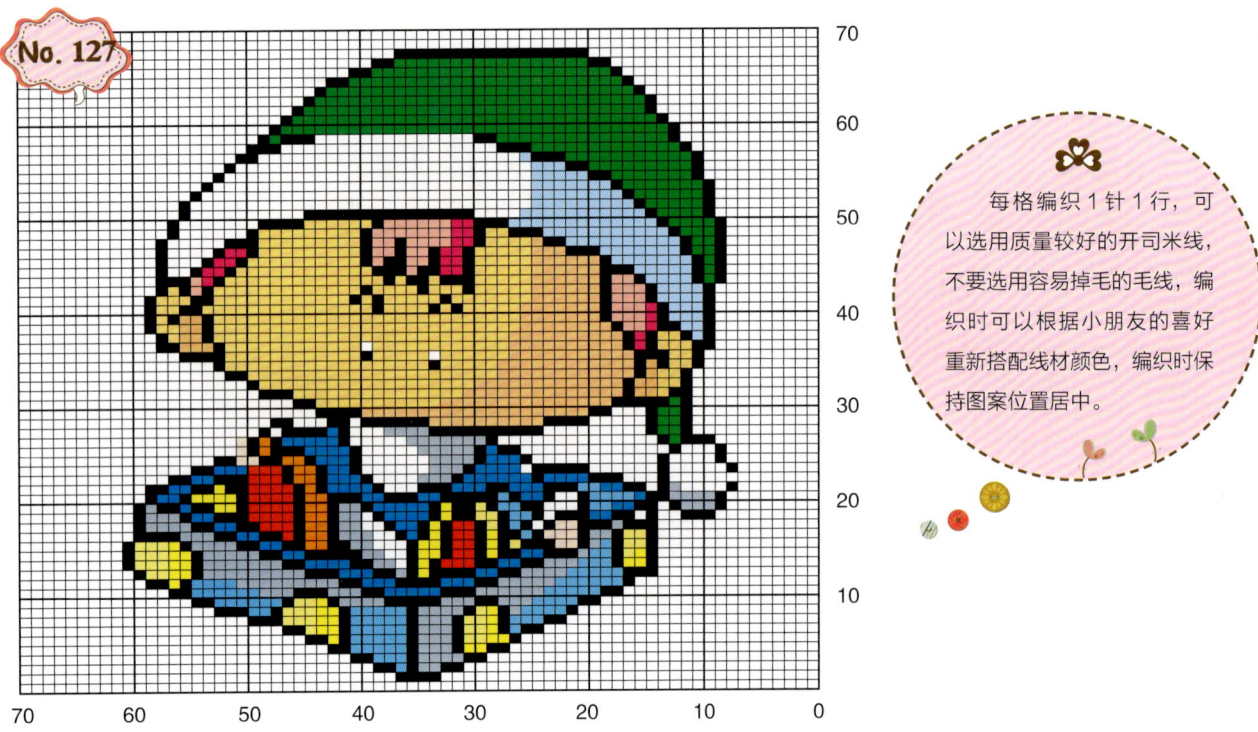

每格编织1针1行,可以选用质量较好的开司米线,不要选用容易掉毛的毛线,编织时可以根据小朋友的喜好重新搭配线材颜色,编织时保持图案位置居中。

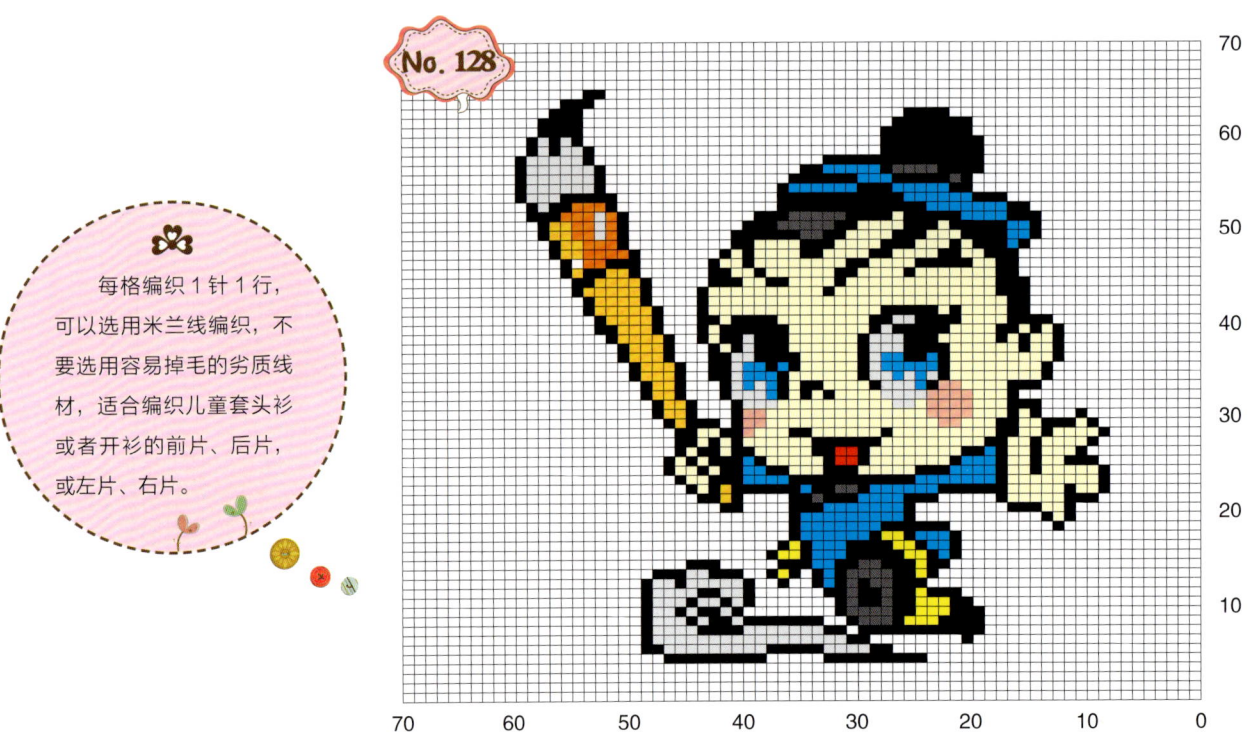

每格编织1针1行,可以选用米兰线编织,不要选用容易掉毛的劣质线材,适合编织儿童套头衫或者开衫的前片、后片,或左片、右片。

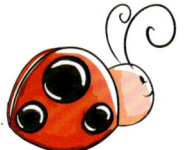

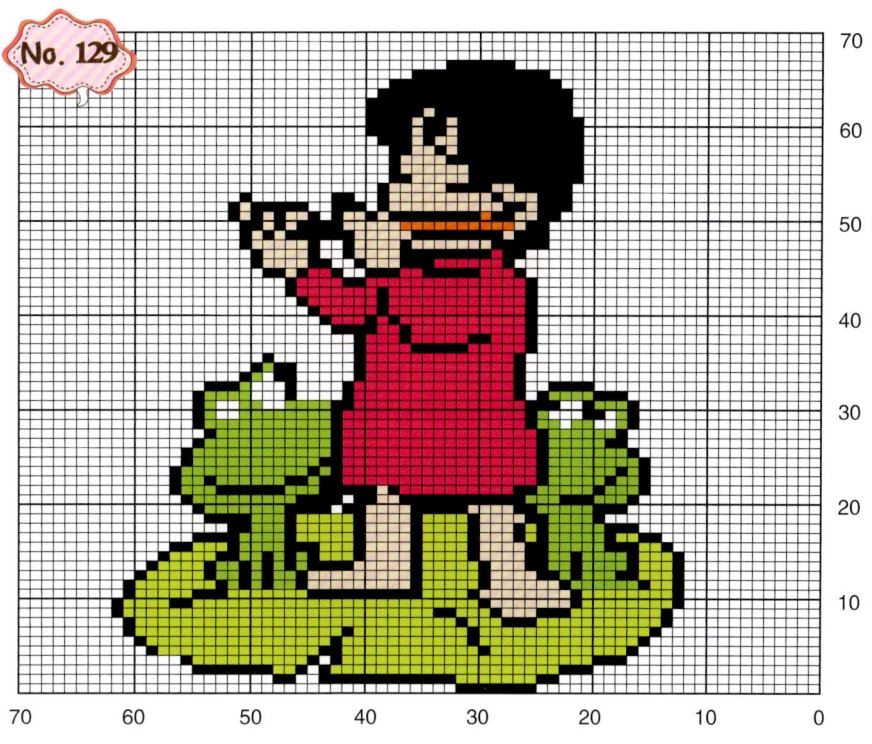

每格编织1针1行，可以选用质量较好的马海毛线，不要选用容易掉毛的毛线，编织时可以根据小朋友的喜好重新搭配线材颜色，编织时保持图案位置居中。

每格编织1针1行，可以选用进口纯羊毛线编织，不要选用容易掉毛的劣质线材，适合编织儿童套头衫或者开衫的前片、后片，或左片、右片。

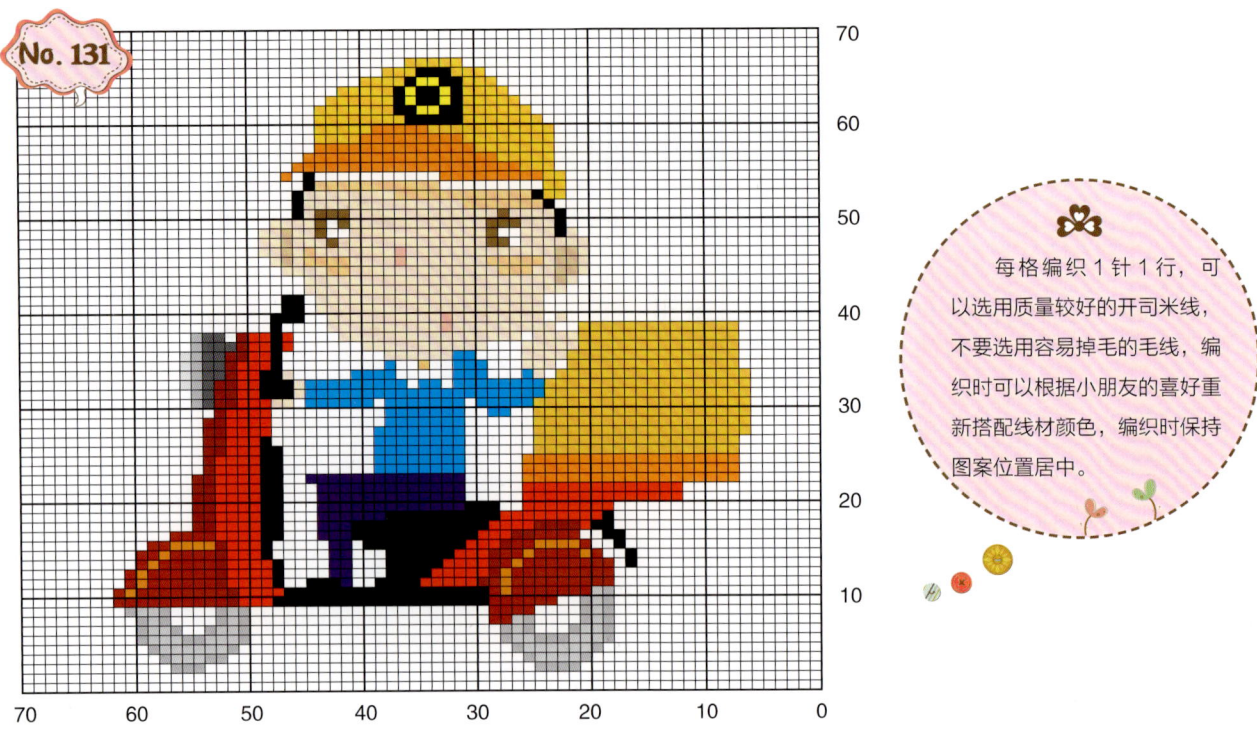

每格编织1针1行，可以选用质量较好的开司米线，不要选用容易掉毛的毛线，编织时可以根据小朋友的喜好重新搭配线材颜色，编织时保持图案位置居中。

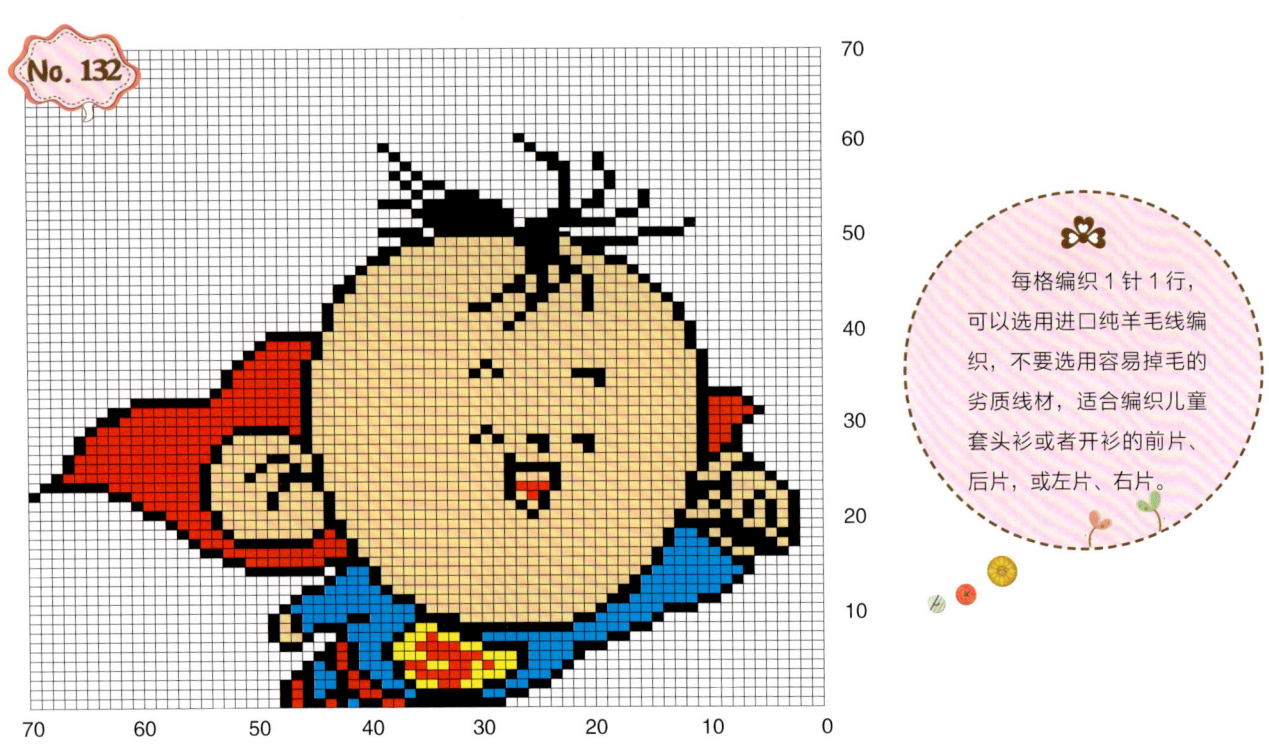

每格编织1针1行，可以选用进口纯羊毛线编织，不要选用容易掉毛的劣质线材，适合编织儿童套头衫或者开衫的前片、后片，或左片、右片。

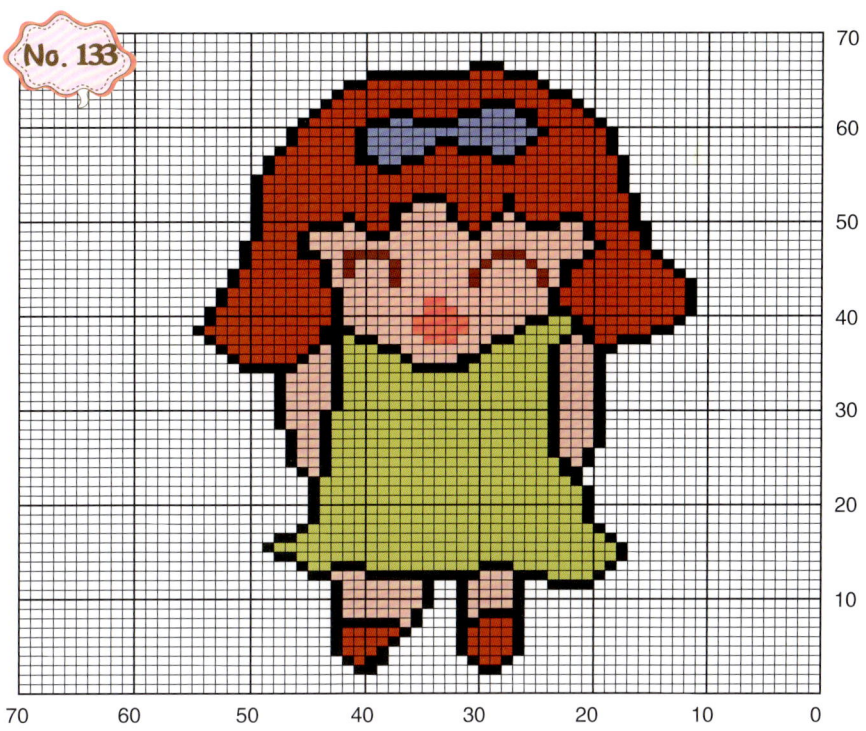

每格编织1针1行，可以选用质量较好的马海毛线，不要选用容易掉毛的毛线，编织时可以根据小朋友的喜好重新搭配线材颜色，编织时保持图案位置居中。

每格编织1针1行，可以选用米兰线编织，不要选用容易掉毛的劣质线材，适合编织儿童套头衫或者开衫的前片、后片，或左片、右片。

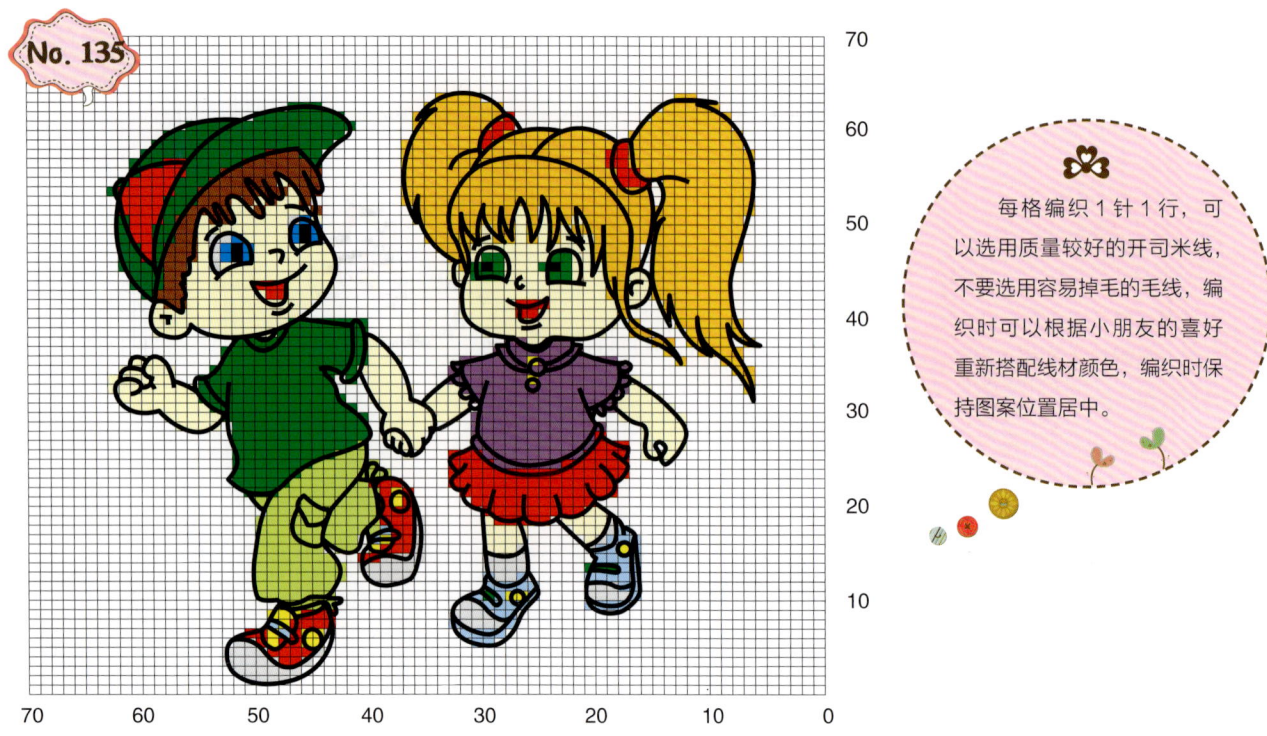

每格编织1针1行，可以选用质量较好的开司米线，不要选用容易掉毛的毛线，编织时可以根据小朋友的喜好重新搭配线材颜色，编织时保持图案位置居中。

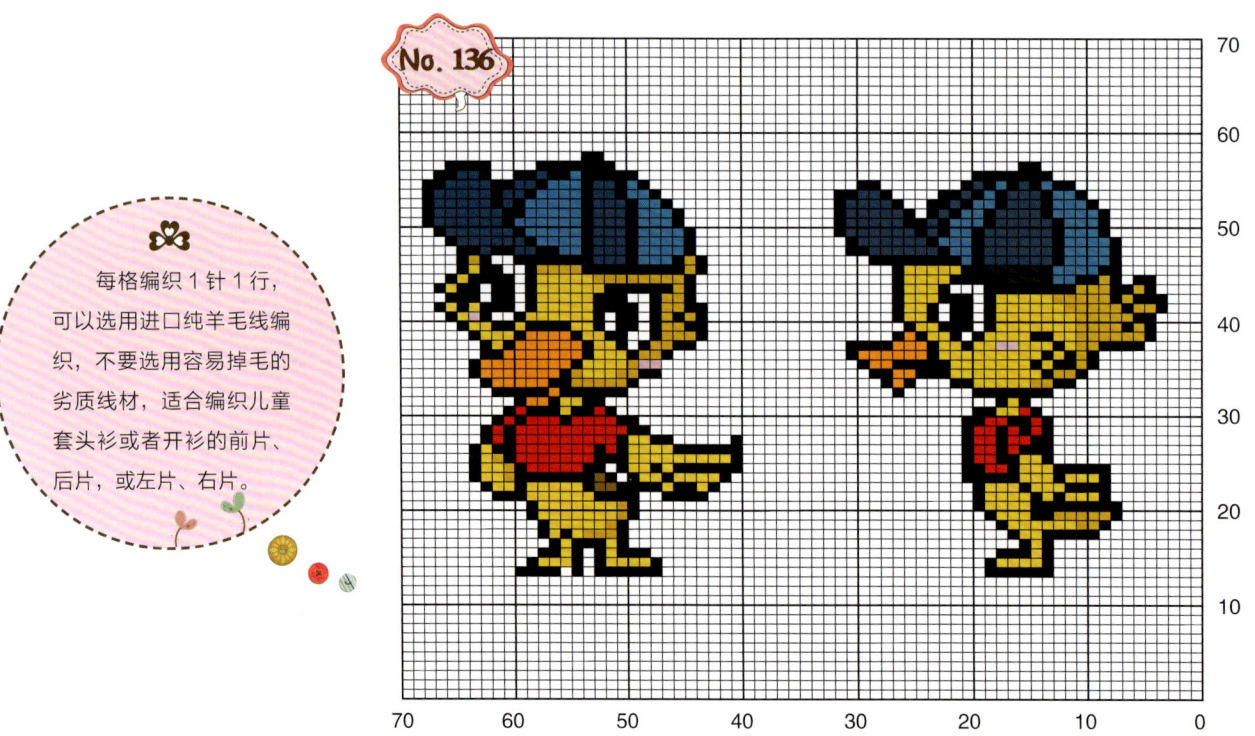

每格编织1针1行，可以选用进口纯羊毛线编织，不要选用容易掉毛的劣质线材，适合编织儿童套头衫或者开衫的前片、后片，或左片、右片。

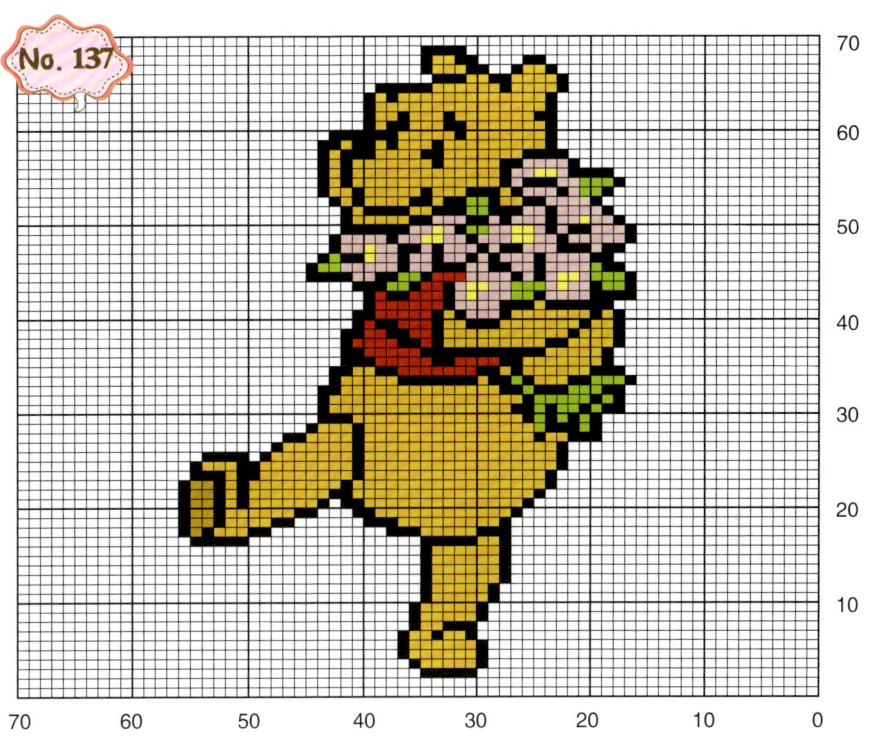

每格编织1针1行，可以选用质量较好的马海毛线，不要选用容易掉毛的毛线，编织时可以根据小朋友的喜好重新搭配线材颜色，编织时保持图案位置居中。

每格编织1针1行，可以选用开司米线编织，不要选用容易掉毛的劣质线材，适合编织儿童套头衫或者开衫的前片、后片，或左片、右片。

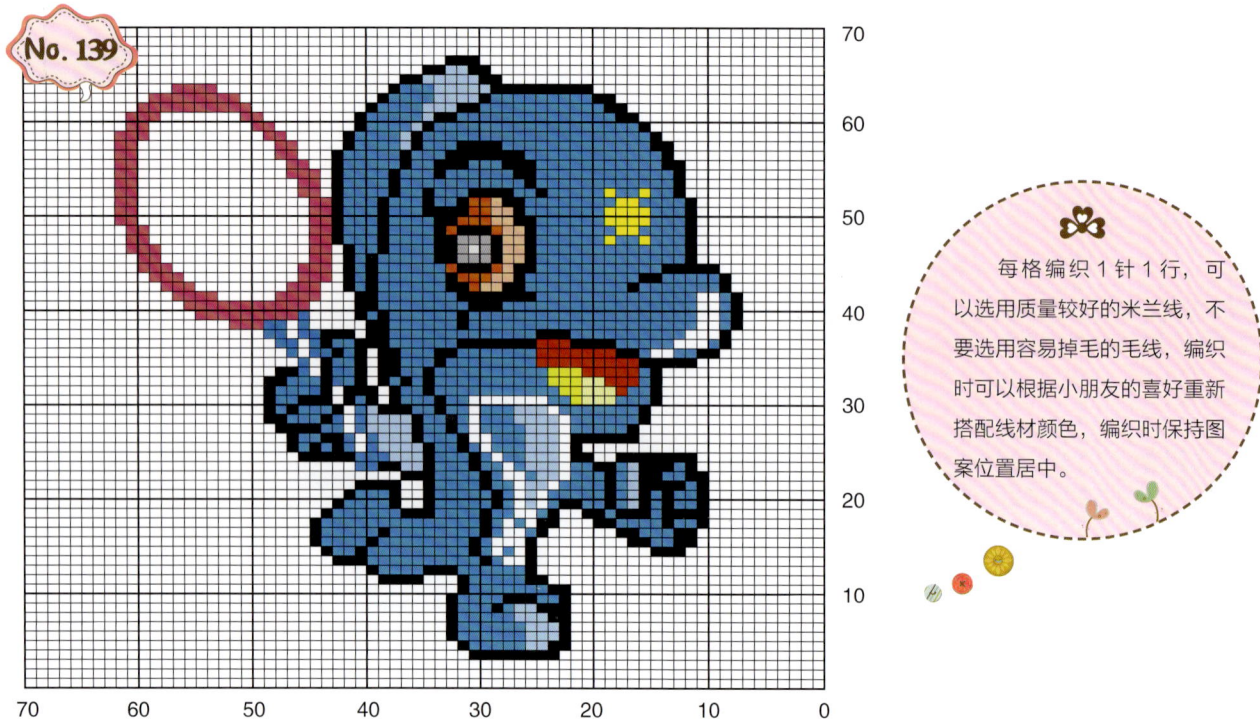

每格编织1针1行，可以选用质量较好的米兰线，不要选用容易掉毛的毛线，编织时可以根据小朋友的喜好重新搭配线材颜色，编织时保持图案位置居中。

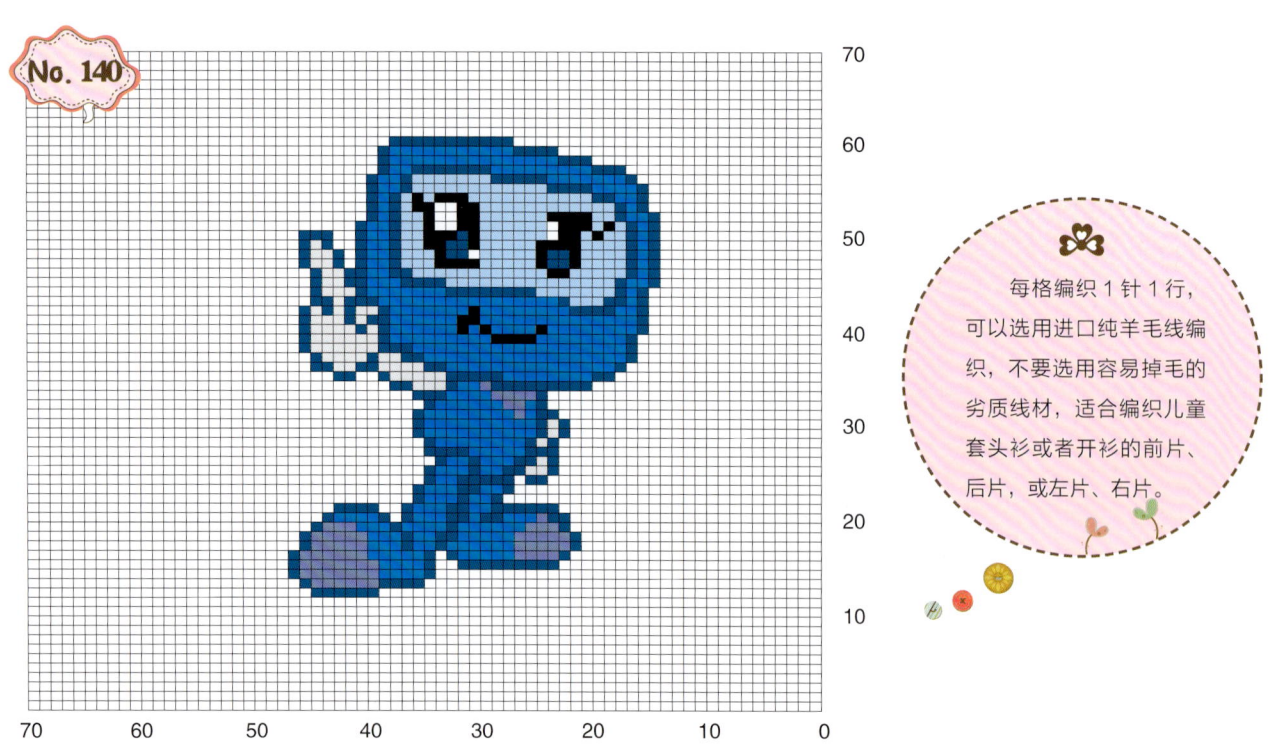

每格编织1针1行，可以选用进口纯羊毛线编织，不要选用容易掉毛的劣质线材，适合编织儿童套头衫或者开衫的前片、后片，或左片、右片。

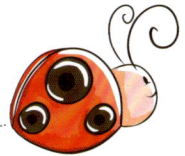

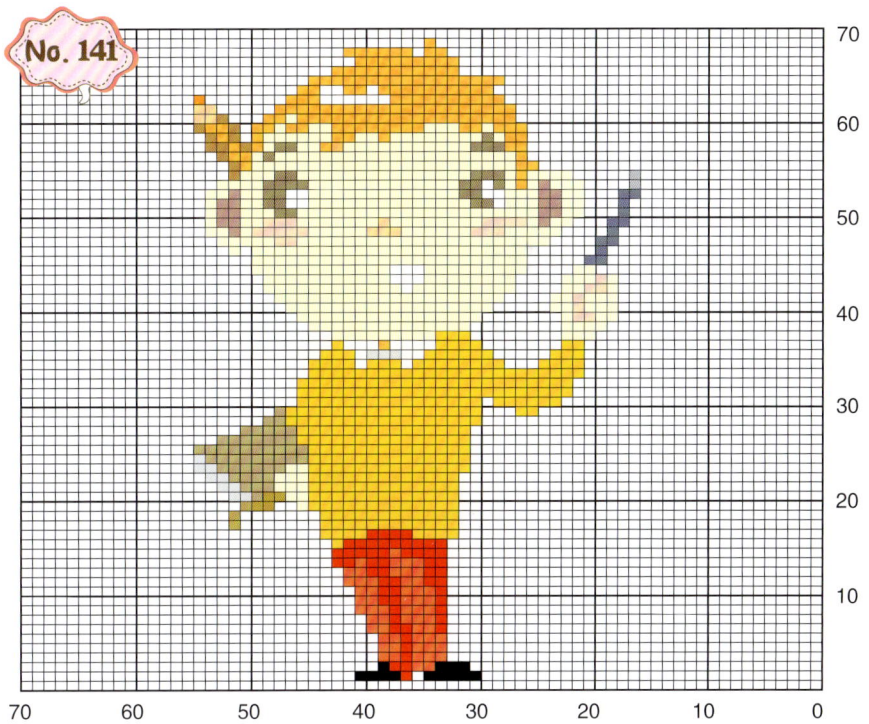

每格编织1针1行，可以选用质量较好的马海毛线，不要选用容易掉毛的毛线，编织时可以根据小朋友的喜好重新搭配线材颜色，编织时保持图案位置居中。

每格编织1针1行，可以选用米兰线编织，不要选用容易掉毛的劣质线材，适合编织儿童套头衫或者开衫的前片、后片，或左片、右片。

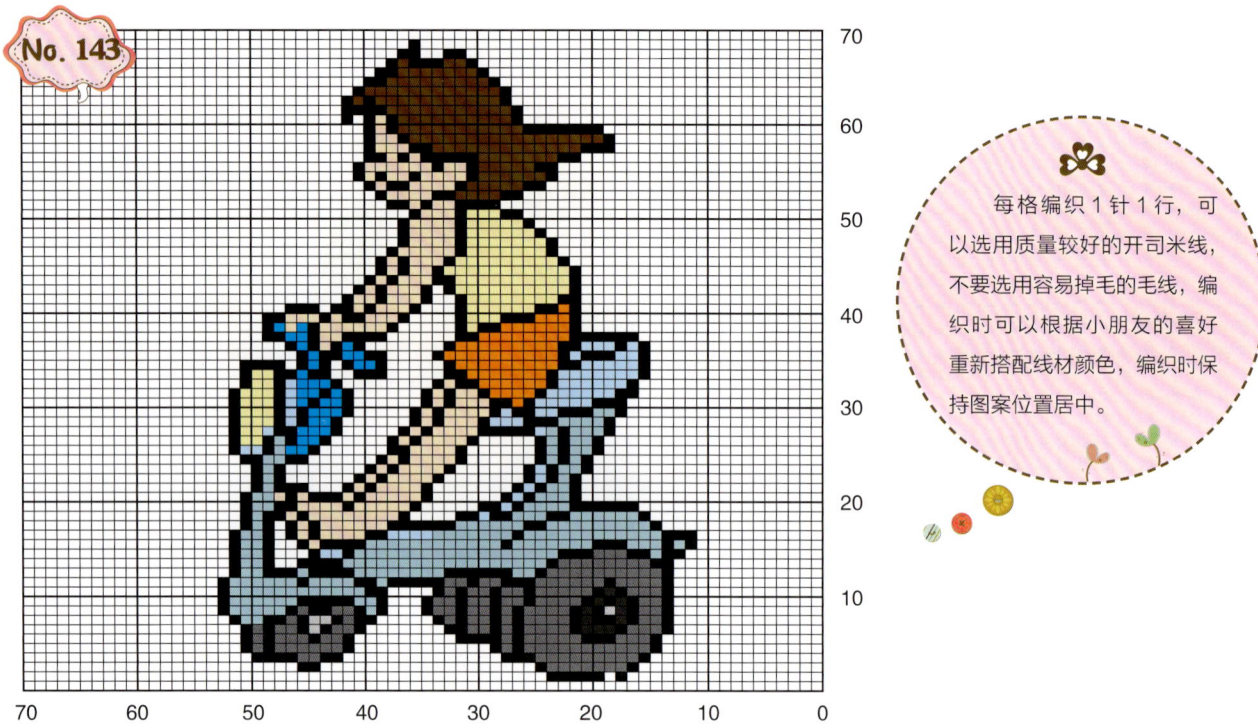

每格编织1针1行，可以选用质量较好的开司米线，不要选用容易掉毛的毛线，编织时可以根据小朋友的喜好重新搭配线材颜色，编织时保持图案位置居中。

每格编织1针1行，可以选用进口纯羊毛线编织，不要选用容易掉毛的劣质线材，适合编织儿童套头衫或者开衫的前片、后片，或左片、右片。

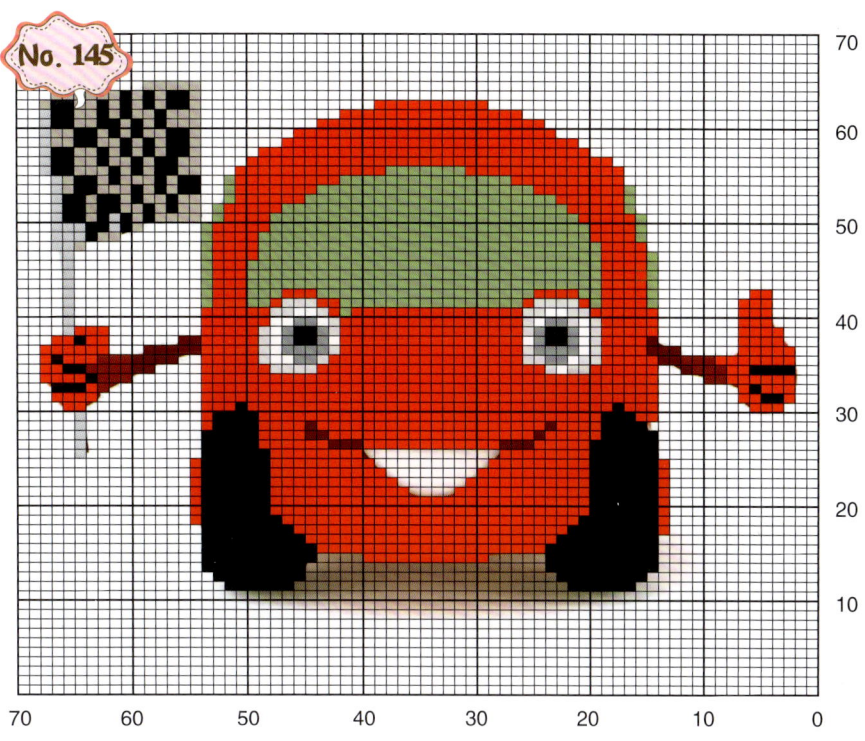

每格编织1针1行,可以选用质量较好的马海毛线,不要选用容易掉毛的毛线,编织时可以根据小朋友的喜好重新搭配线材颜色,编织时保持图案位置居中。

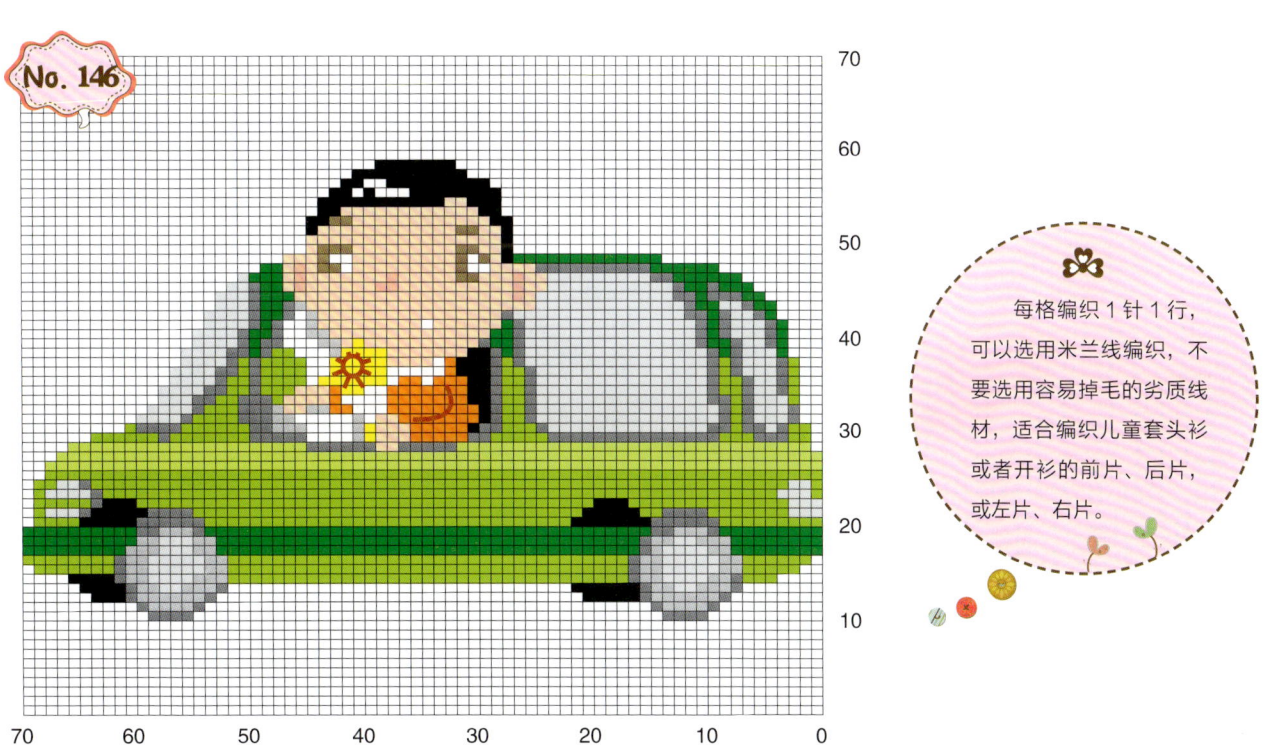

每格编织1针1行,可以选用米兰线编织,不要选用容易掉毛的劣质线材,适合编织儿童套头衫或者开衫的前片、后片,或左片、右片。

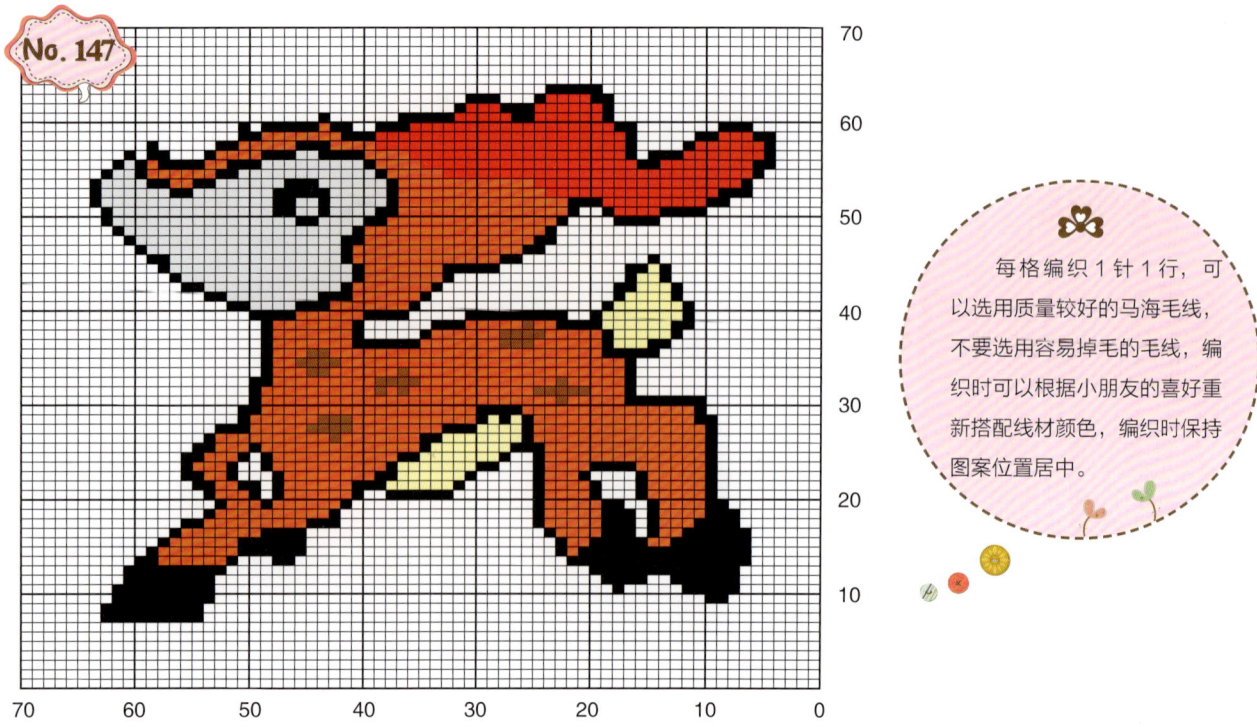

每格编织1针1行，可以选用质量较好的马海毛线，不要选用容易掉毛的毛线，编织时可以根据小朋友的喜好重新搭配线材颜色，编织时保持图案位置居中。

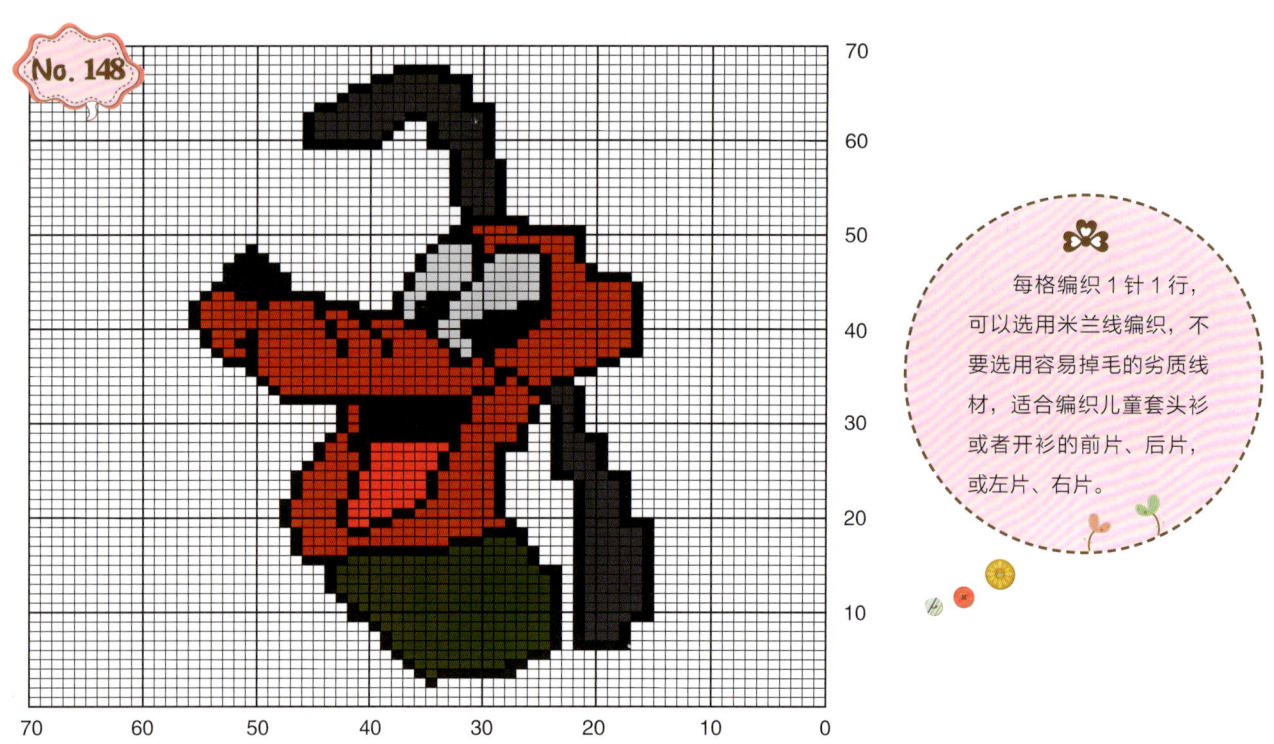

每格编织1针1行，可以选用米兰线编织，不要选用容易掉毛的劣质线材，适合编织儿童套头衫或者开衫的前片、后片，或左片、右片。

No. 149

每格编织1针1行，可以选用质量较好的开司米线，不要选用容易掉毛的毛线，编织时可以根据小朋友的喜好重新搭配线材颜色，编织时保持图案位置居中。

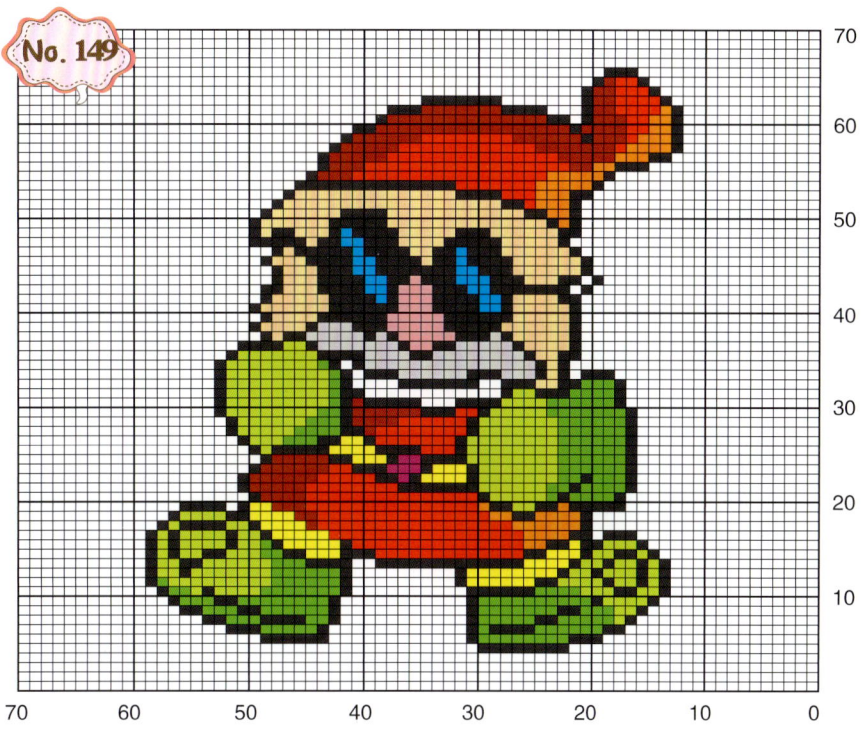

No. 150

每格编织1针1行，可以选用进口纯羊毛线编织，不要选用容易掉毛的劣质线材，适合编织儿童套头衫或者开衫的前片、后片，或左片、右片。

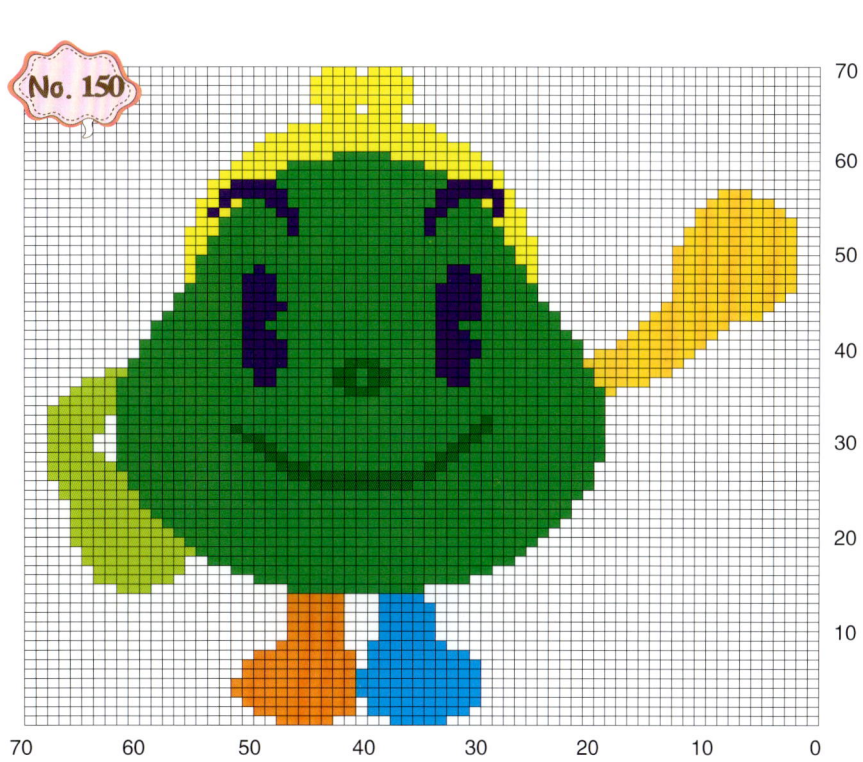

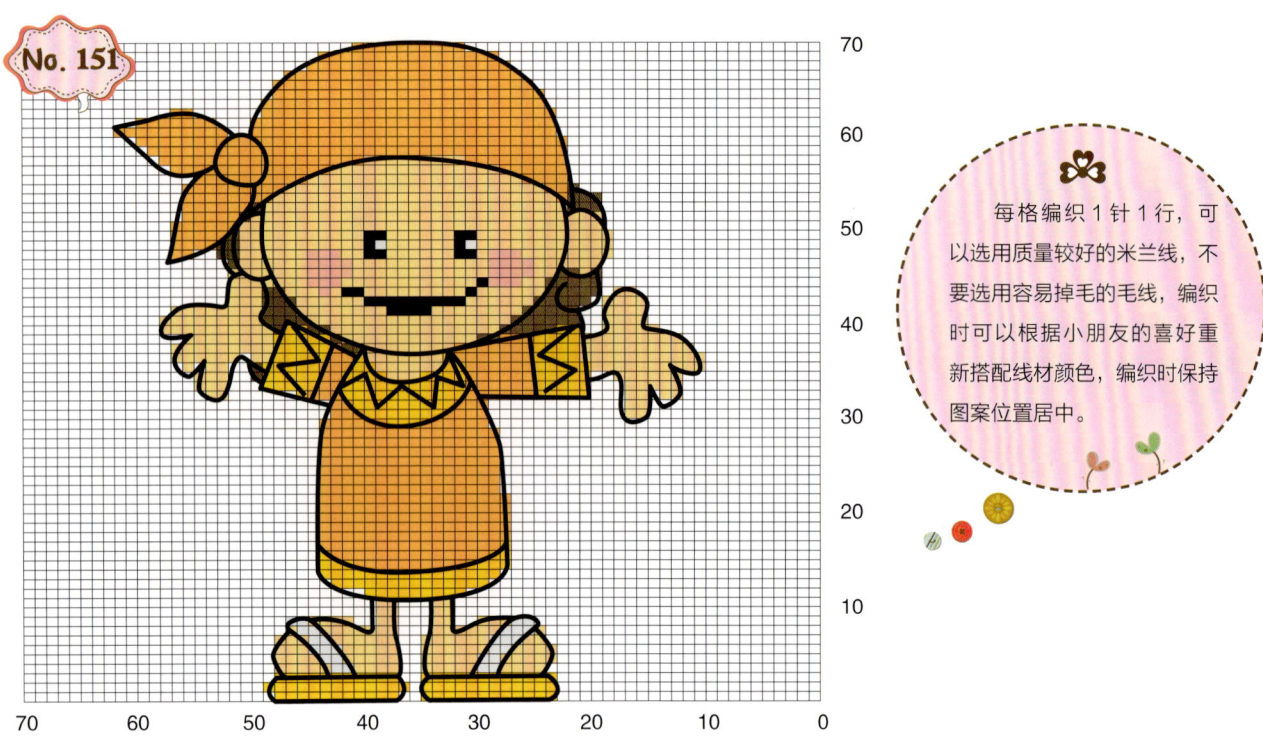

每格编织1针1行,可以选用质量较好的米兰线,不要选用容易掉毛的毛线,编织时可以根据小朋友的喜好重新搭配线材颜色,编织时保持图案位置居中。

每格编织1针1行,可以选用开司米线编织,不要选用容易掉毛的劣质线材,适合编织儿童套头衫或者开衫的前片、后片,或左片、右片。

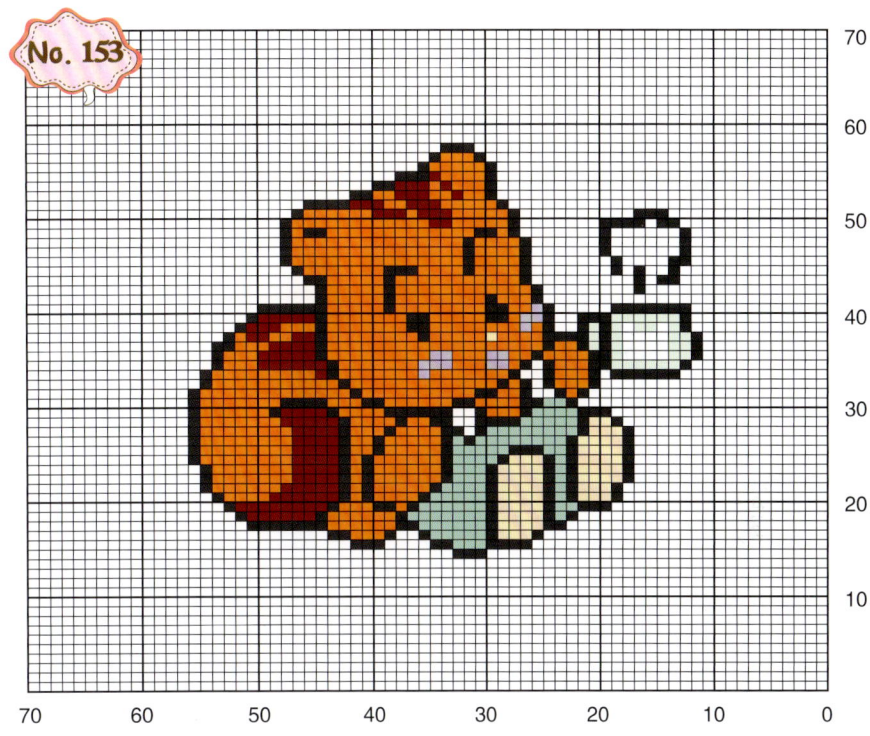

每格编织1针1行，可以选用质量较好的马海毛线，不要选用容易掉毛的毛线，编织时可以根据小朋友的喜好重新搭配线材颜色，编织时保持图案位置居中。

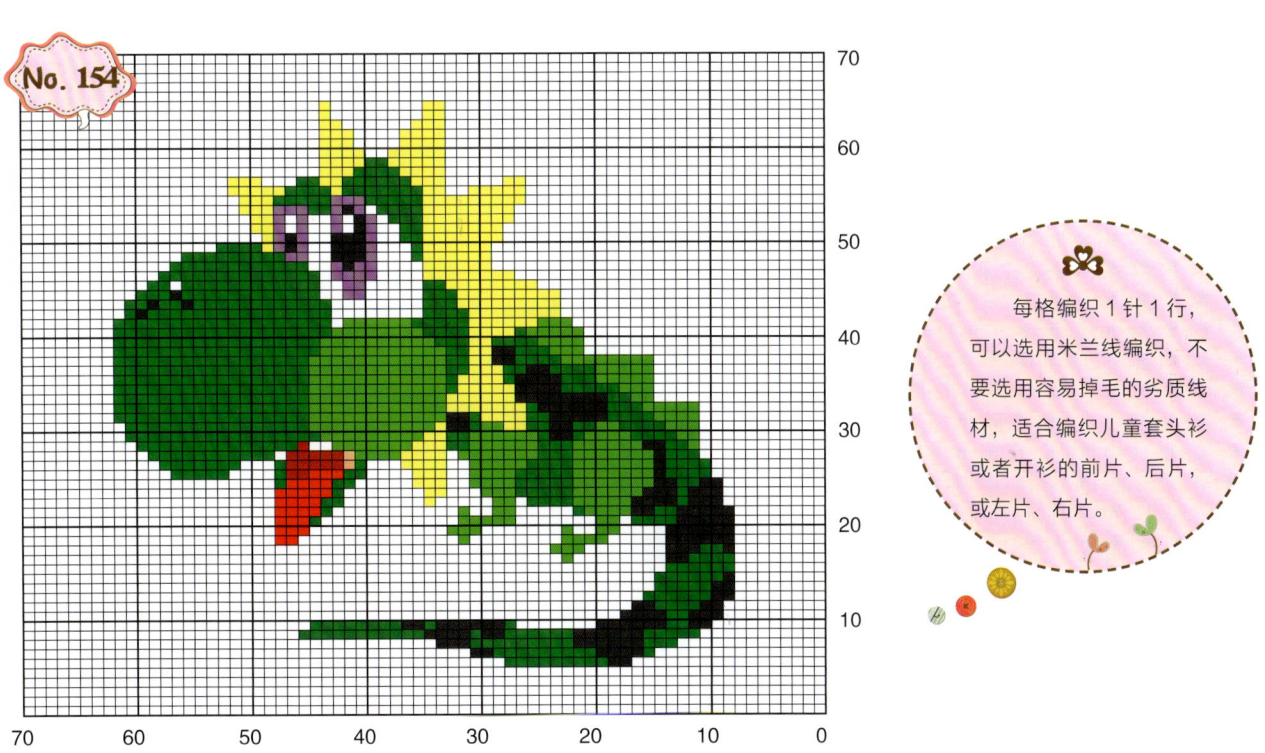

每格编织1针1行，可以选用米兰线编织，不要选用容易掉毛的劣质线材，适合编织儿童套头衫或者开衫的前片、后片，或左片、右片。

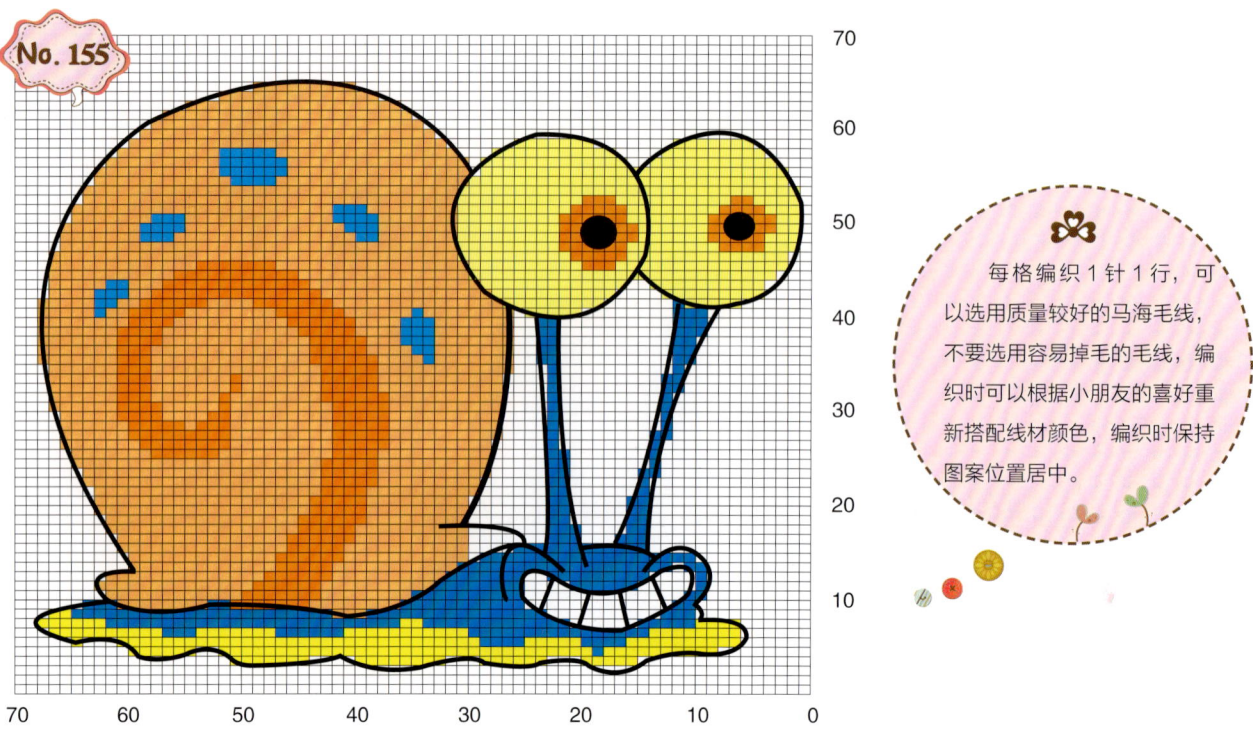

每格编织1针1行，可以选用质量较好的马海毛线，不要选用容易掉毛的毛线，编织时可以根据小朋友的喜好重新搭配线材颜色，编织时保持图案位置居中。

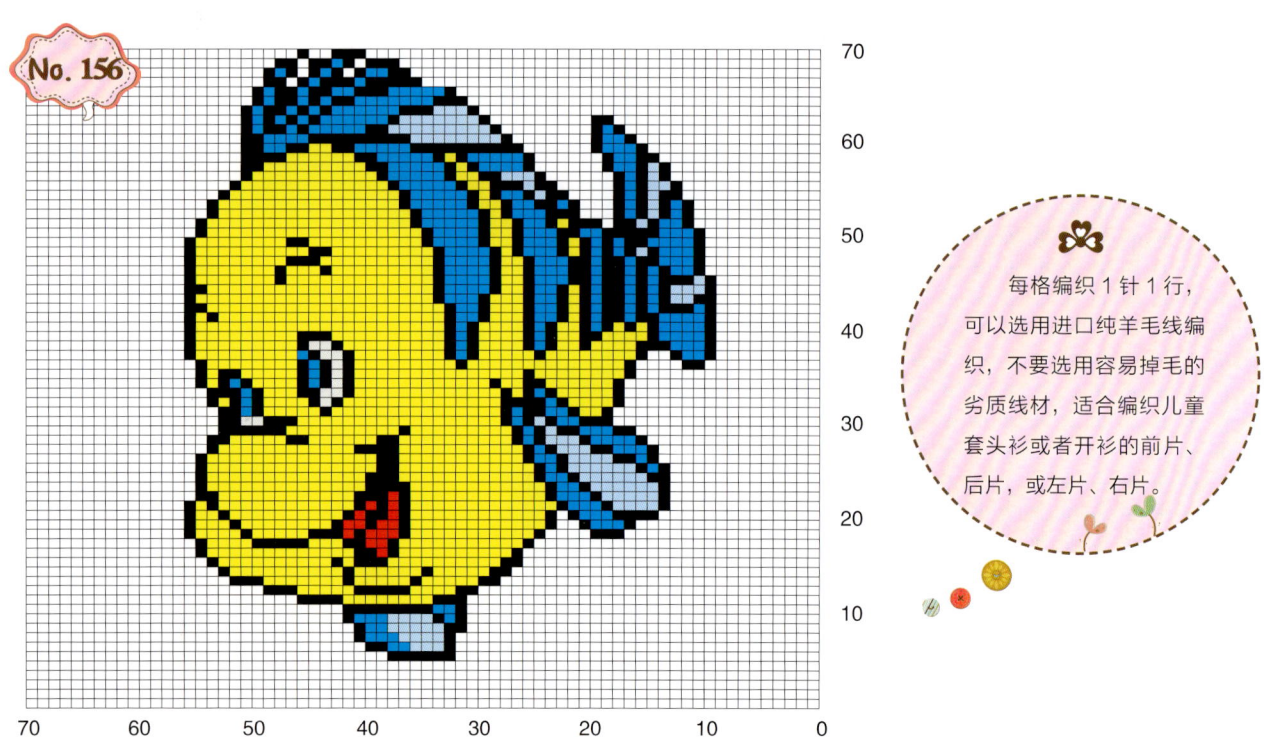

每格编织1针1行，可以选用进口纯羊毛线编织，不要选用容易掉毛的劣质线材，适合编织儿童套头衫或者开衫的前片、后片，或左片、右片。

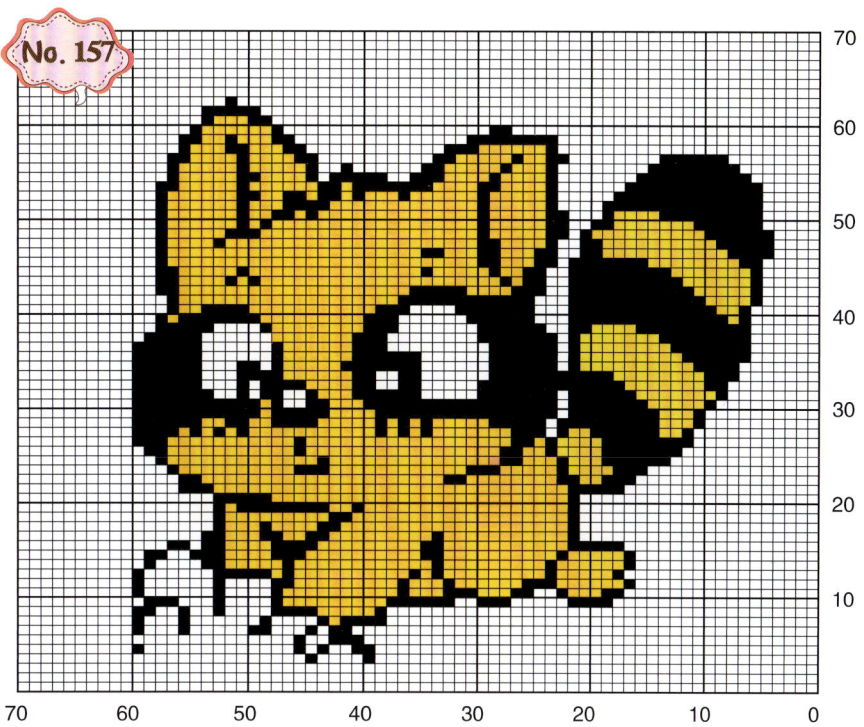

每格编织1针1行，可以选用质量较好的开司米线，不要选用容易掉毛的毛线，编织时可以根据小朋友的喜好重新搭配线材颜色，编织时保持图案位置居中。

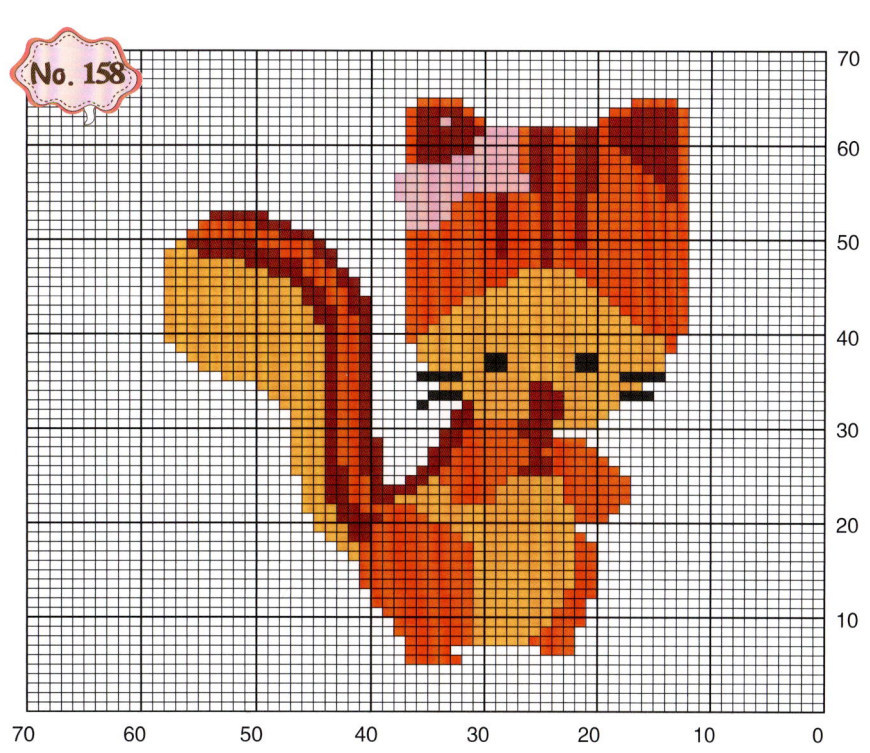

每格编织1针1行，可以选用米兰线编织，不要选用容易掉毛的劣质线材，适合编织儿童套头衫或者开衫的前片、后片，或左片、右片。

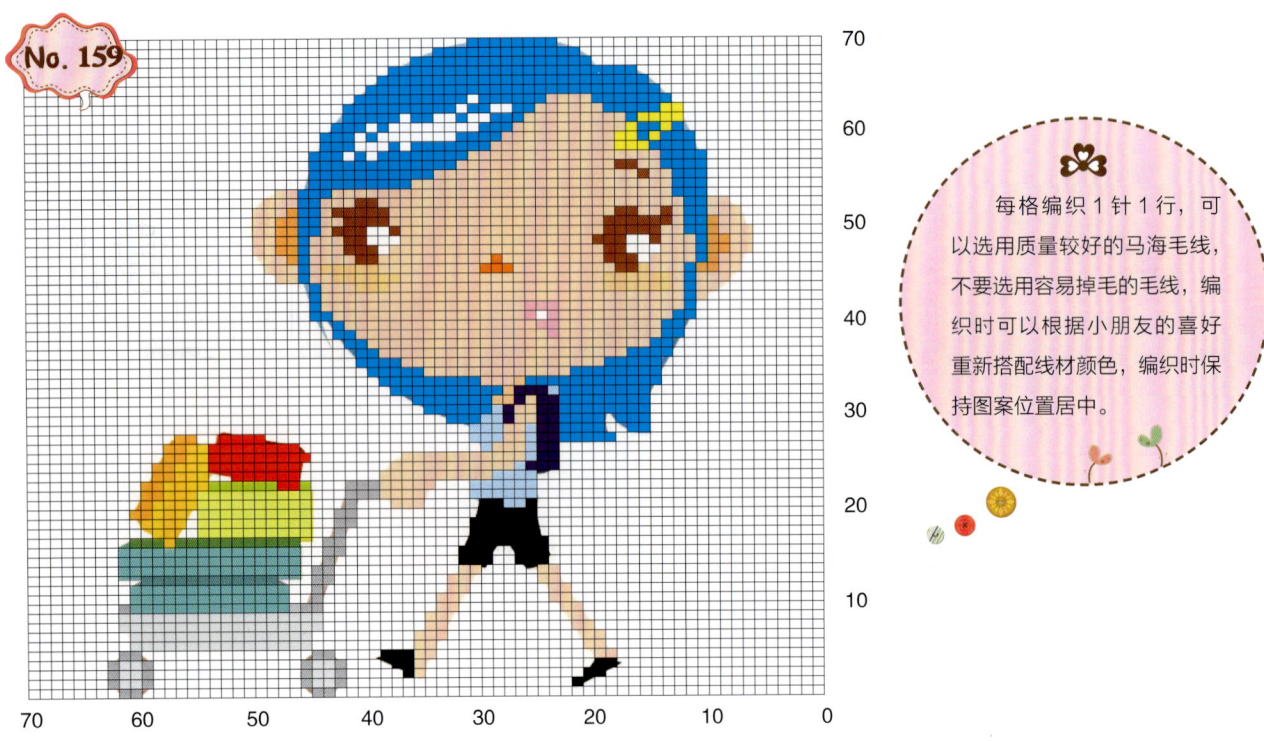

每格编织1针1行，可以选用质量较好的马海毛线，不要选用容易掉毛的毛线，编织时可以根据小朋友的喜好重新搭配线材颜色，编织时保持图案位置居中。

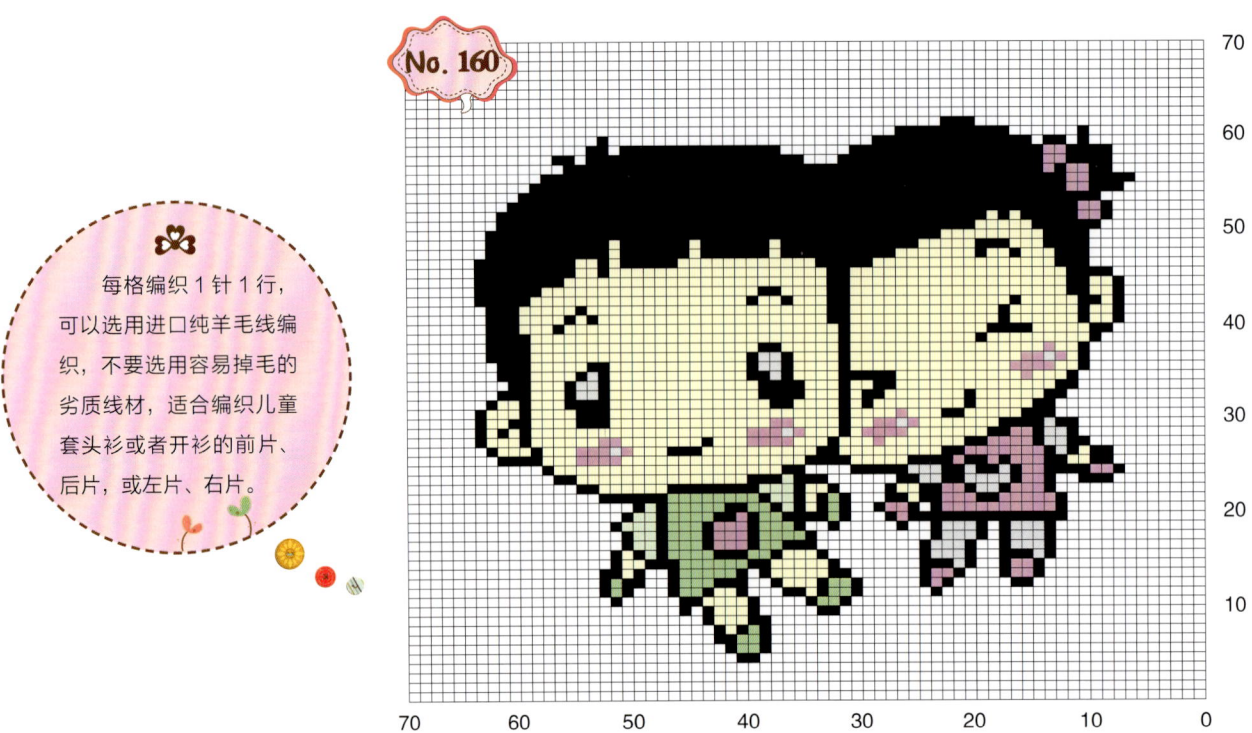

每格编织1针1行，可以选用进口纯羊毛线编织，不要选用容易掉毛的劣质线材，适合编织儿童套头衫或者开衫的前片、后片，或左片、右片。

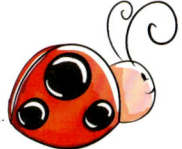

No. 161

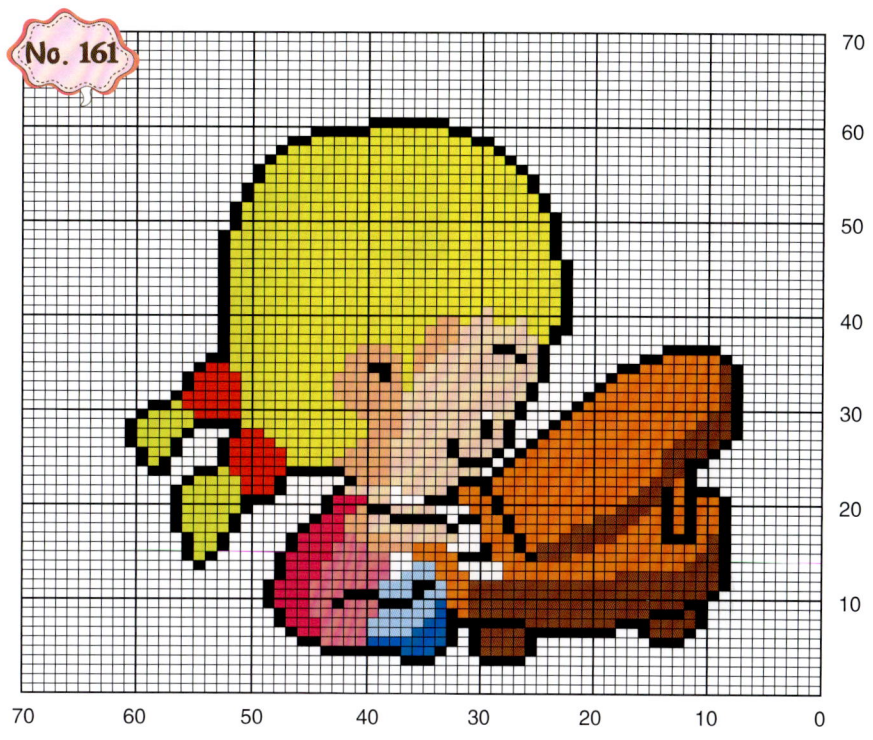

每格编织1针1行,可以选用质量较好的开司米线,不要选用容易掉毛的毛线,编织时可以根据小朋友的喜好重新搭配线材颜色,编织时保持图案位置居中。

No. 162

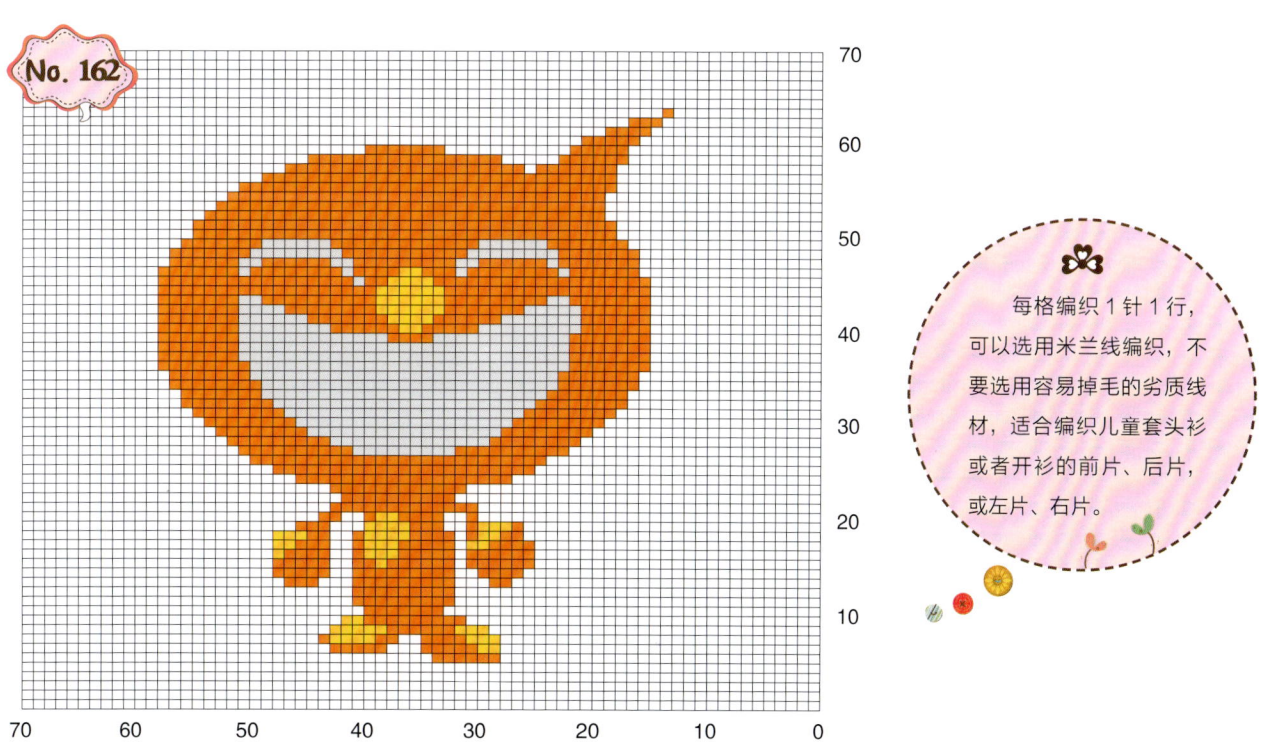

每格编织1针1行,可以选用米兰线编织,不要选用容易掉毛的劣质线材,适合编织儿童套头衫或者开衫的前片、后片,或左片、右片。

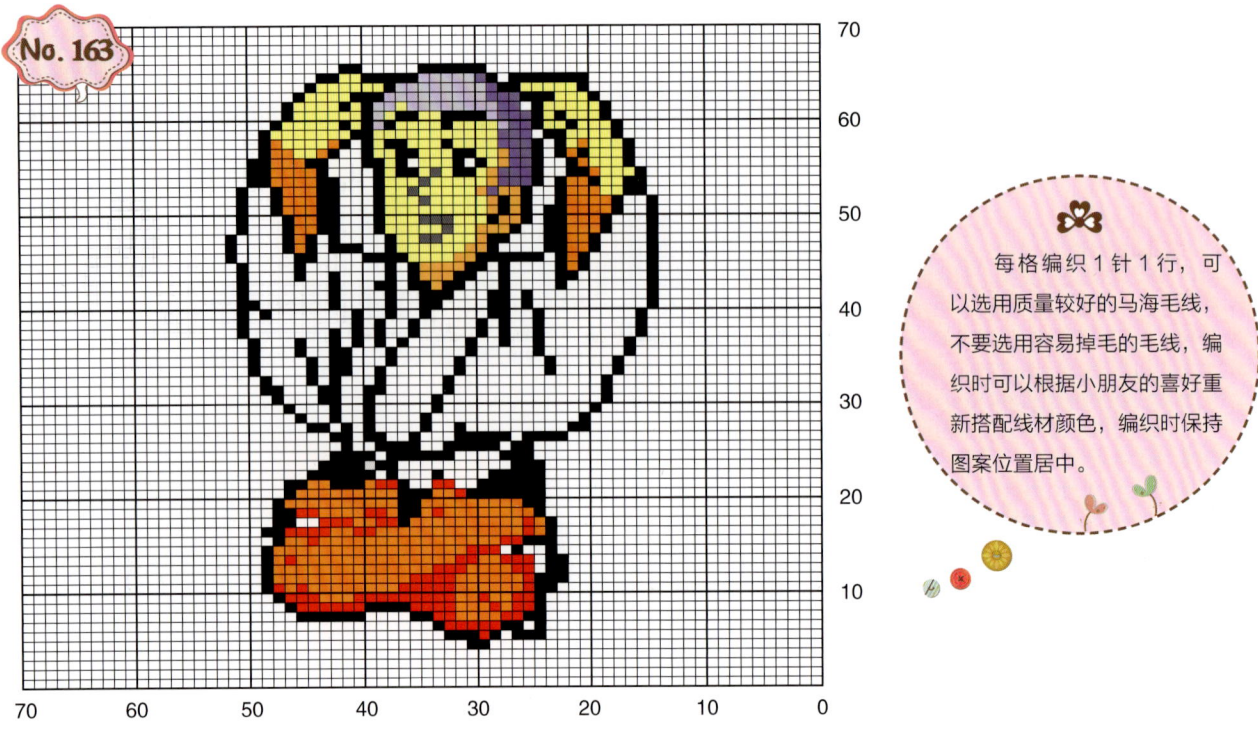

每格编织1针1行，可以选用质量较好的马海毛线，不要选用容易掉毛的毛线，编织时可以根据小朋友的喜好重新搭配线材颜色，编织时保持图案位置居中。

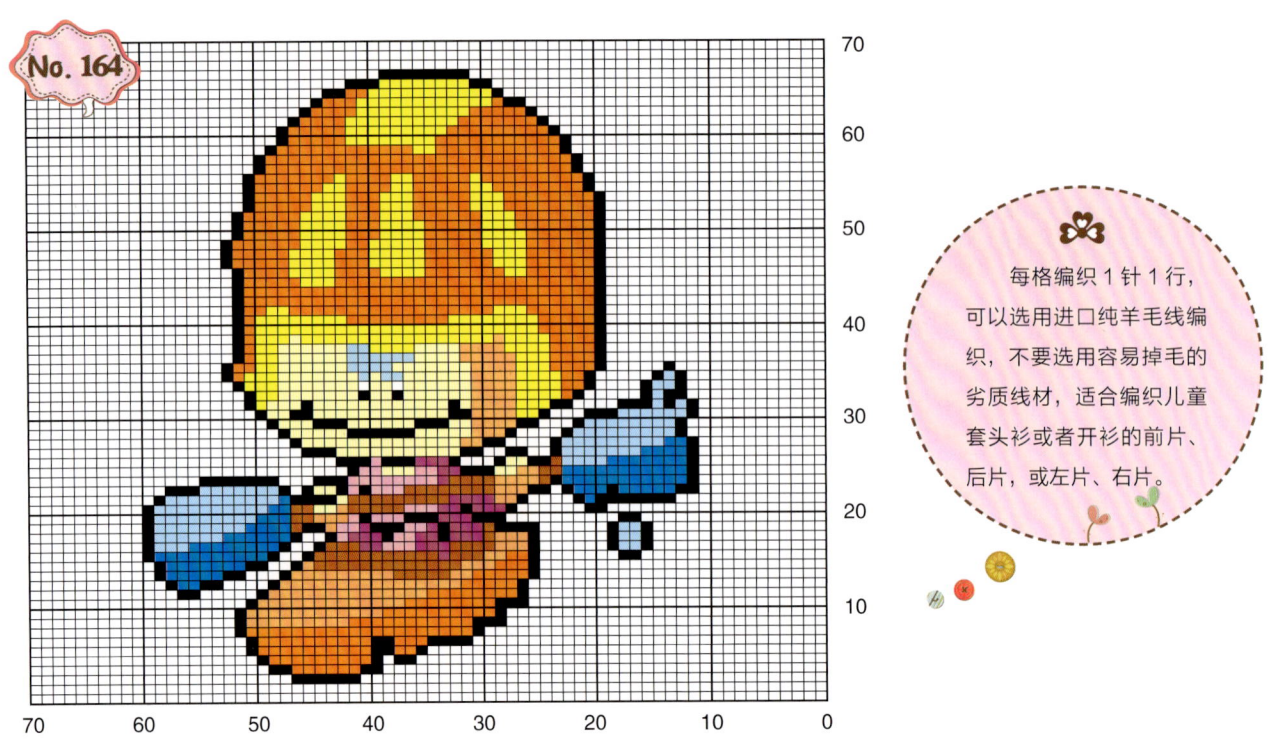

每格编织1针1行，可以选用进口纯羊毛线编织，不要选用容易掉毛的劣质线材，适合编织儿童套头衫或者开衫的前片、后片，或左片、右片。

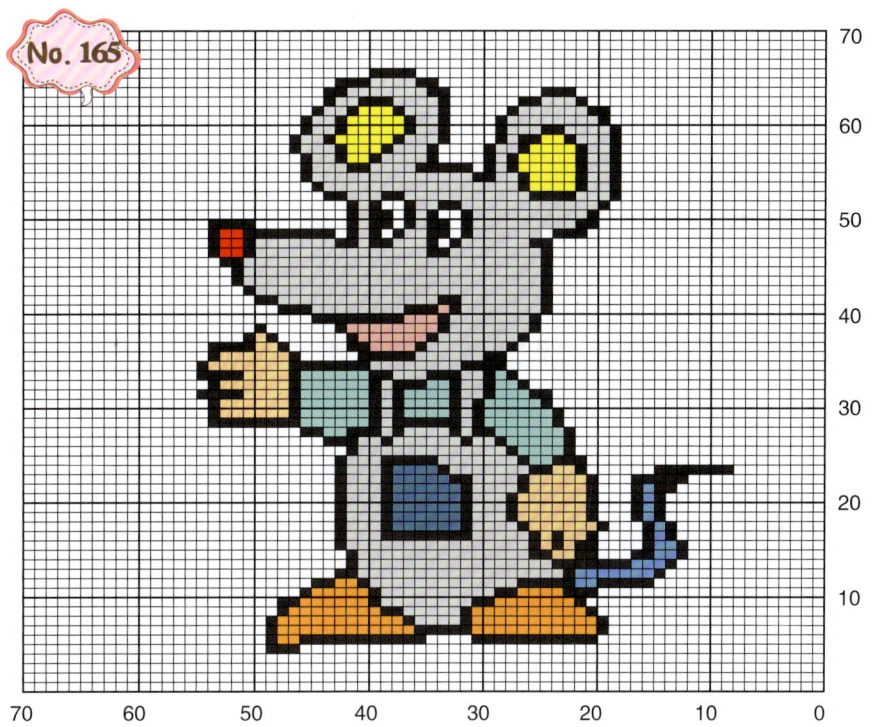

每格编织1针1行，可以选用质量较好的开司米线，不要选用容易掉毛的毛线，编织时可以根据小朋友的喜好重新搭配线材颜色，编织时保持图案位置居中。

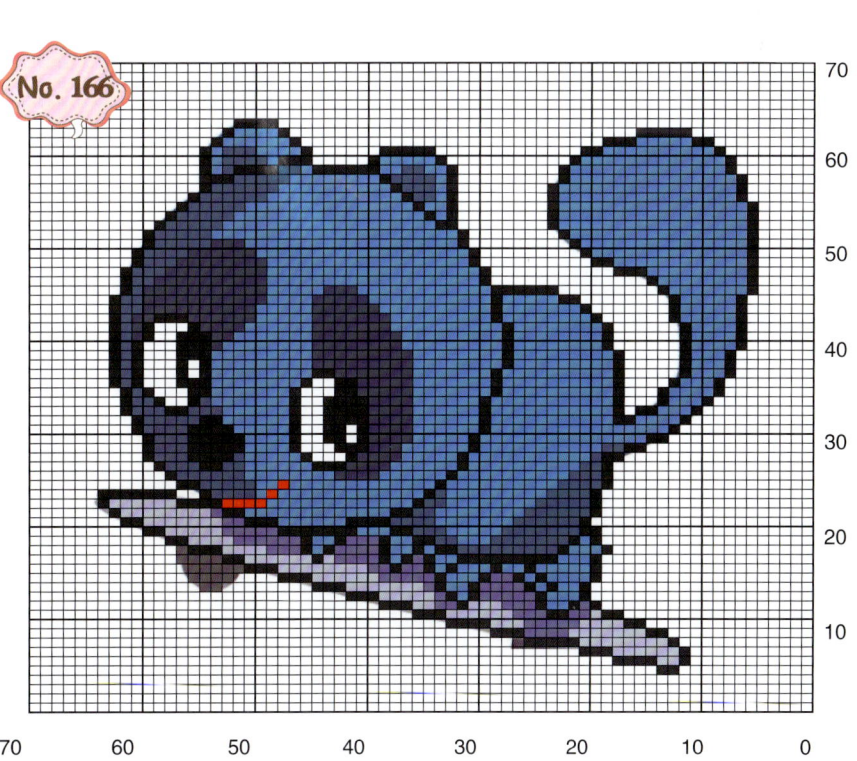

每格编织1针1行，可以选用进口纯羊毛线编织，不要选用容易掉毛的劣质线材，适合编织儿童套头衫或者开衫的前片、后片，或左片、右片。

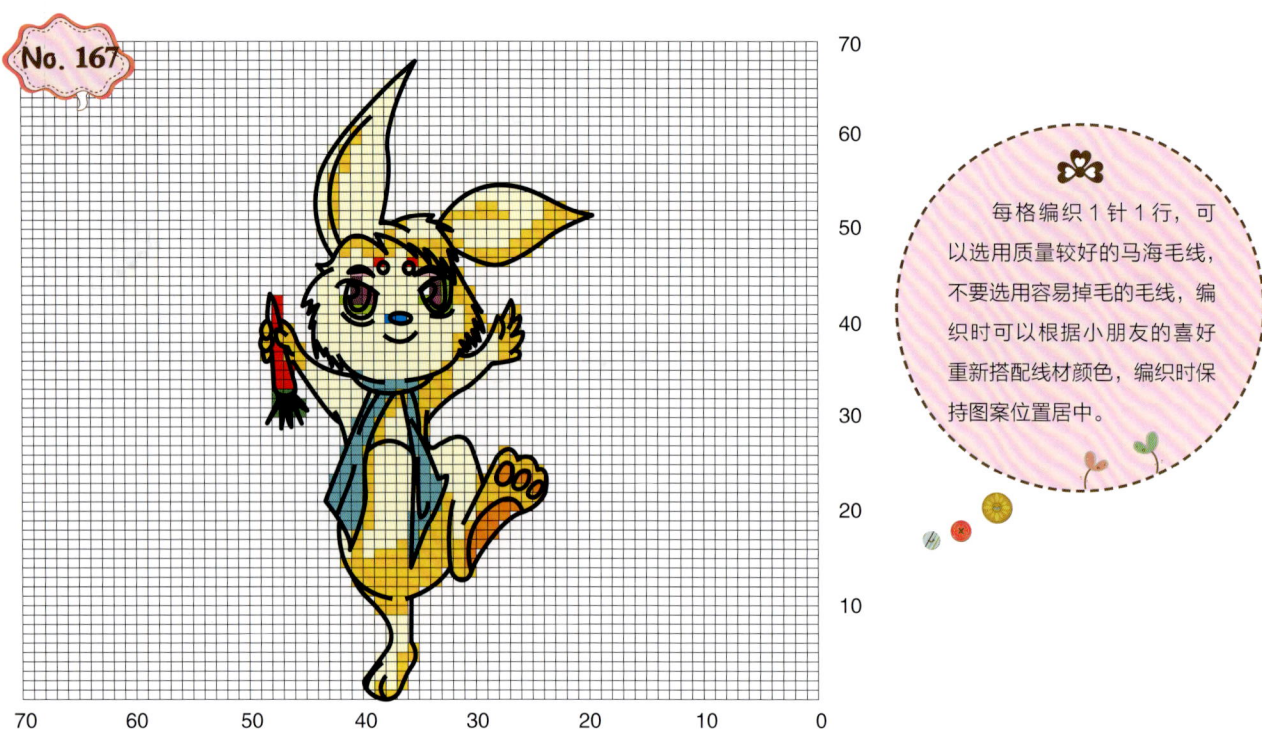

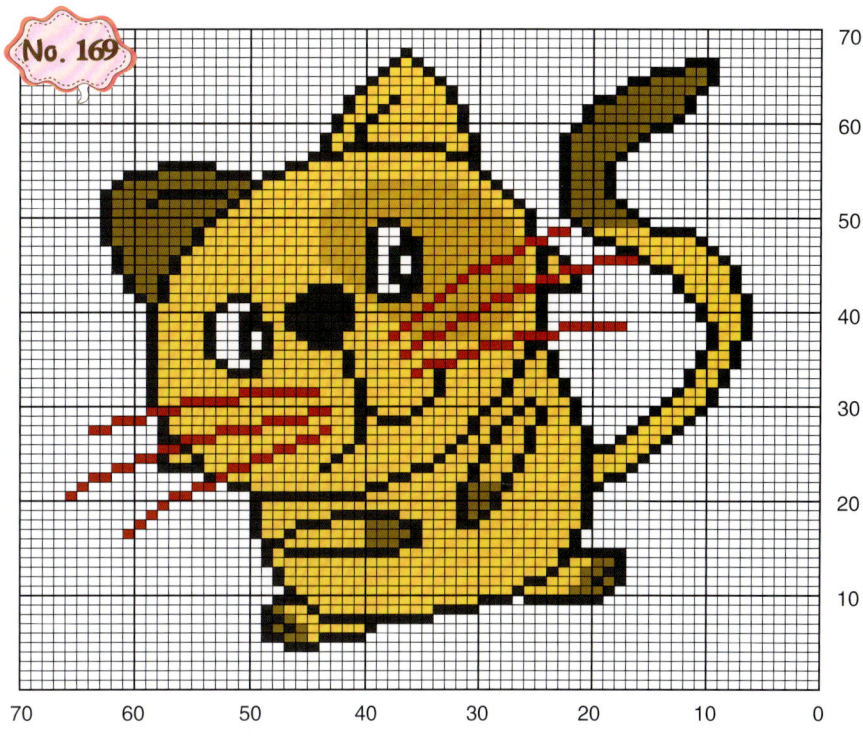

每格编织 1 针 1 行，可以选用质量较好的米兰线，不要选用容易掉毛的毛线，编织时可以根据小朋友的喜好重新搭配线材颜色，编织时保持图案位置居中。

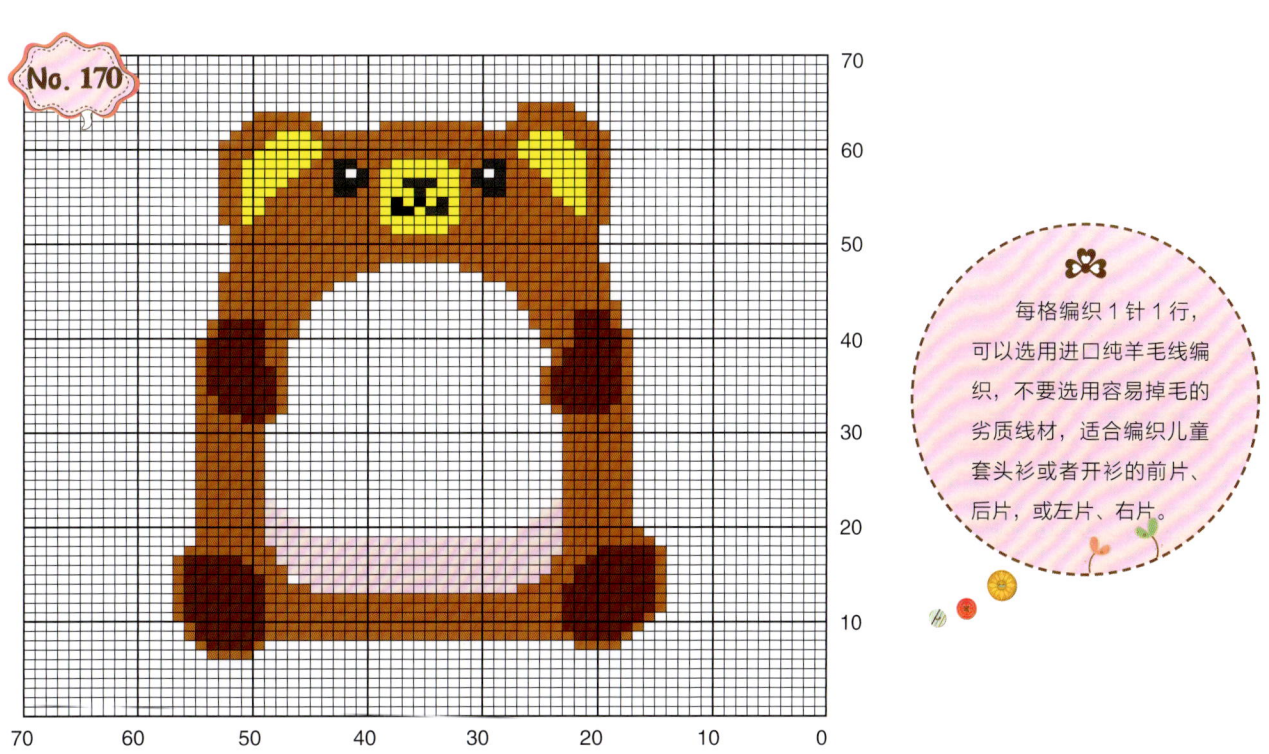

每格编织 1 针 1 行，可以选用进口纯羊毛线编织，不要选用容易掉毛的劣质线材，适合编织儿童套头衫或者开衫的前片、后片，或左片、右片。

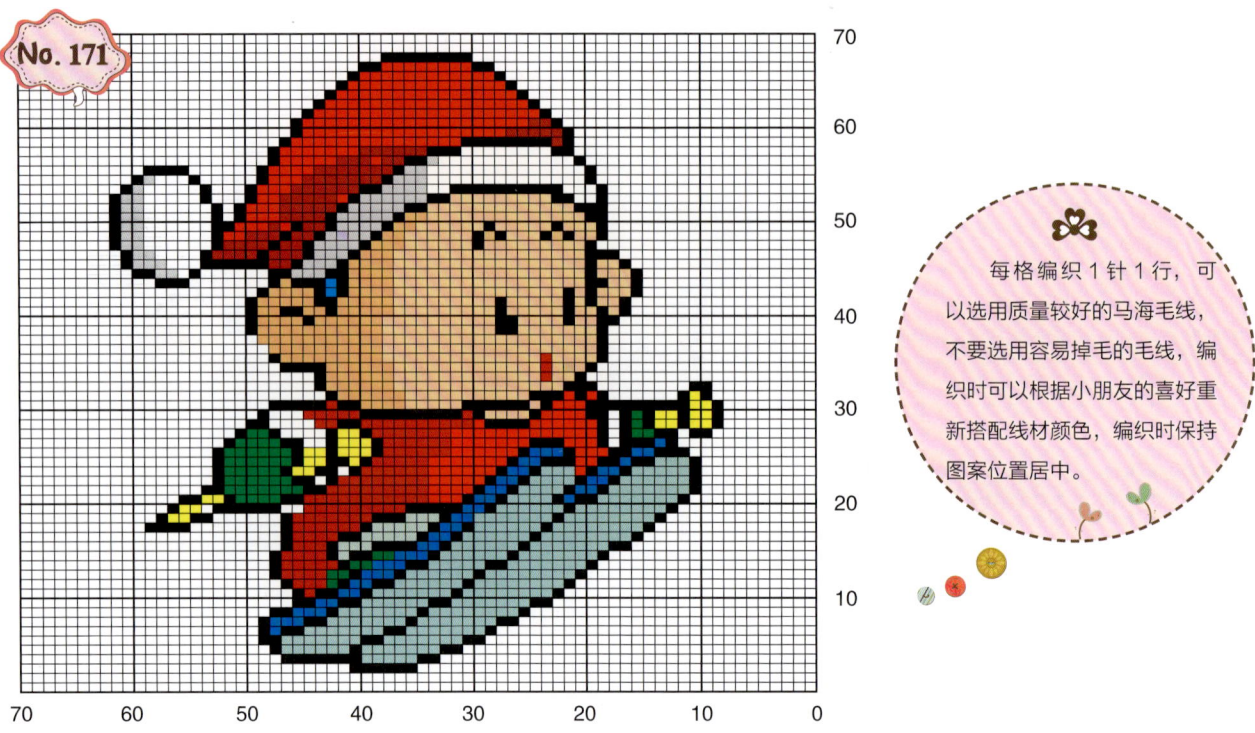

每格编织1针1行,可以选用质量较好的马海毛线,不要选用容易掉毛的毛线,编织时可以根据小朋友的喜好重新搭配线材颜色,编织时保持图案位置居中。

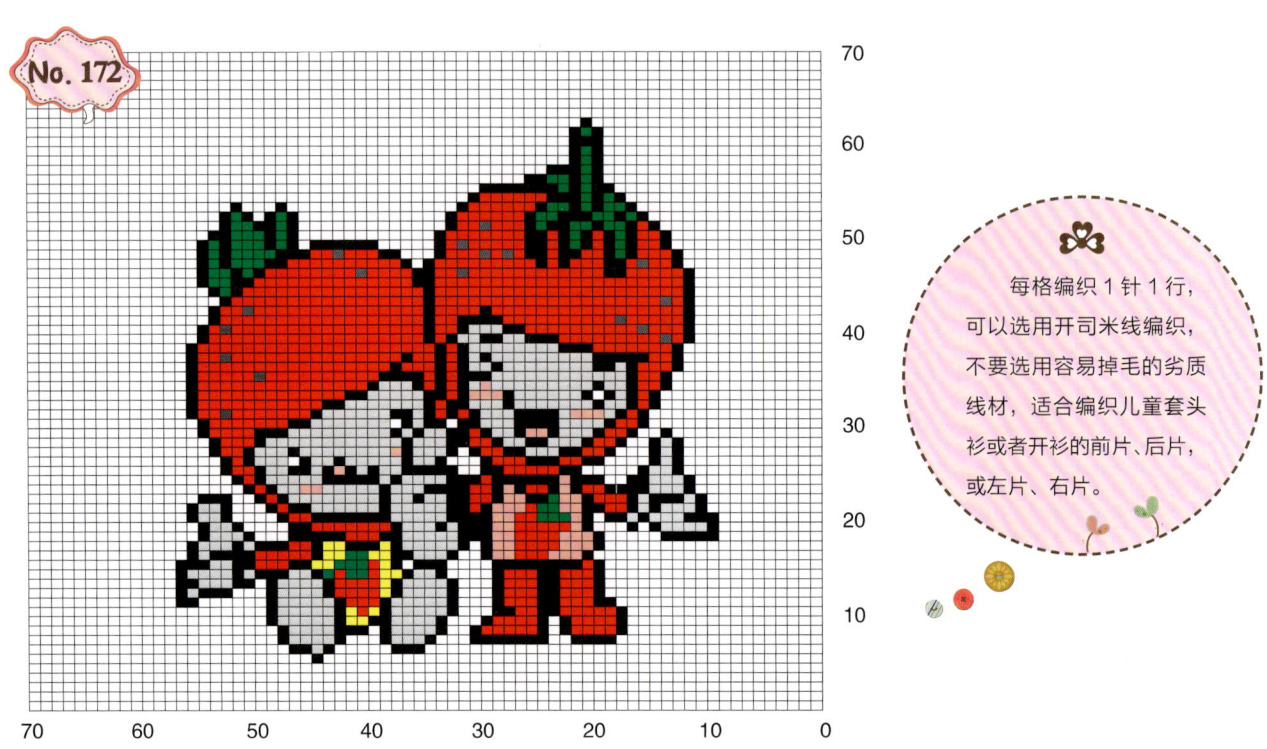

每格编织1针1行,可以选用开司米线编织,不要选用容易掉毛的劣质线材,适合编织儿童套头衫或者开衫的前片、后片,或左片、右片。

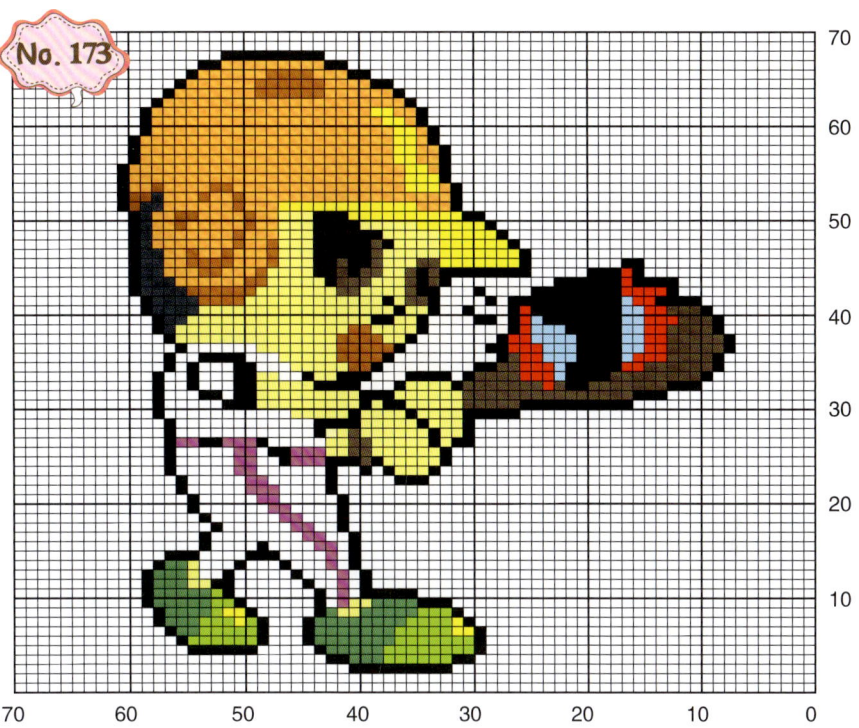

No. 173

每格编织 1 针 1 行，可以选用质量较好的马海毛线，不要选用容易掉毛的毛线，编织时可以根据小朋友的喜好重新搭配线材颜色，编织时保持图案位置居中。

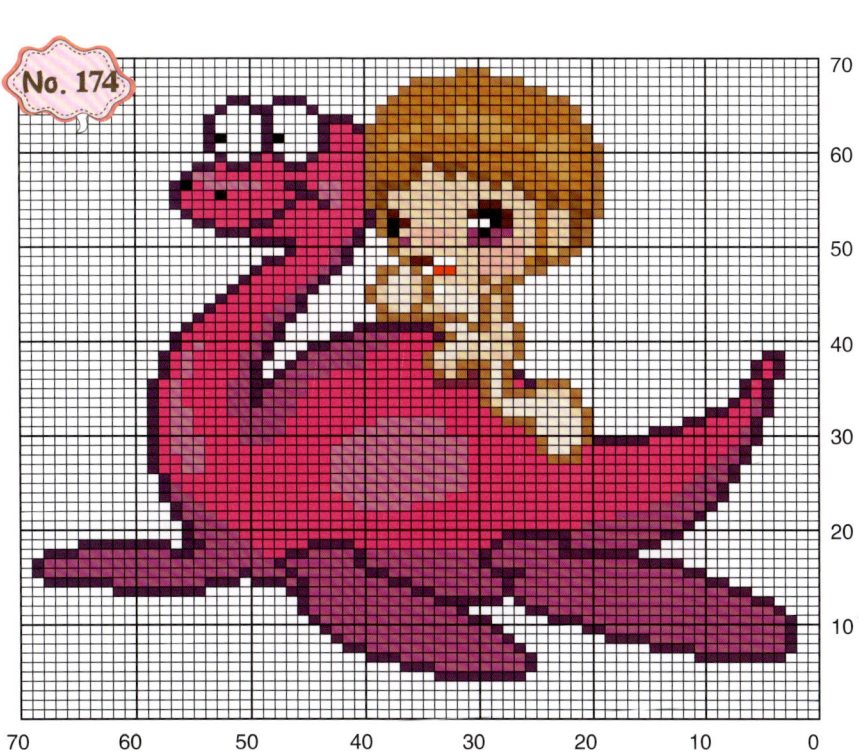

No. 174

每格编织 1 针 1 行，可以选用进口纯羊毛线编织，不要选用容易掉毛的劣质线材，适合编织儿童套头衫或者开衫的前片、后片，或左片、右片。

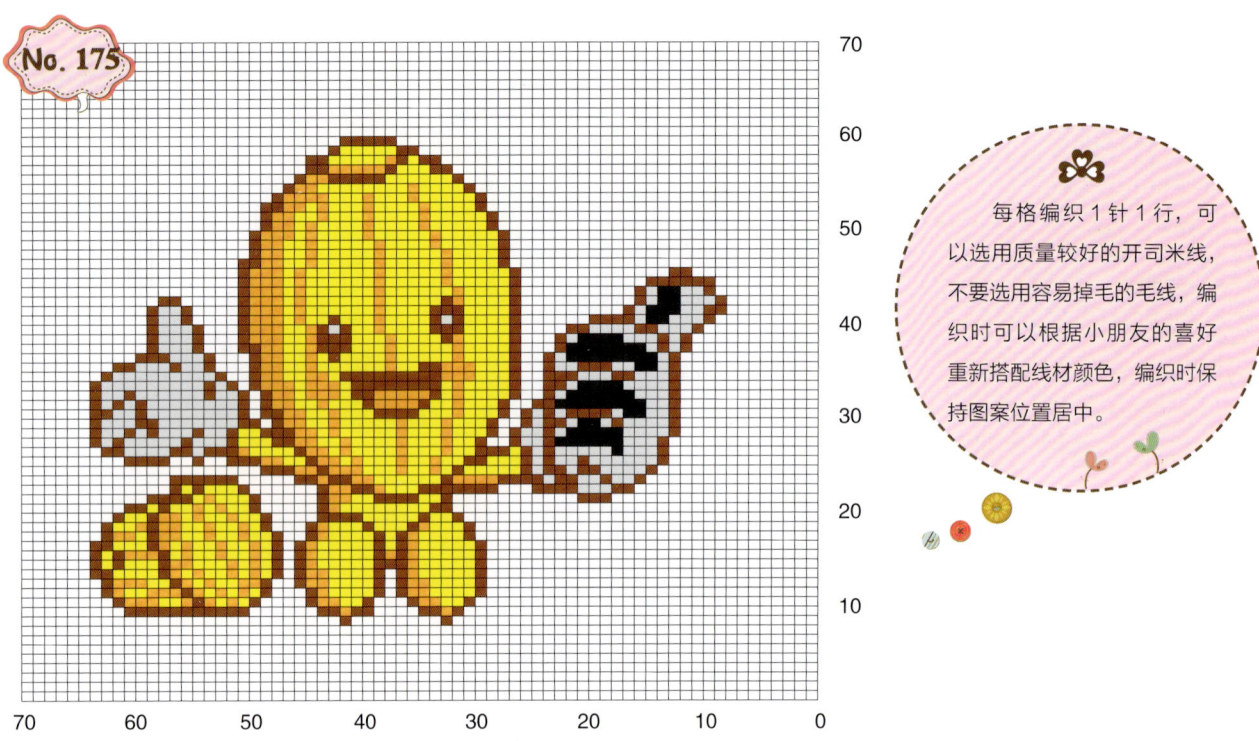

No. 175

每格编织1针1行，可以选用质量较好的开司米线，不要选用容易掉毛的毛线，编织时可以根据小朋友的喜好重新搭配线材颜色，编织时保持图案位置居中。

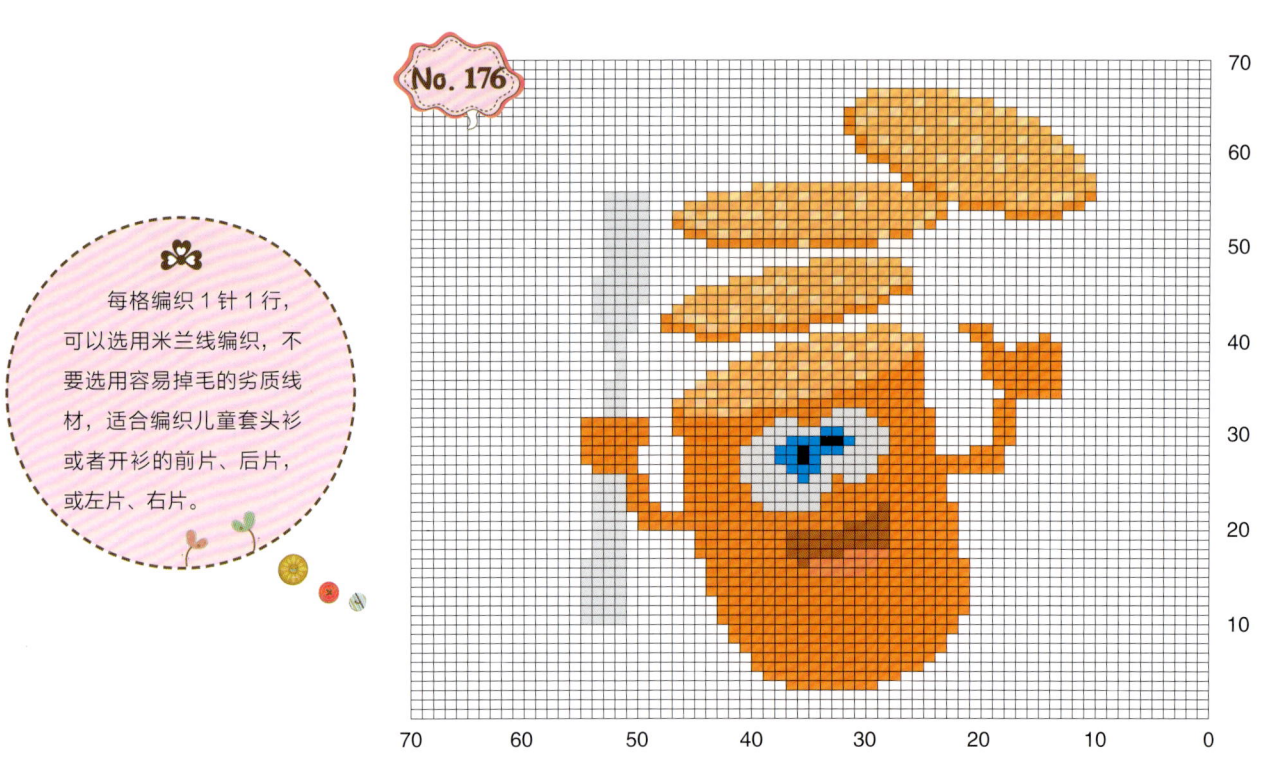

No. 176

每格编织1针1行，可以选用米兰线编织，不要选用容易掉毛的劣质线材，适合编织儿童套头衫或者开衫的前片、后片，或左片、右片。

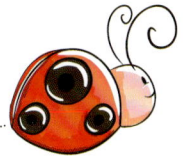

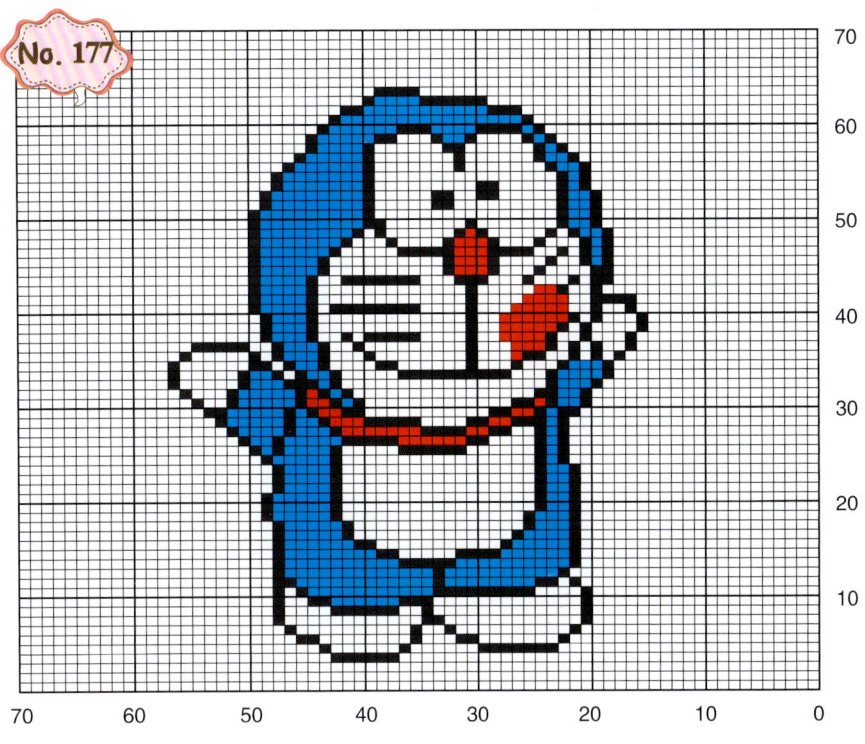

No. 177

每格编织1针1行，可以选用质量较好的米兰线，不要选用容易掉毛的毛线，编织时可以根据小朋友的喜好重新搭配线材颜色，编织时保持图案位置居中。

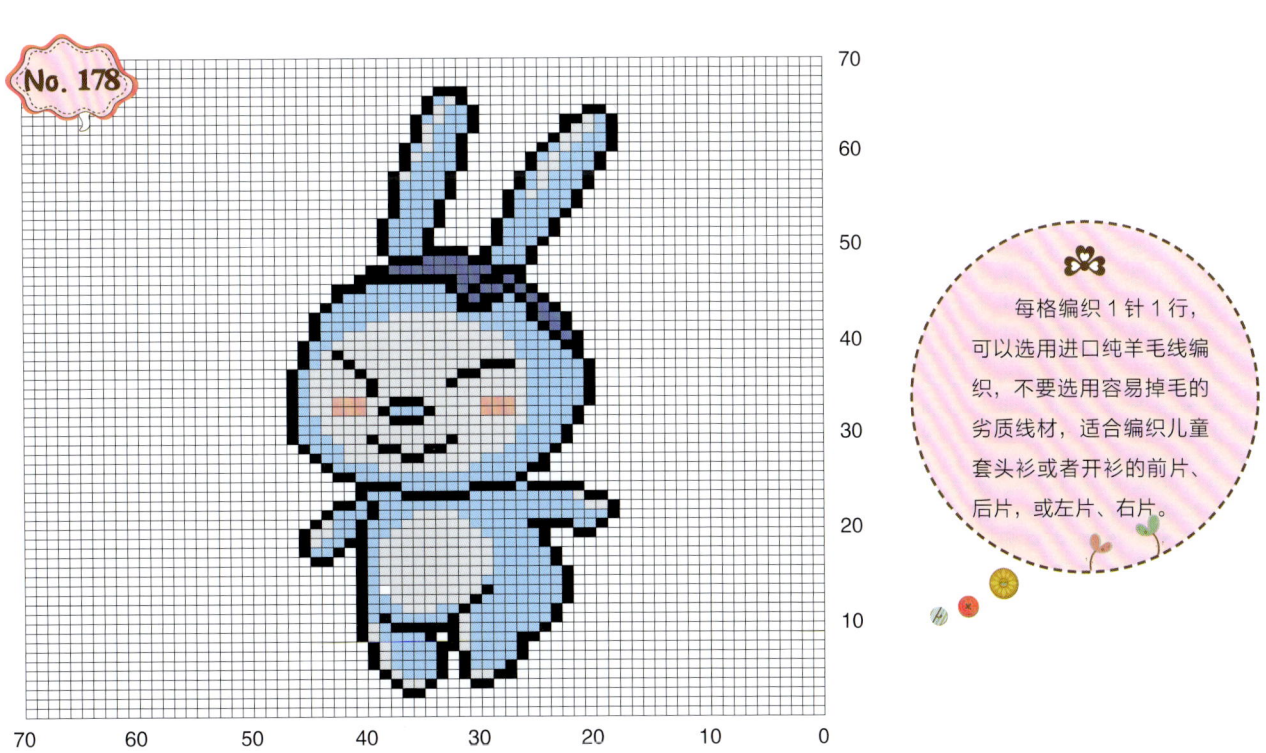

No. 178

每格编织1针1行，可以选用进口纯羊毛线编织，不要选用容易掉毛的劣质线材，适合编织儿童套头衫或者开衫的前片、后片，或左片、右片。

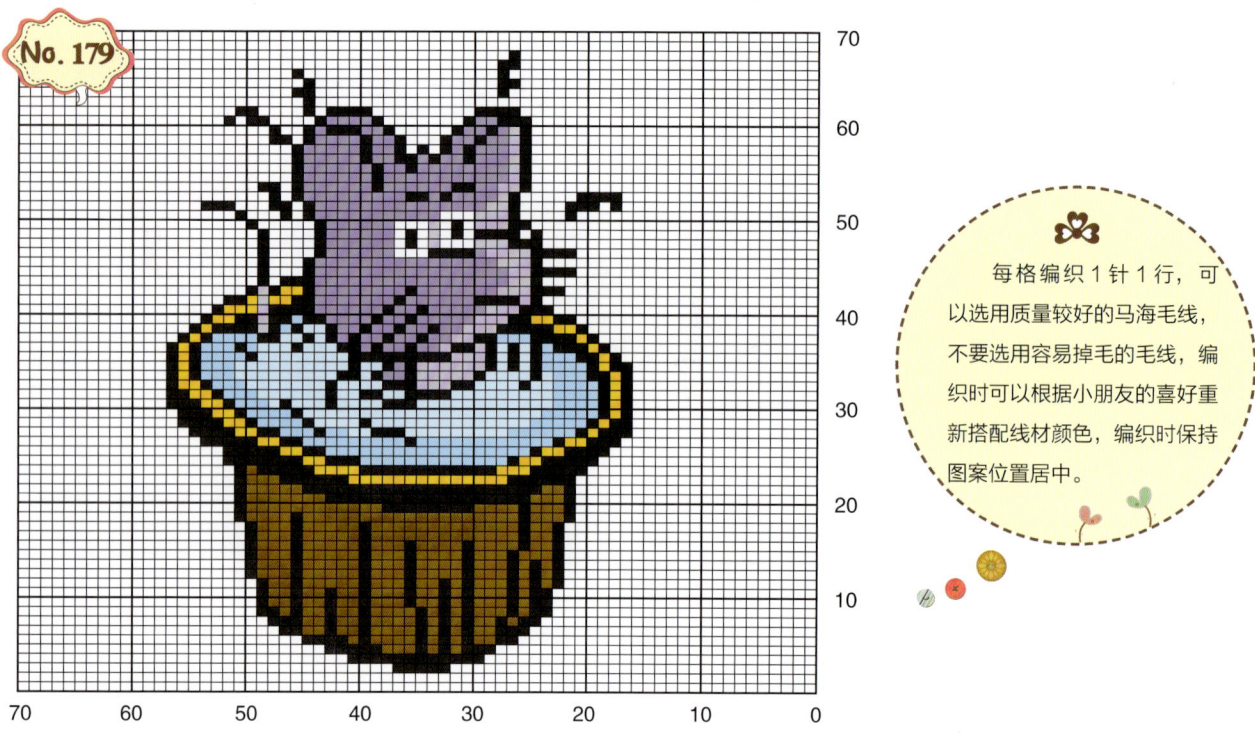

每格编织1针1行，可以选用质量较好的马海毛线，不要选用容易掉毛的毛线，编织时可以根据小朋友的喜好重新搭配线材颜色，编织时保持图案位置居中。

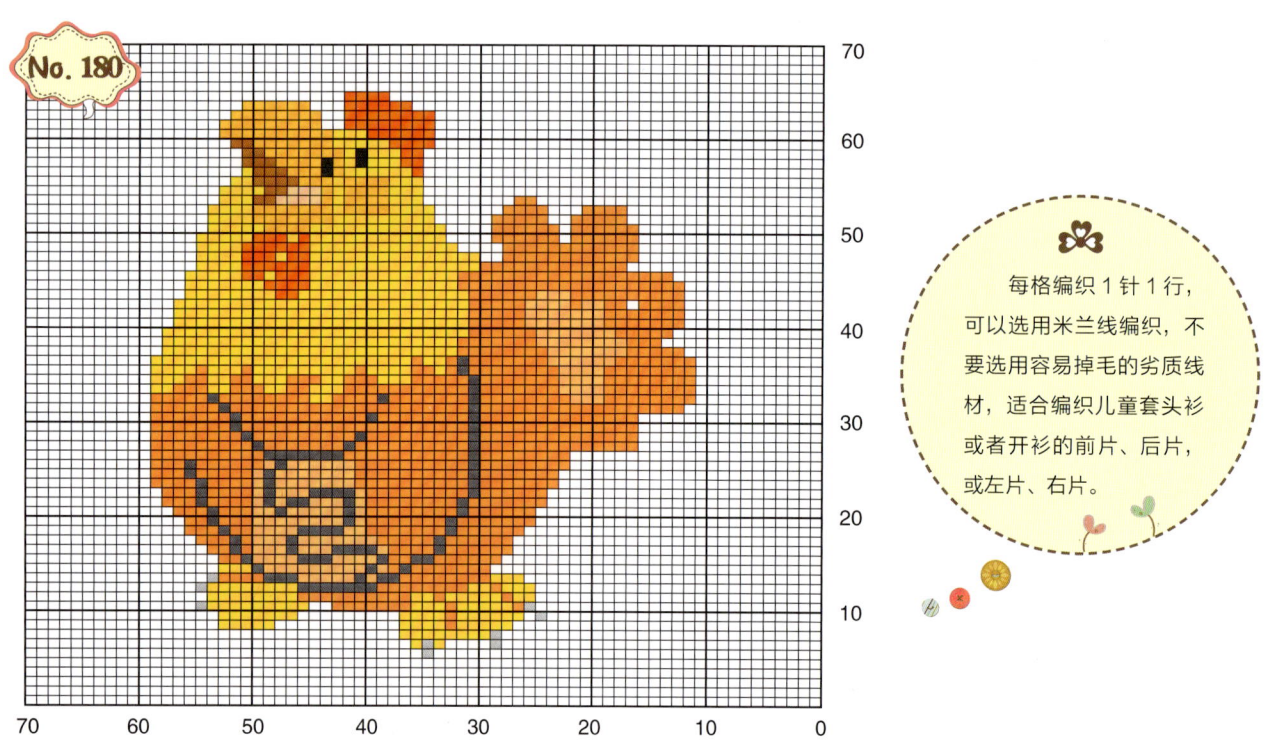

每格编织1针1行，可以选用米兰线编织，不要选用容易掉毛的劣质线材，适合编织儿童套头衫或者开衫的前片、后片，或左片、右片。

No. 181

每格编织1针1行，可以选用质量较好的米兰线，不要选用容易掉毛的毛线，编织时可以根据小朋友的喜好重新搭配线材颜色，编织时保持图案位置居中。

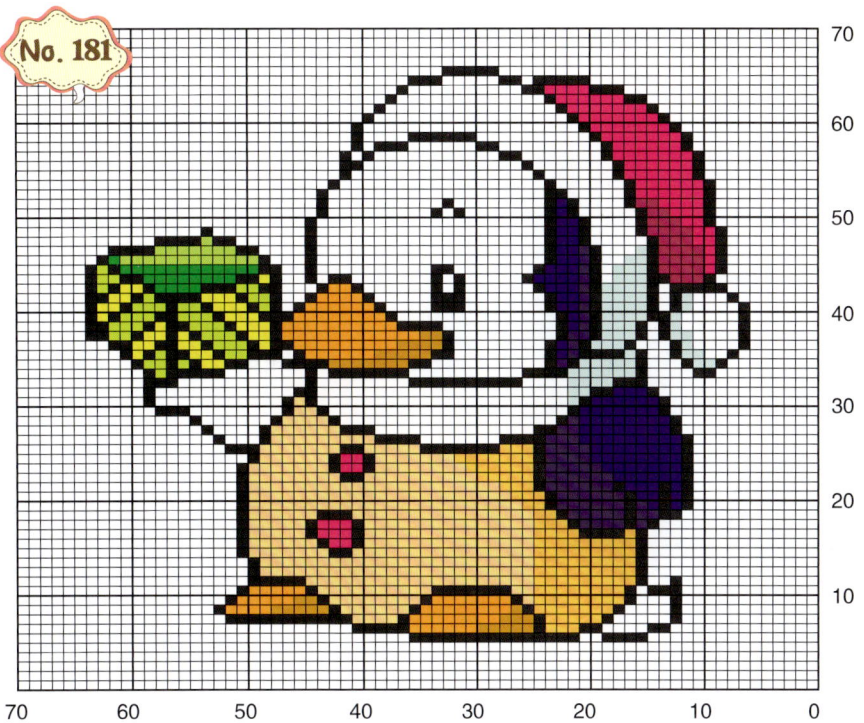

No. 182

每格编织1针1行，可以选用进口纯羊毛线编织，不要选用容易掉毛的劣质线材，适合编织儿童套头衫或者开衫的前片、后片，或左片、右片。

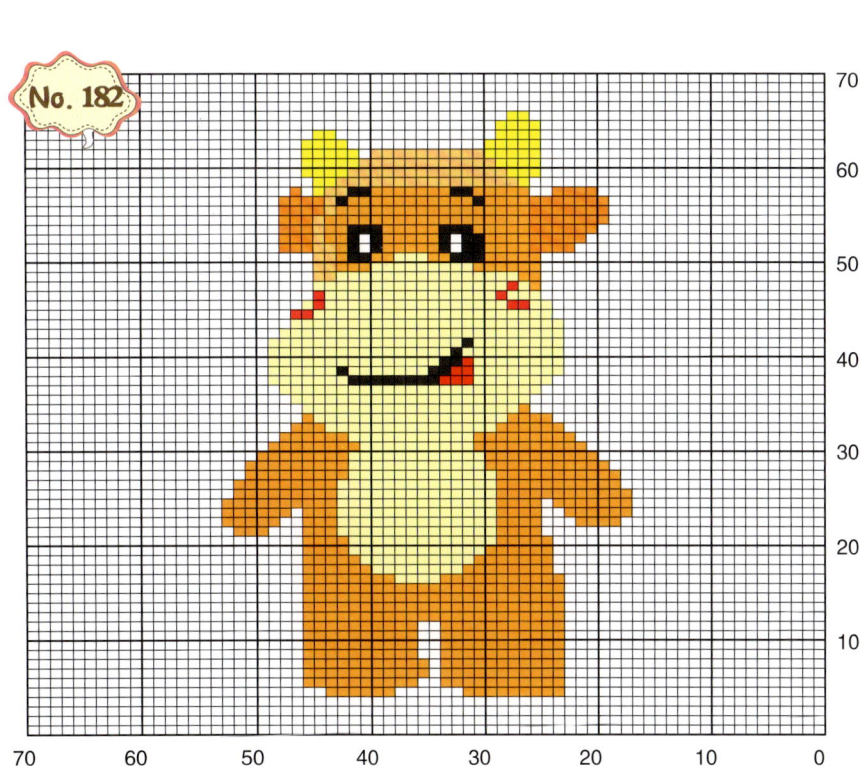

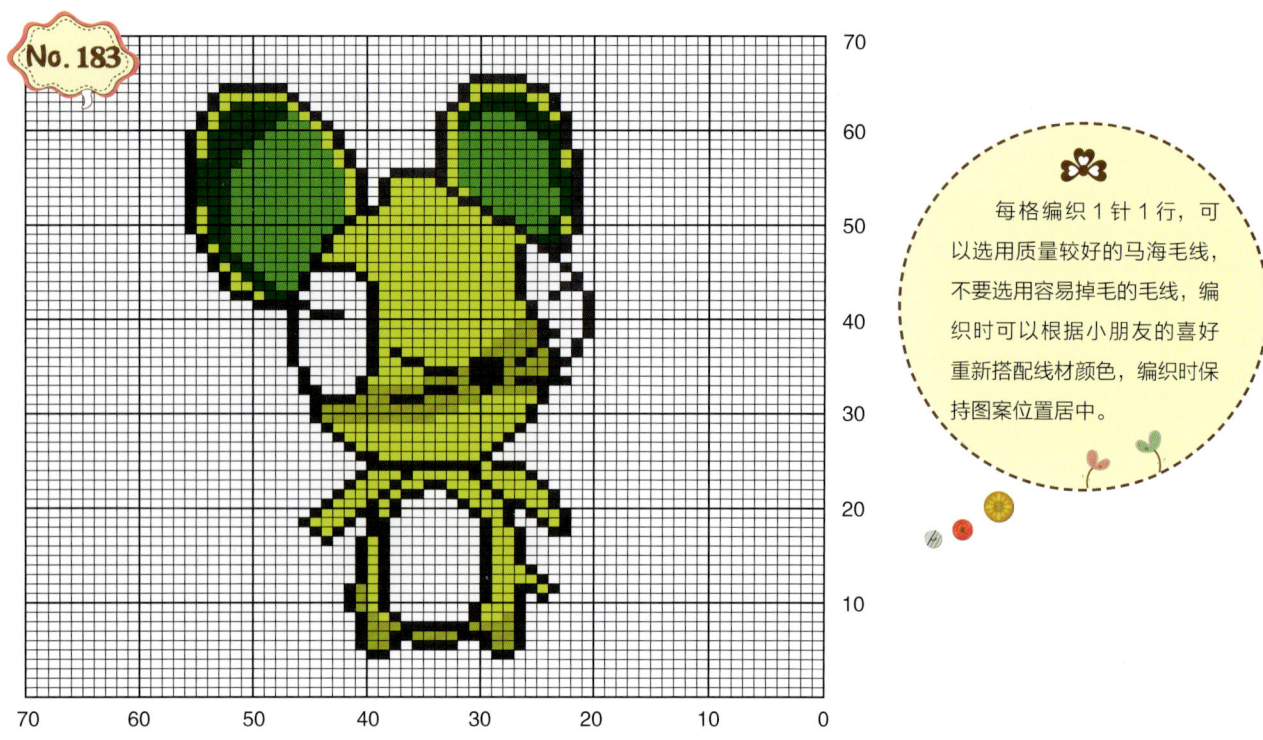

No.183

每格编织1针1行，可以选用质量较好的马海毛线，不要选用容易掉毛的毛线，编织时可以根据小朋友的喜好重新搭配线材颜色，编织时保持图案位置居中。

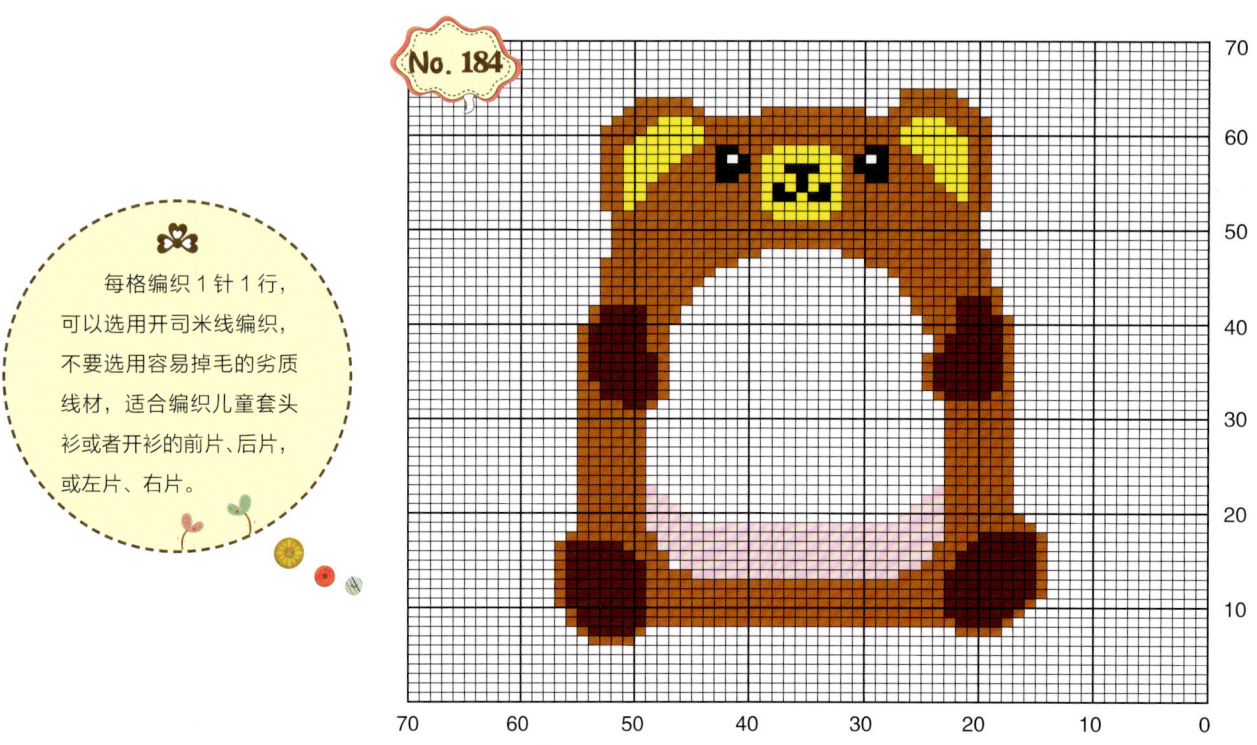

No.184

每格编织1针1行，可以选用开司米线编织，不要选用容易掉毛的劣质线材，适合编织儿童套头衫或者开衫的前片、后片，或左片、右片。

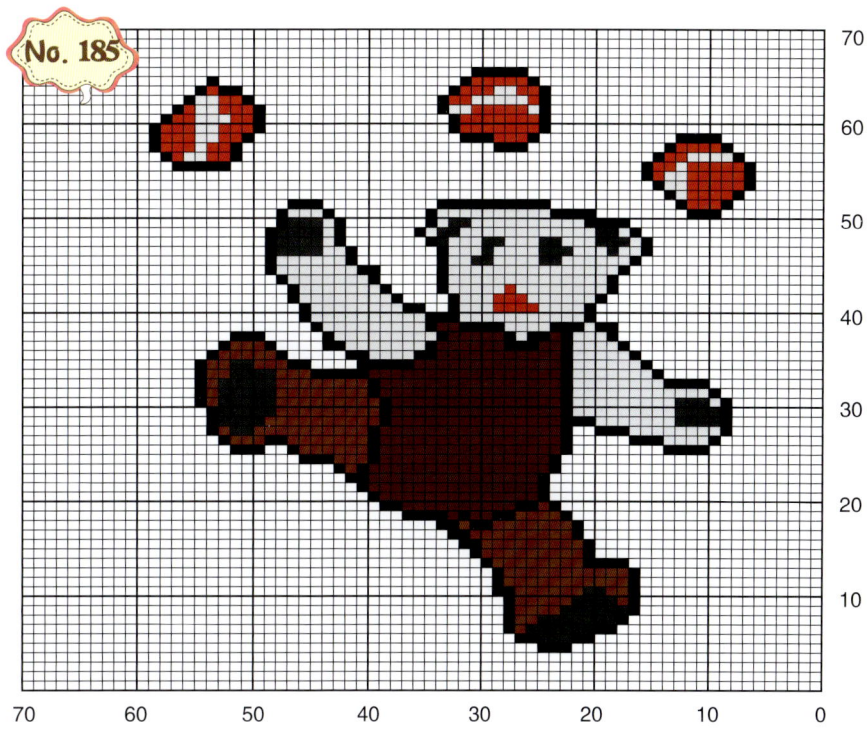

每格编织1针1行，可以选用质量较好的马海毛线，不要选用容易掉毛的毛线，编织时可以根据小朋友的喜好重新搭配线材颜色，编织时保持图案位置居中。

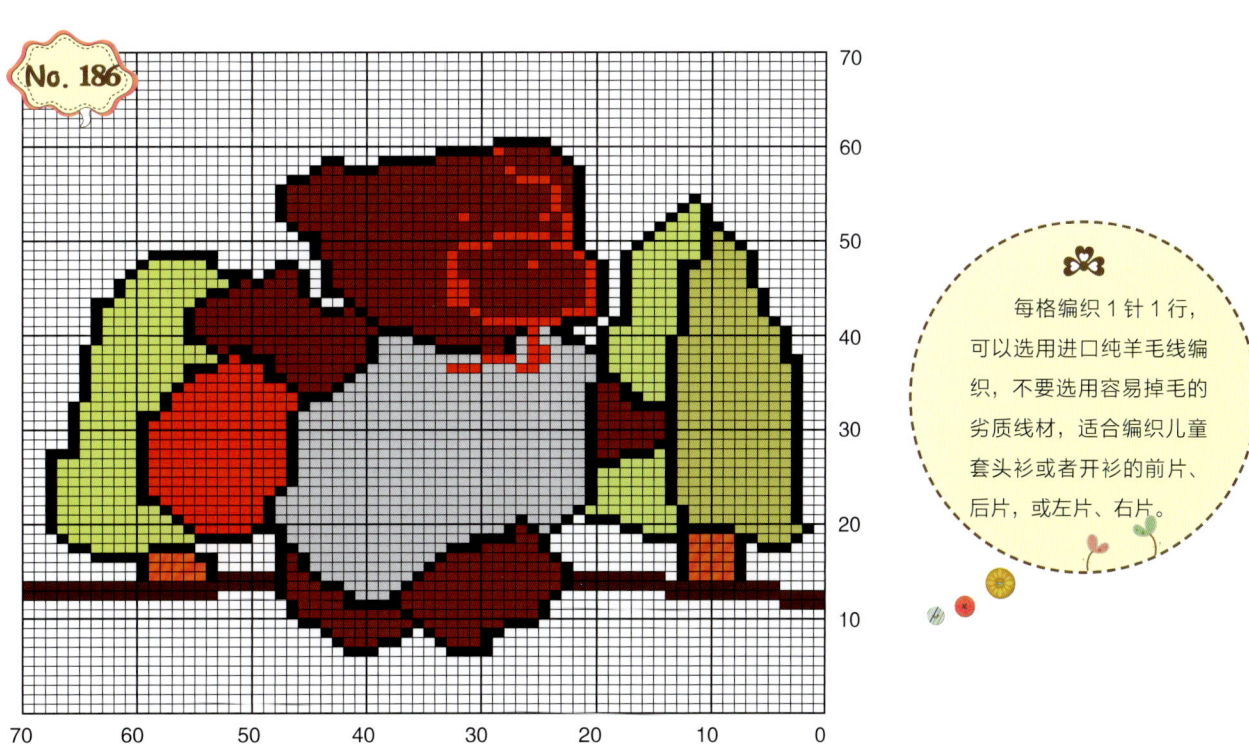

每格编织1针1行，可以选用进口纯羊毛线编织，不要选用容易掉毛的劣质线材，适合编织儿童套头衫或者开衫的前片、后片，或左片、右片。

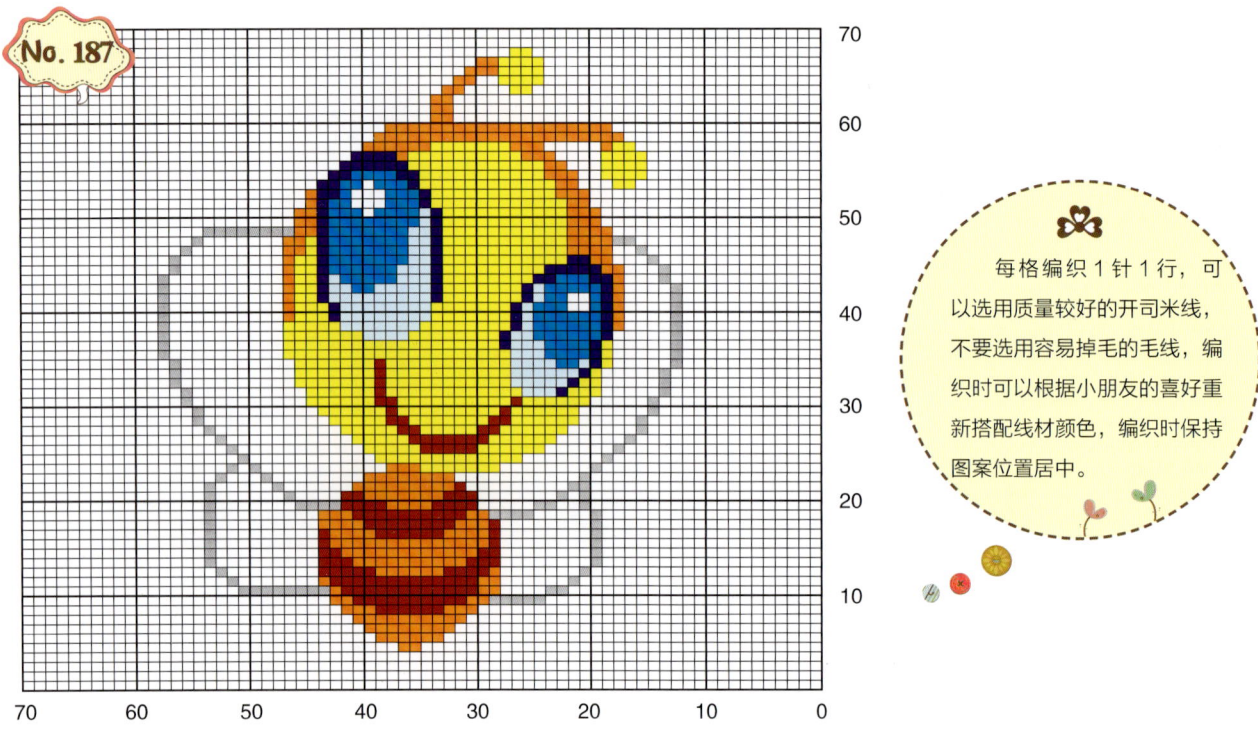

每格编织1针1行,可以选用质量较好的开司米线,不要选用容易掉毛的毛线,编织时可以根据小朋友的喜好重新搭配线材颜色,编织时保持图案位置居中。

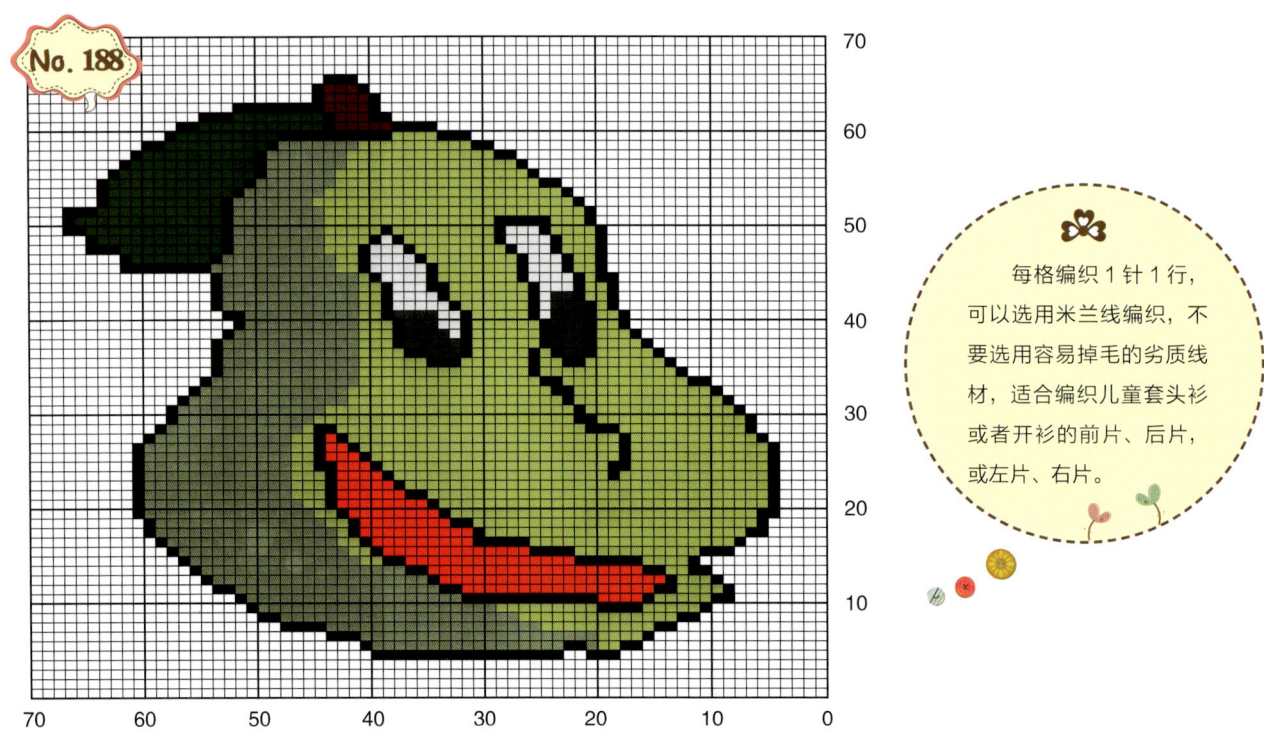

每格编织1针1行,可以选用米兰线编织,不要选用容易掉毛的劣质线材,适合编织儿童套头衫或者开衫的前片、后片,或左片、右片。

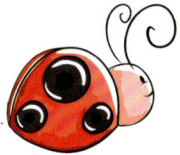

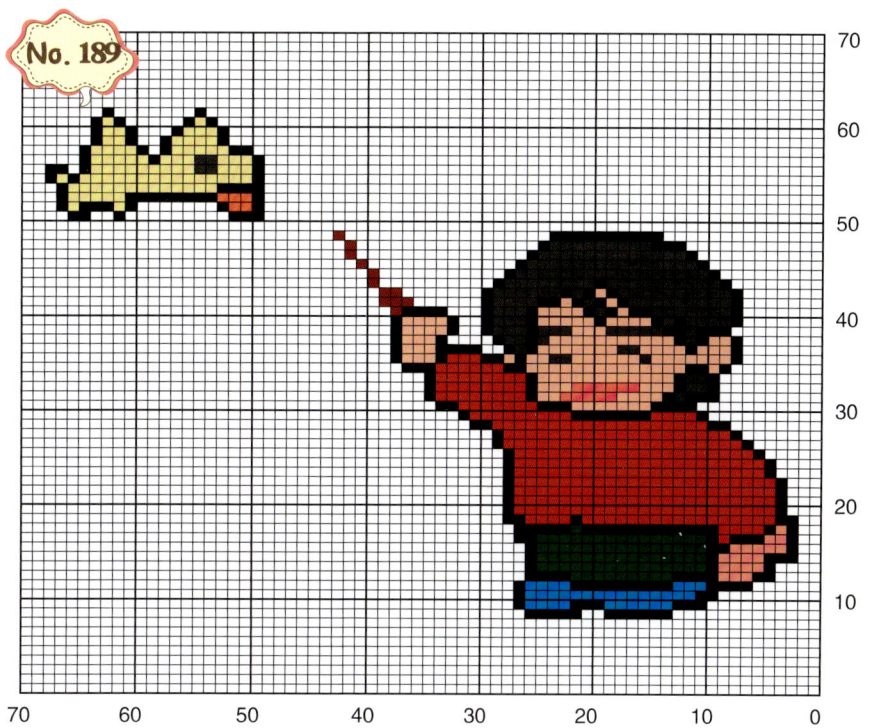

每格编织1针1行，可以选用质量较好的马海毛线，不要选用容易掉毛的毛线，编织时可以根据小朋友的喜好重新搭配线材颜色，编织时保持图案位置居中。

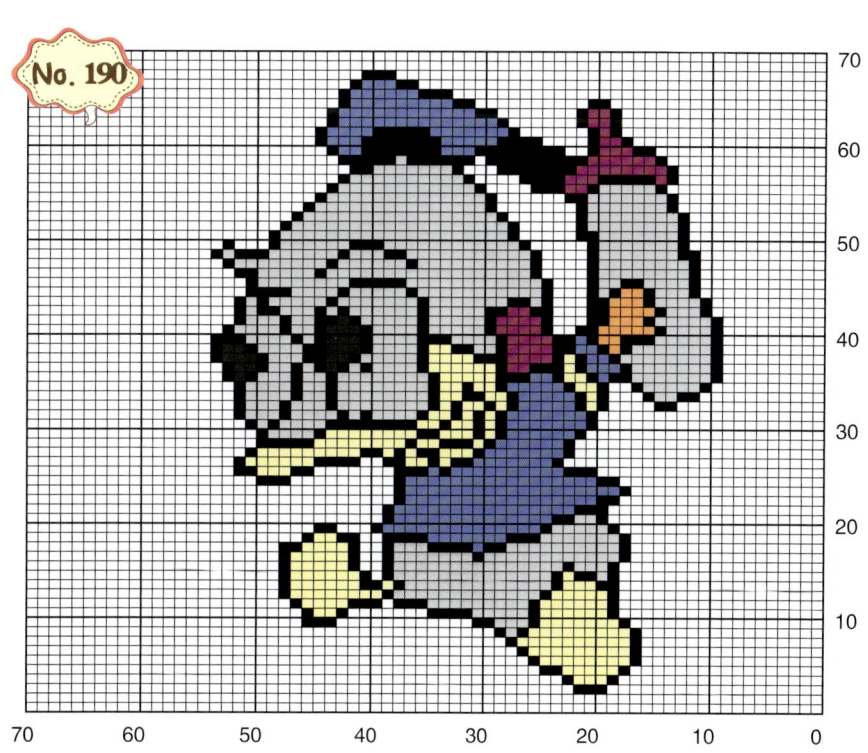

每格编织1针1行，可以选用米兰线编织，不要选用容易掉毛的劣质线材，适合编织儿童套头衫或者开衫的前片、后片，或左片、右片。

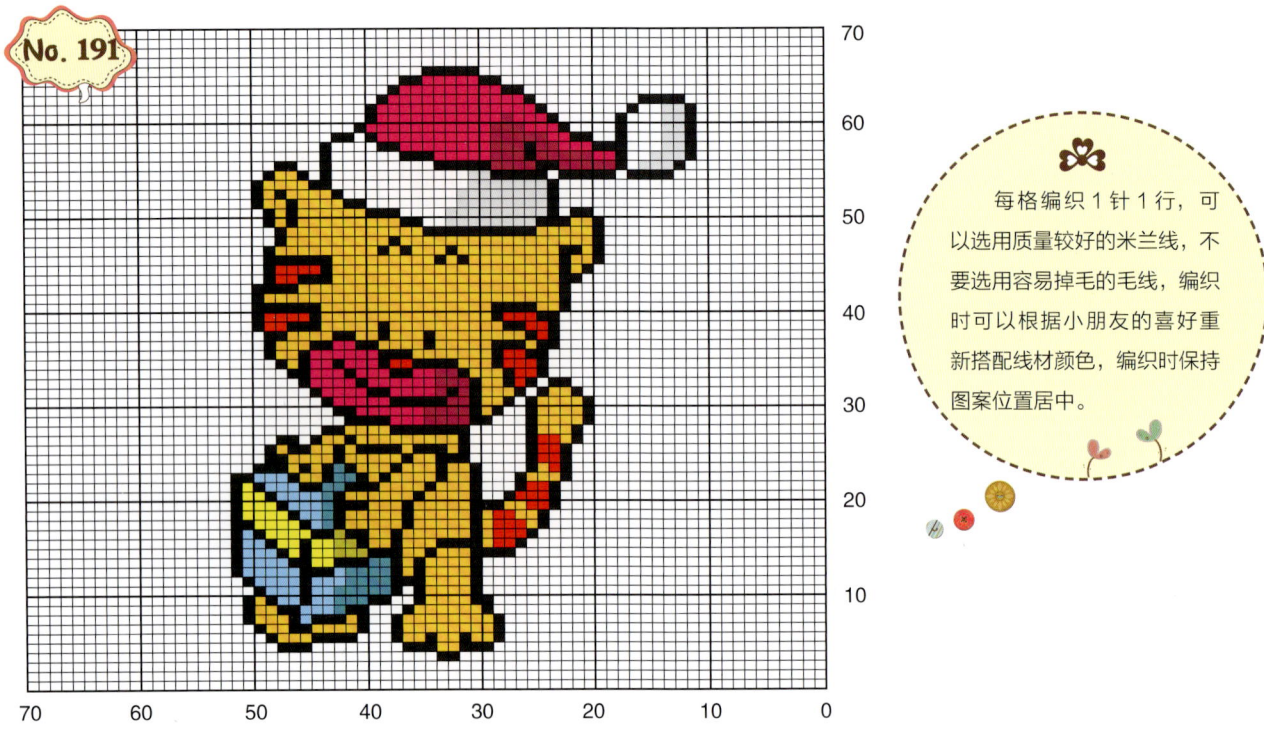

每格编织1针1行，可以选用质量较好的米兰线，不要选用容易掉毛的毛线，编织时可以根据小朋友的喜好重新搭配线材颜色，编织时保持图案位置居中。

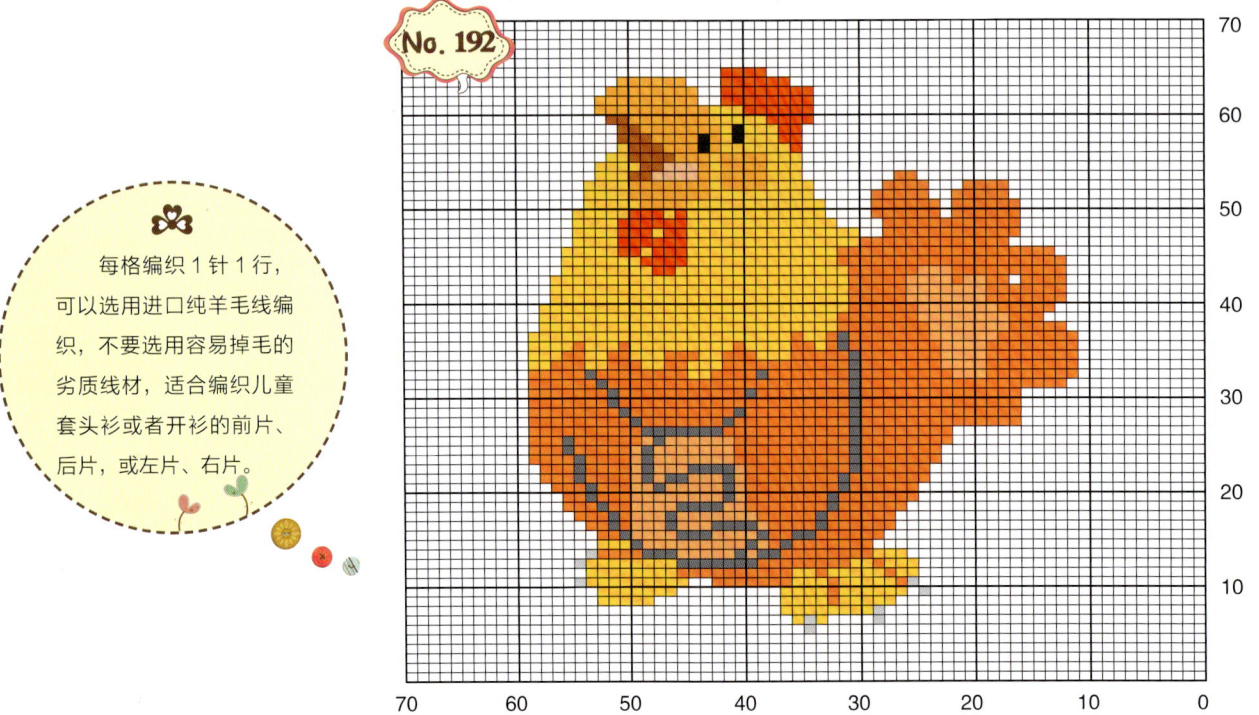

每格编织1针1行，可以选用进口纯羊毛线编织，不要选用容易掉毛的劣质线材，适合编织儿童套头衫或者开衫的前片、后片，或左片、右片。

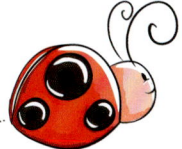

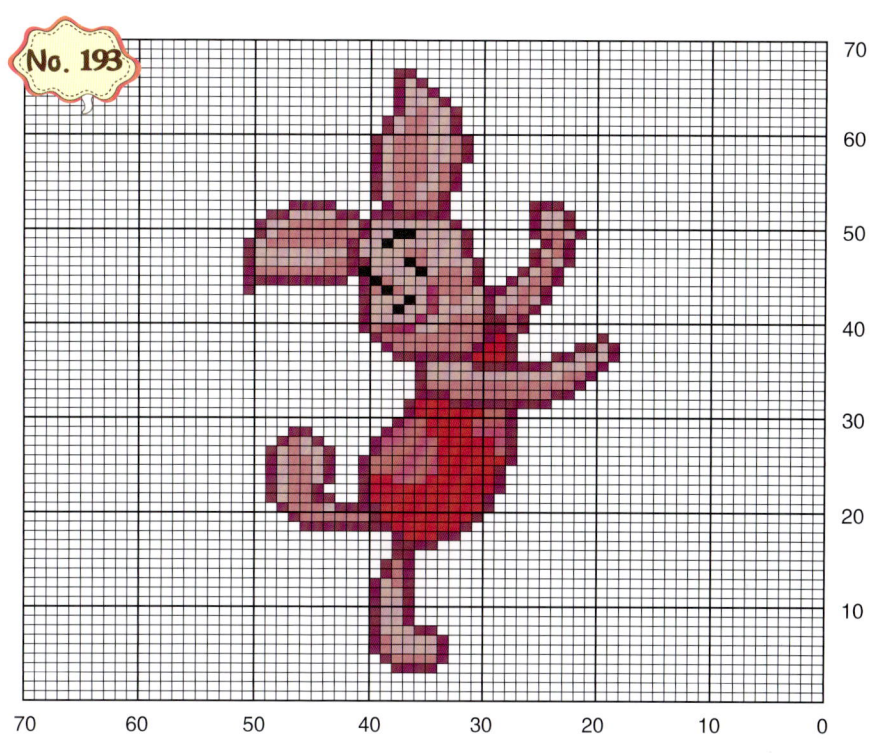

No. 193

每格编织 1 针 1 行，可以选用质量较好的马海毛线，不要选用容易掉毛的毛线，编织时可以根据小朋友的喜好重新搭配线材颜色，编织时保持图案位置居中。

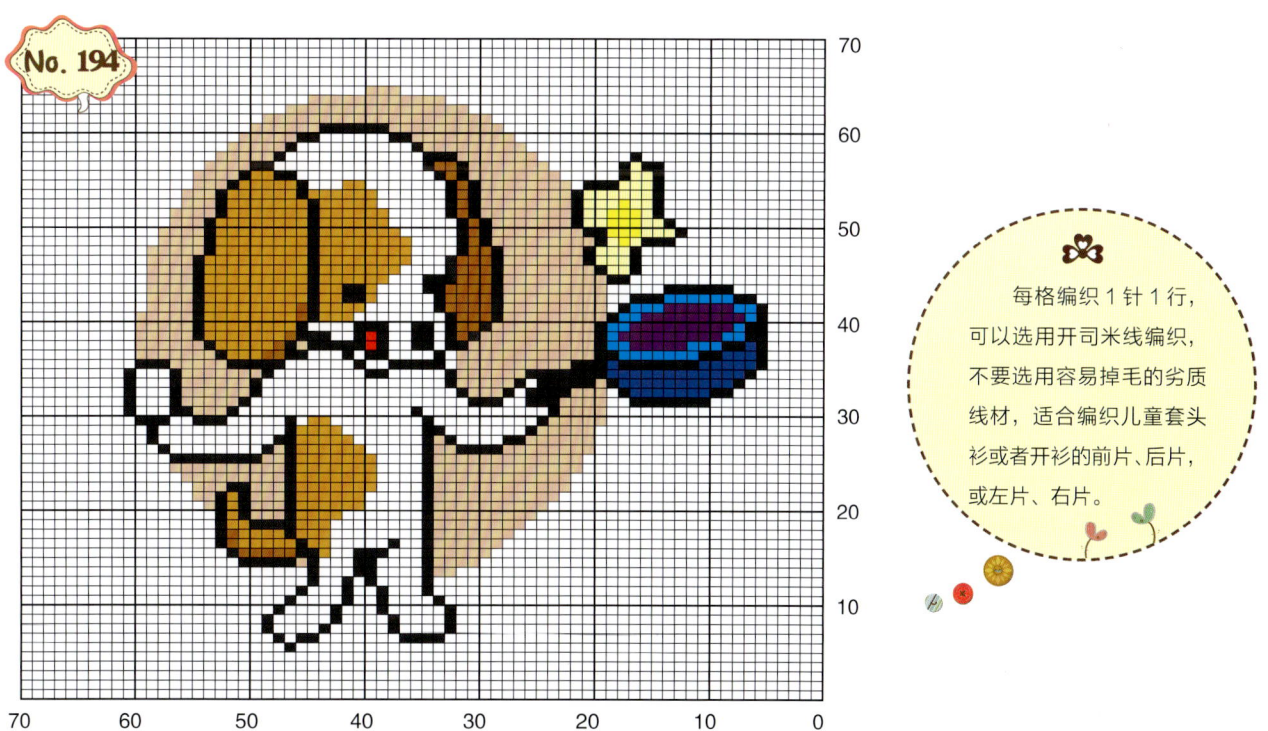

No. 194

每格编织 1 针 1 行，可以选用开司米线编织，不要选用容易掉毛的劣质线材，适合编织儿童套头衫或者开衫的前片、后片，或左片、右片。

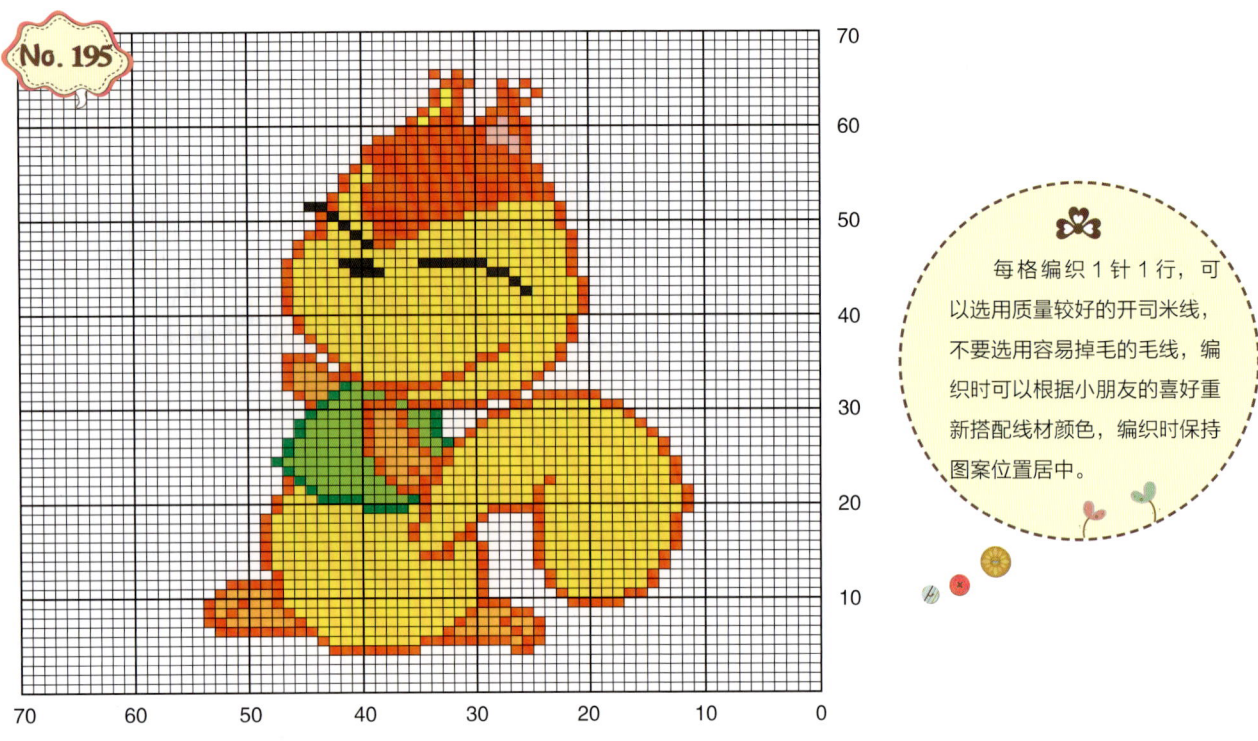

每格编织1针1行，可以选用质量较好的开司米线，不要选用容易掉毛的毛线，编织时可以根据小朋友的喜好重新搭配线材颜色，编织时保持图案位置居中。

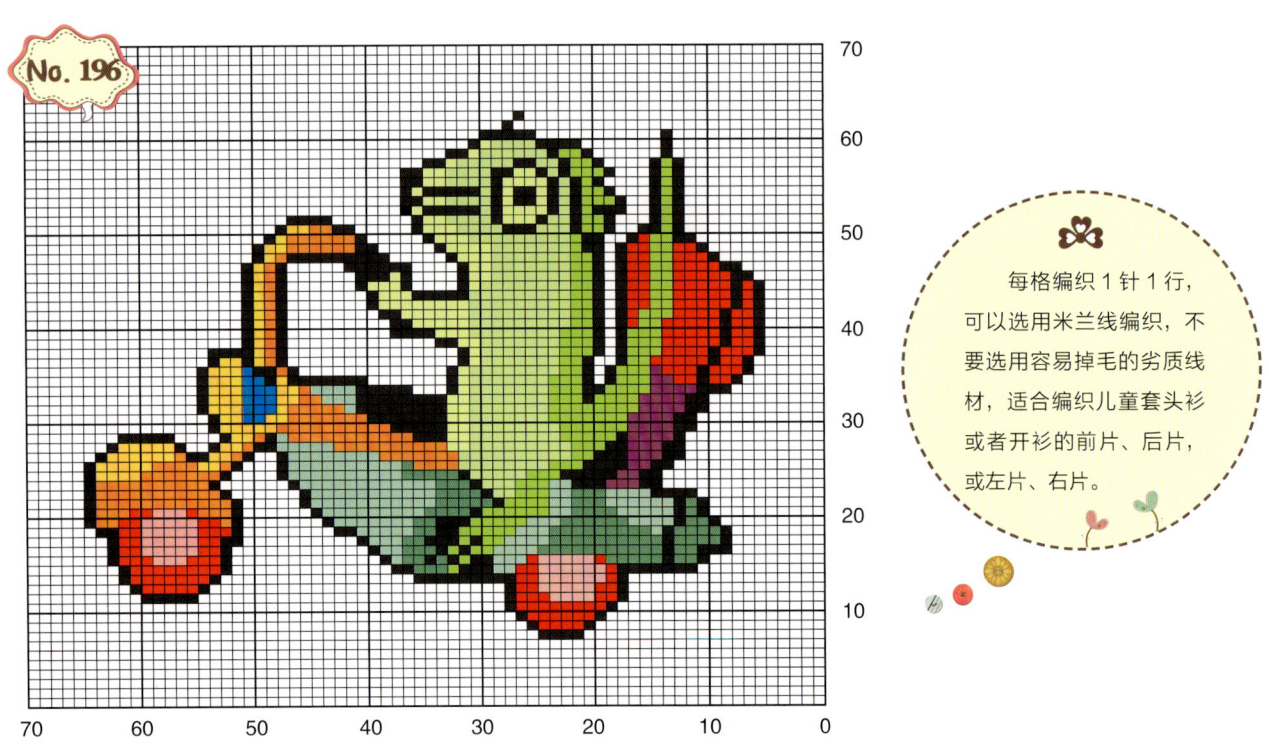

每格编织1针1行，可以选用米兰线编织，不要选用容易掉毛的劣质线材，适合编织儿童套头衫或者开衫的前片、后片，或左片、右片。

No. 197

每格编织1针1行，可以选用质量较好的马海毛线，不要选用容易掉毛的毛线，编织时可以根据小朋友的喜好重新搭配线材颜色，编织时保持图案位置居中。

No. 198

每格编织1针1行，可以选用米兰线编织，不要选用容易掉毛的劣质线材，适合编织儿童套头衫或者开衫的前片、后片，或左片、右片。

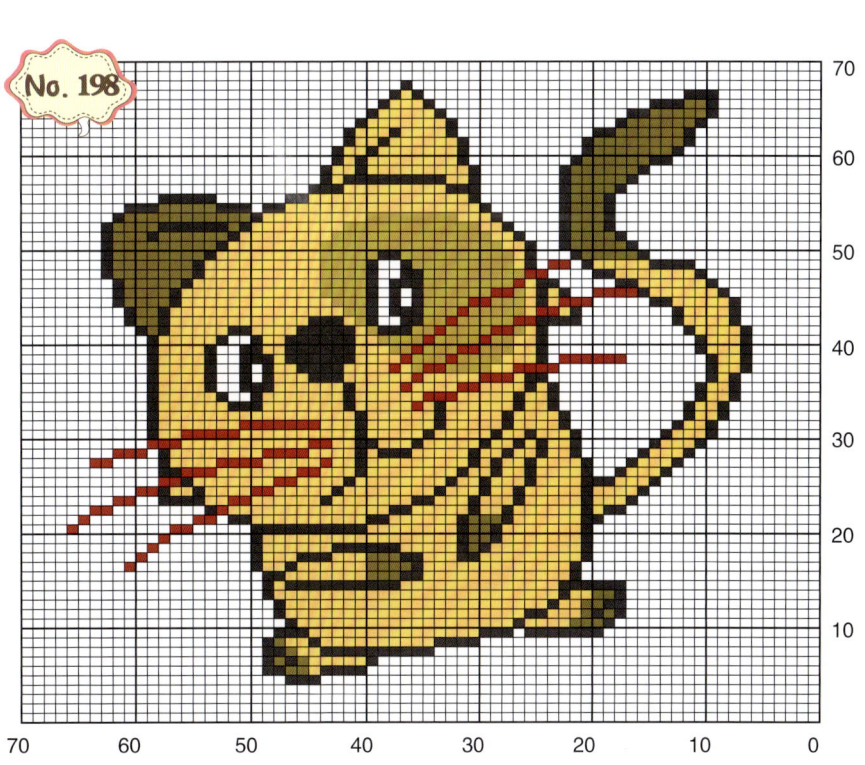

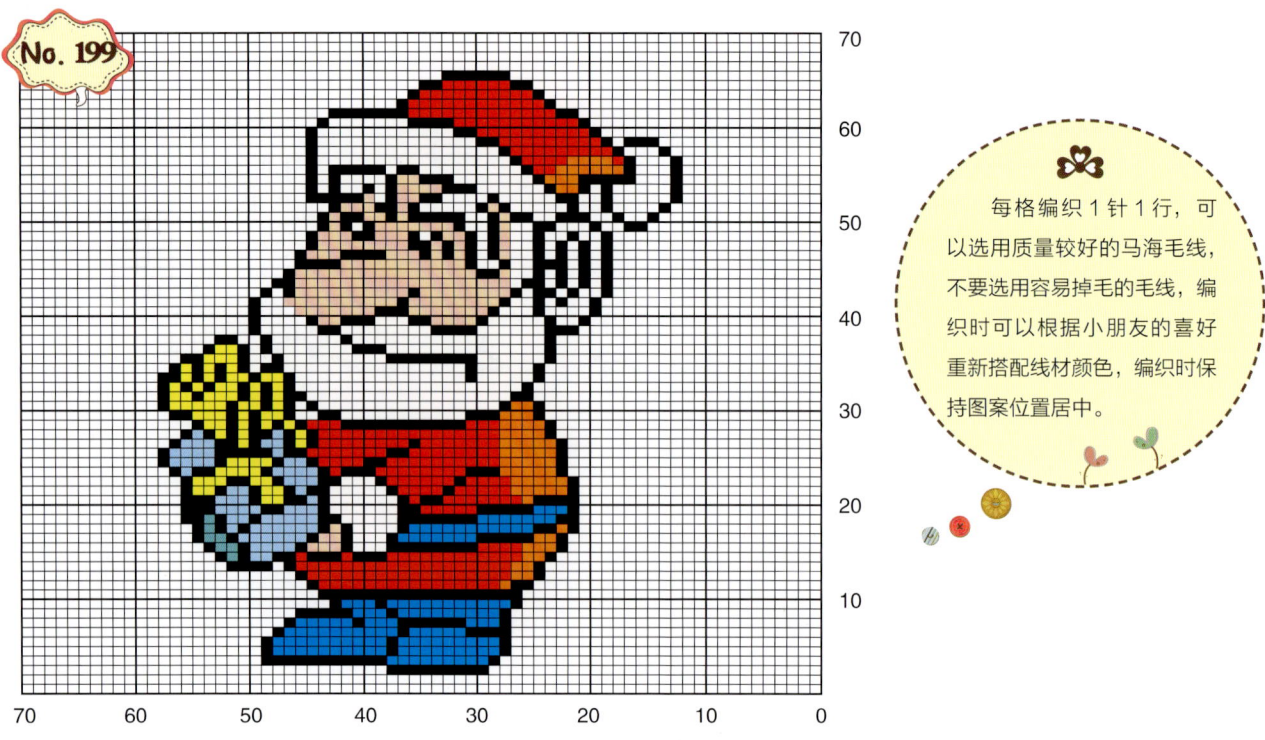

每格编织1针1行，可以选用质量较好的马海毛线，不要选用容易掉毛的毛线，编织时可以根据小朋友的喜好重新搭配线材颜色，编织时保持图案位置居中。

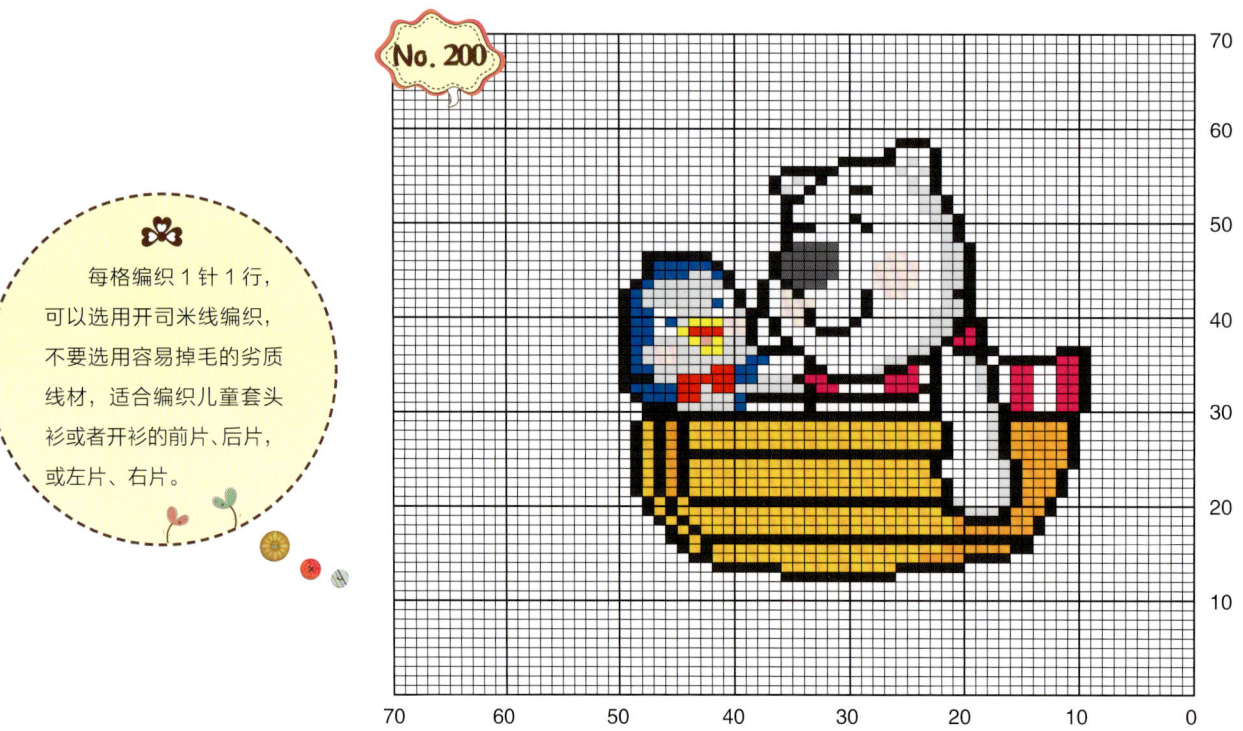

每格编织1针1行，可以选用开司米线编织，不要选用容易掉毛的劣质线材，适合编织儿童套头衫或者开衫的前片、后片，或左片、右片。

No. 201

每格编织1针1行，可以选用质量较好的米兰线，不要选用容易掉毛的毛线，编织时可以根据小朋友的喜好重新搭配线材颜色，编织时保持图案位置居中。

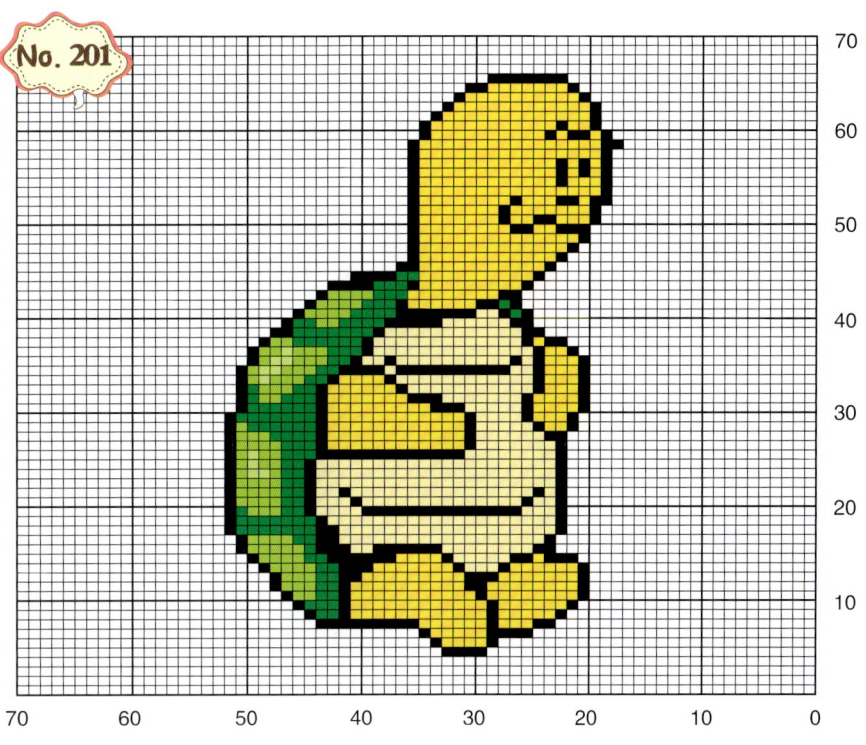

No. 202

每格编织1针1行，可以选用进口纯羊毛线编织，不要选用容易掉毛的劣质线材，适合编织儿童套头衫或者开衫的前片、后片，或左片、右片。

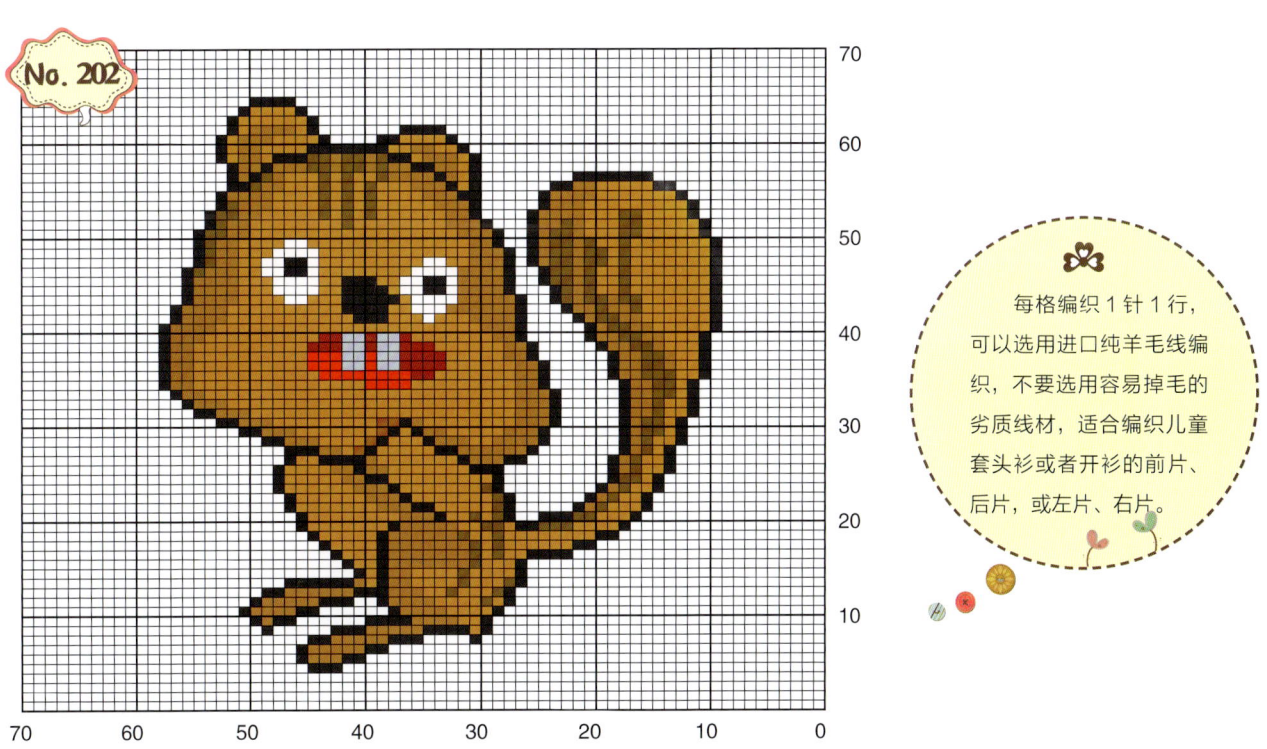

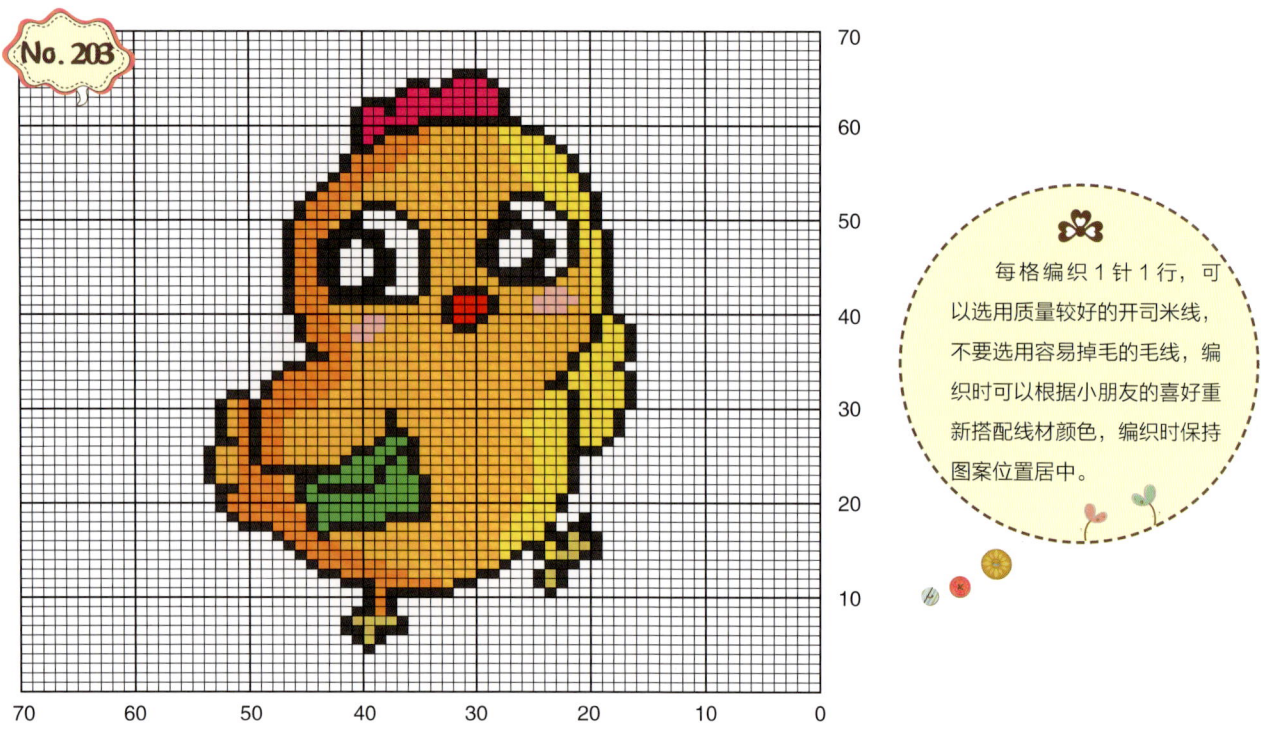

每格编织1针1行，可以选用质量较好的开司米线，不要选用容易掉毛的毛线，编织时可以根据小朋友的喜好重新搭配线材颜色，编织时保持图案位置居中。

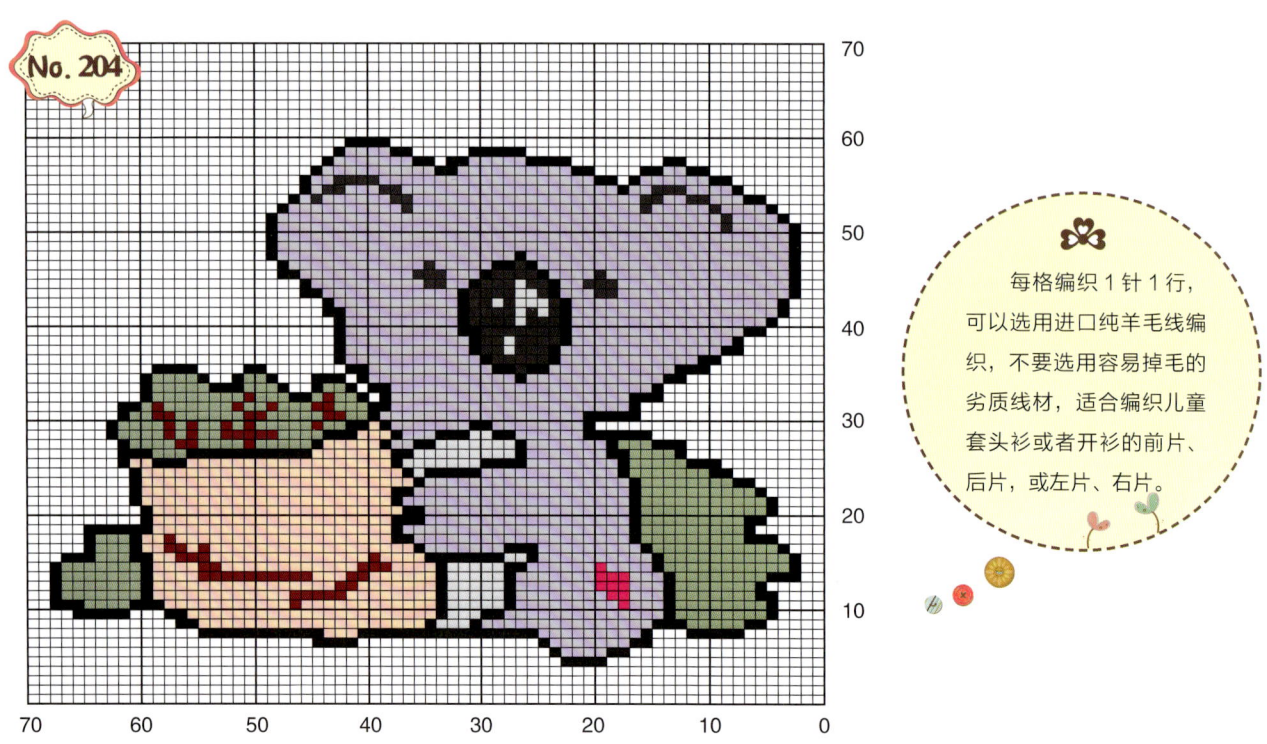

每格编织1针1行，可以选用进口纯羊毛线编织，不要选用容易掉毛的劣质线材，适合编织儿童套头衫或者开衫的前片、后片，或左片、右片。

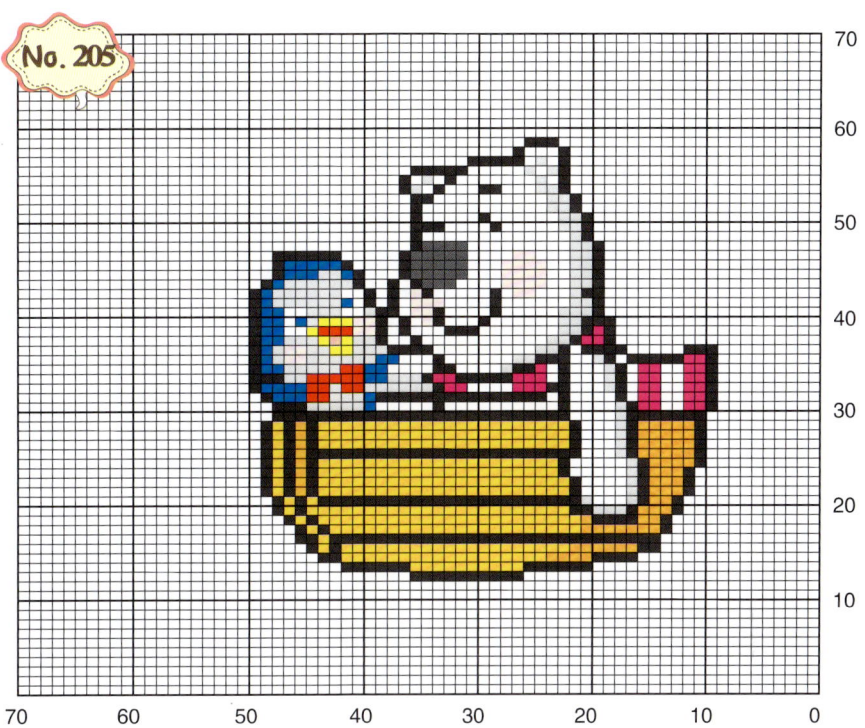

每格编织1针1行，可以选用质量较好的马海毛线，不要选用容易掉毛的毛线，编织时可以根据小朋友的喜好重新搭配线材颜色，编织时保持图案位置居中。

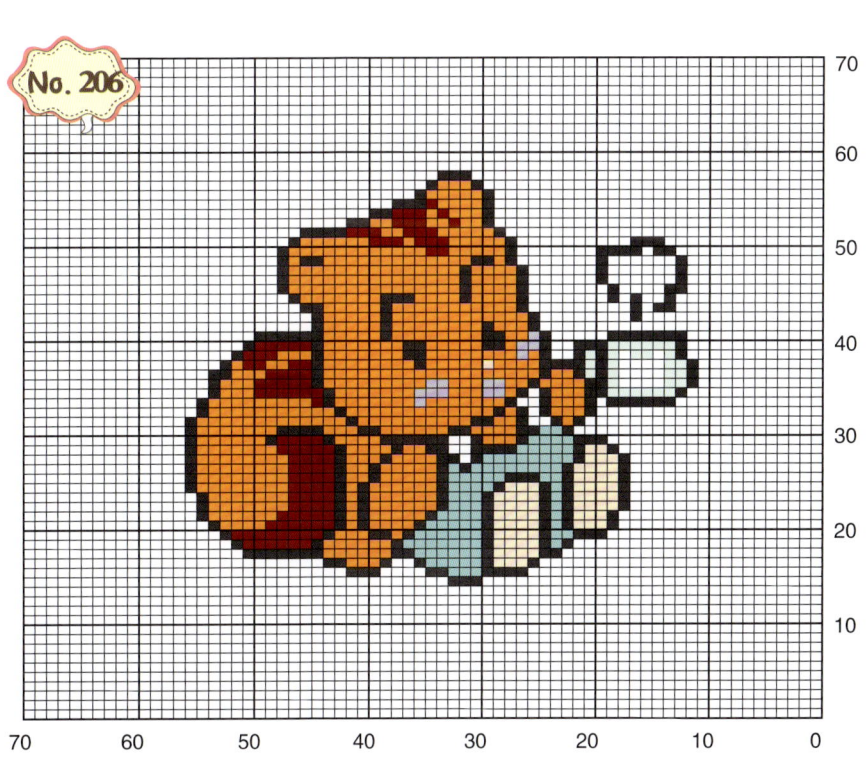

每格编织1针1行，可以选用开司米线编织，不要选用容易掉毛的劣质线材，适合编织儿童套头衫或者开衫的前片、后片，或左片、右片。

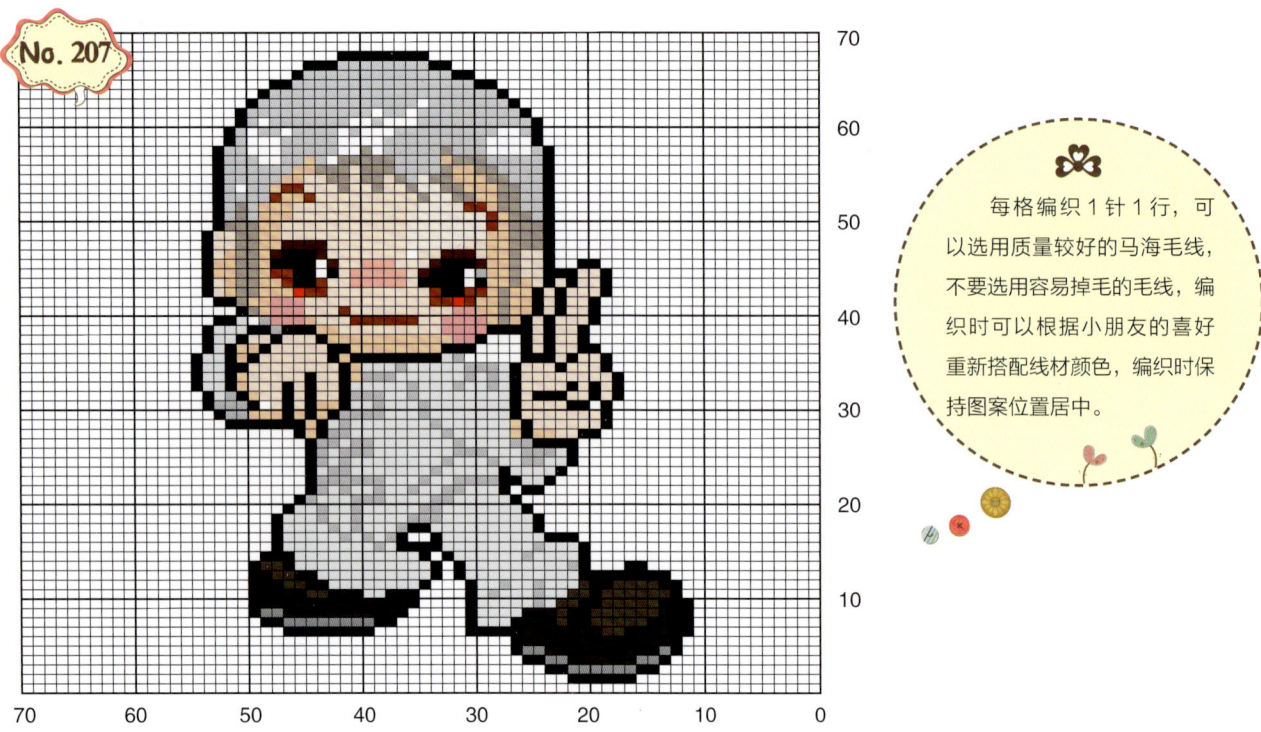

No. 207

每格编织1针1行,可以选用质量较好的马海毛线,不要选用容易掉毛的毛线,编织时可以根据小朋友的喜好重新搭配线材颜色,编织时保持图案位置居中。

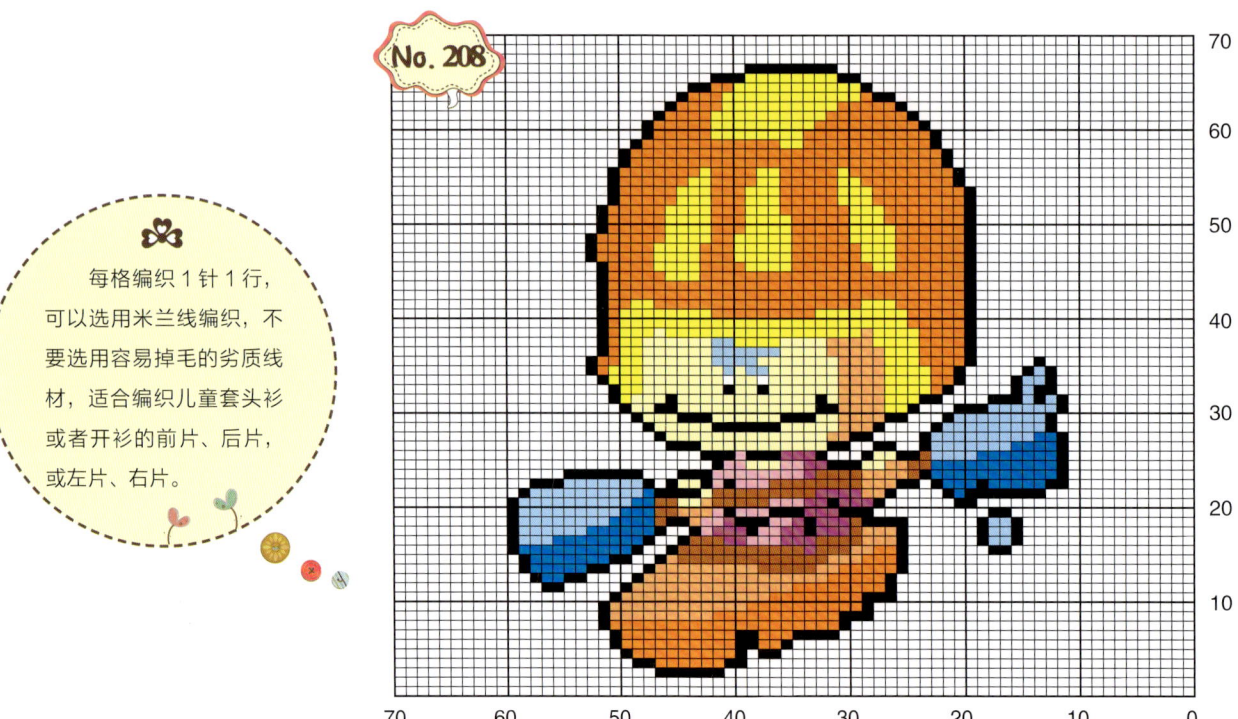

No. 208

每格编织1针1行,可以选用米兰线编织,不要选用容易掉毛的劣质线材,适合编织儿童套头衫或者开衫的前片、后片,或左片、右片。

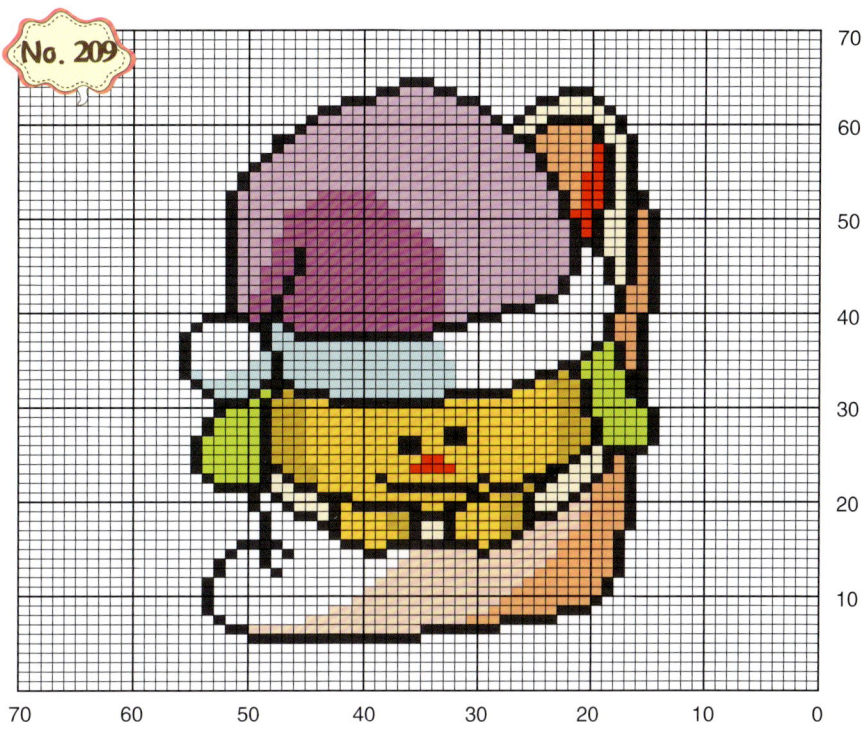

每格编织1针1行，可以选用质量较好的米兰线，不要选用容易掉毛的毛线，编织时可以根据小朋友的喜好重新搭配线材颜色，编织时保持图案位置居中。

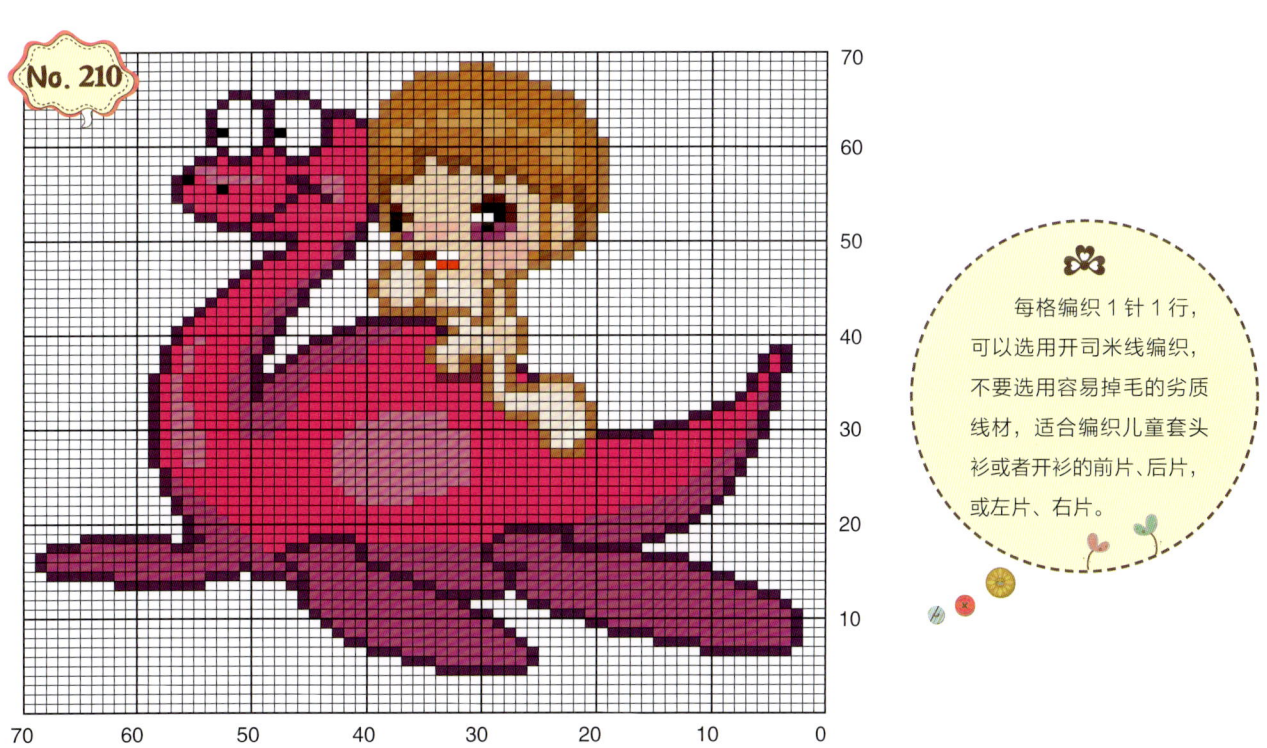

每格编织1针1行，可以选用开司米线编织，不要选用容易掉毛的劣质线材，适合编织儿童套头衫或者开衫的前片、后片，或左片、右片。

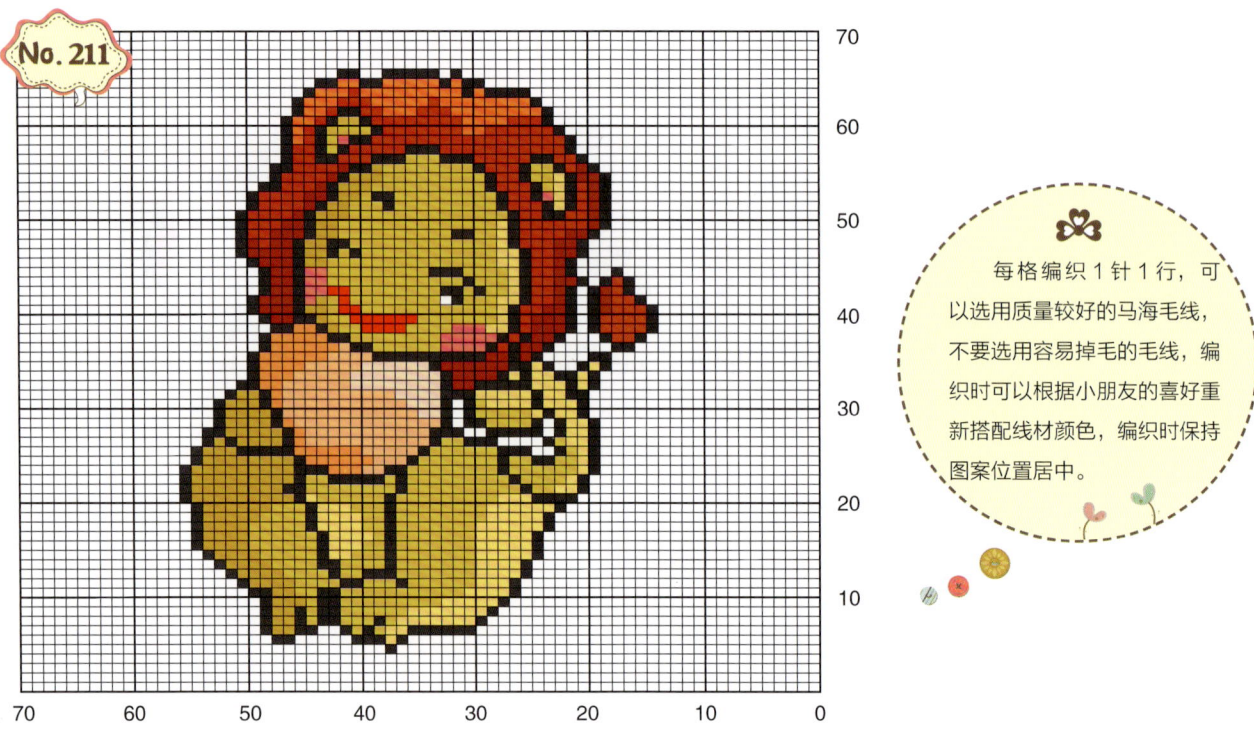

每格编织1针1行,可以选用质量较好的马海毛线,不要选用容易掉毛的毛线,编织时可以根据小朋友的喜好重新搭配线材颜色,编织时保持图案位置居中。

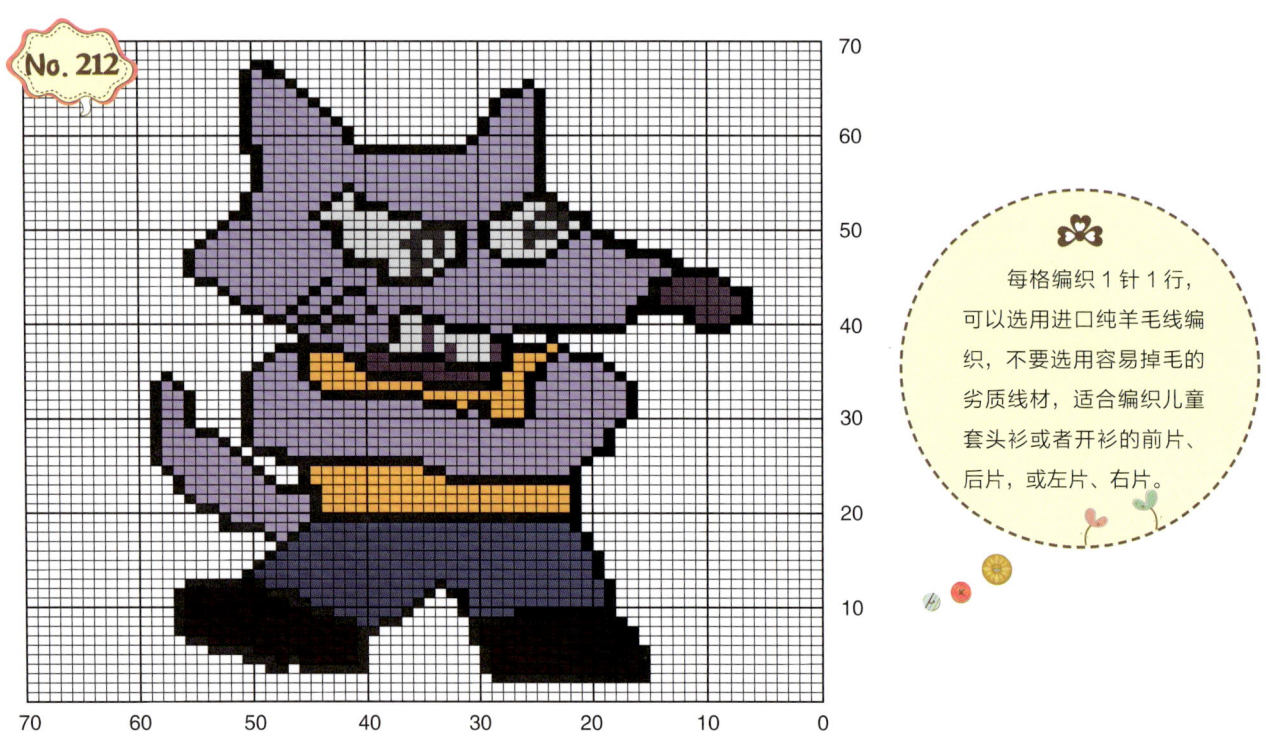

每格编织1针1行,可以选用进口纯羊毛线编织,不要选用容易掉毛的劣质线材,适合编织儿童套头衫或者开衫的前片、后片,或左片、右片。

No. 213

每格编织1针1行，可以选用质量较好的米兰线，不要选用容易掉毛的毛线，编织时可以根据小朋友的喜好重新搭配线材颜色，编织时保持图案位置居中。

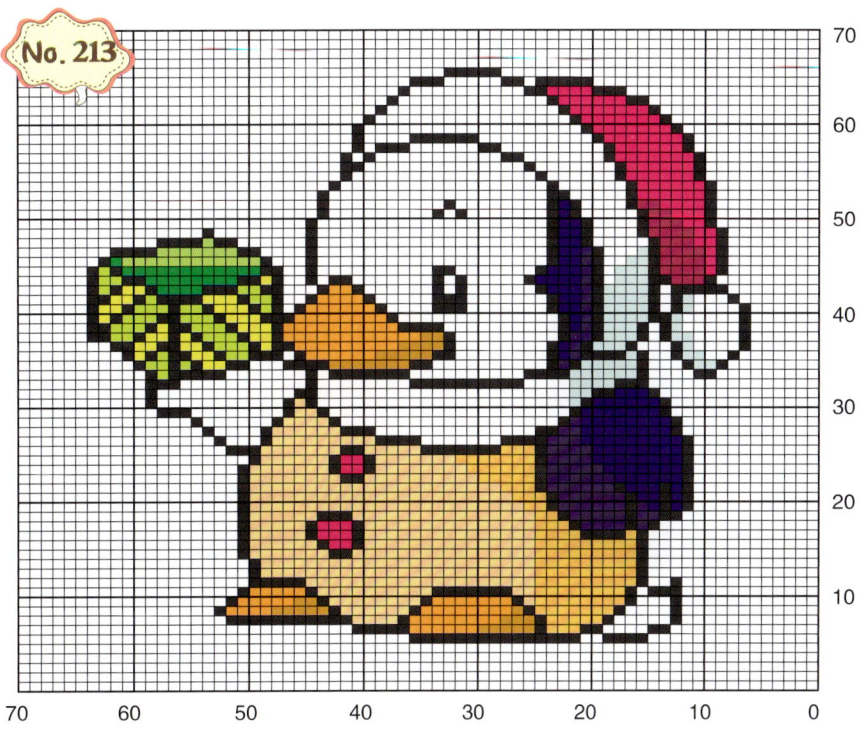

No. 214

每格编织1针1行，可以选用开司米线编织，不要选用容易掉毛的劣质线材，适合编织儿童套头衫或者开衫的前片、后片，或左片、右片。

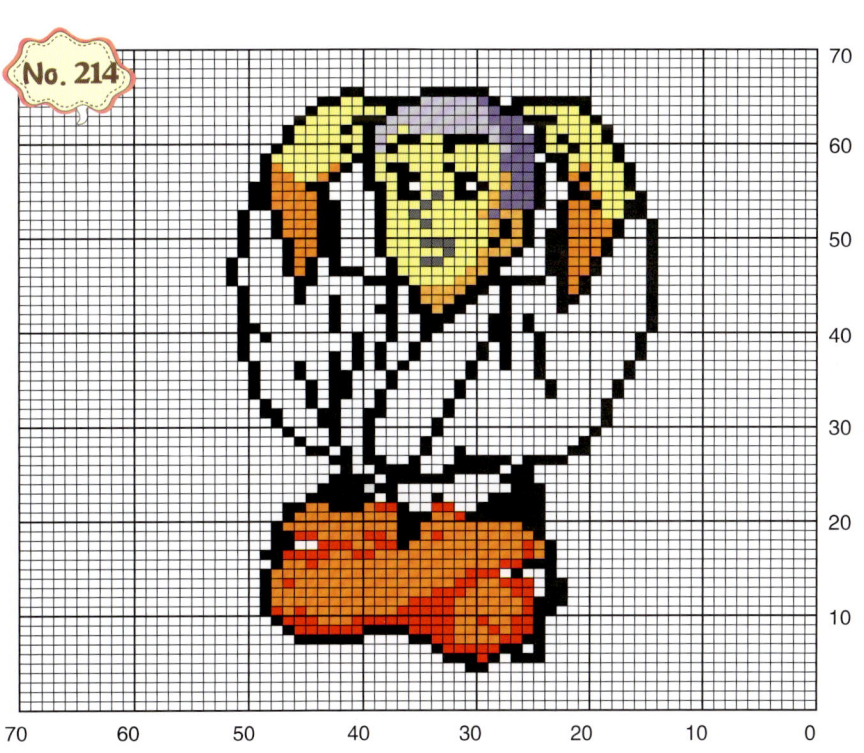

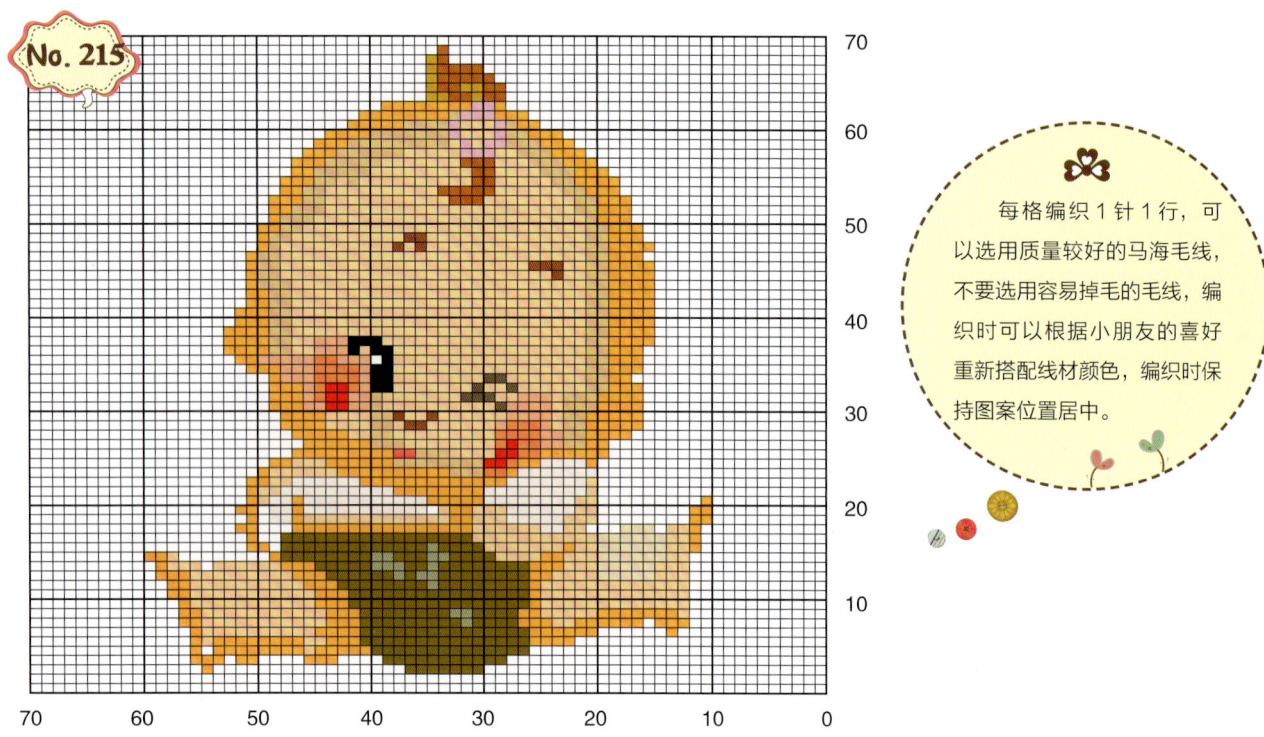

每格编织1针1行，可以选用质量较好的马海毛线，不要选用容易掉毛的毛线，编织时可以根据小朋友的喜好重新搭配线材颜色，编织时保持图案位置居中。

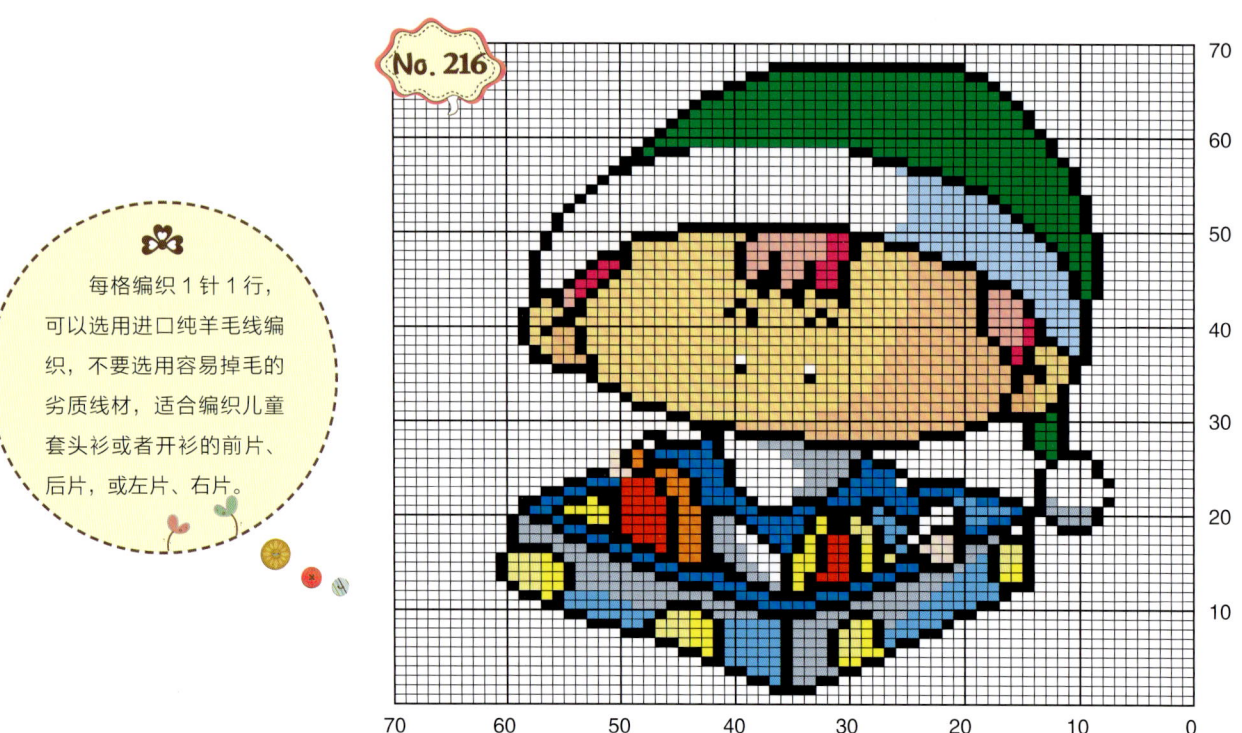

每格编织1针1行，可以选用进口纯羊毛线编织，不要选用容易掉毛的劣质线材，适合编织儿童套头衫或者开衫的前片、后片，或左片、右片。

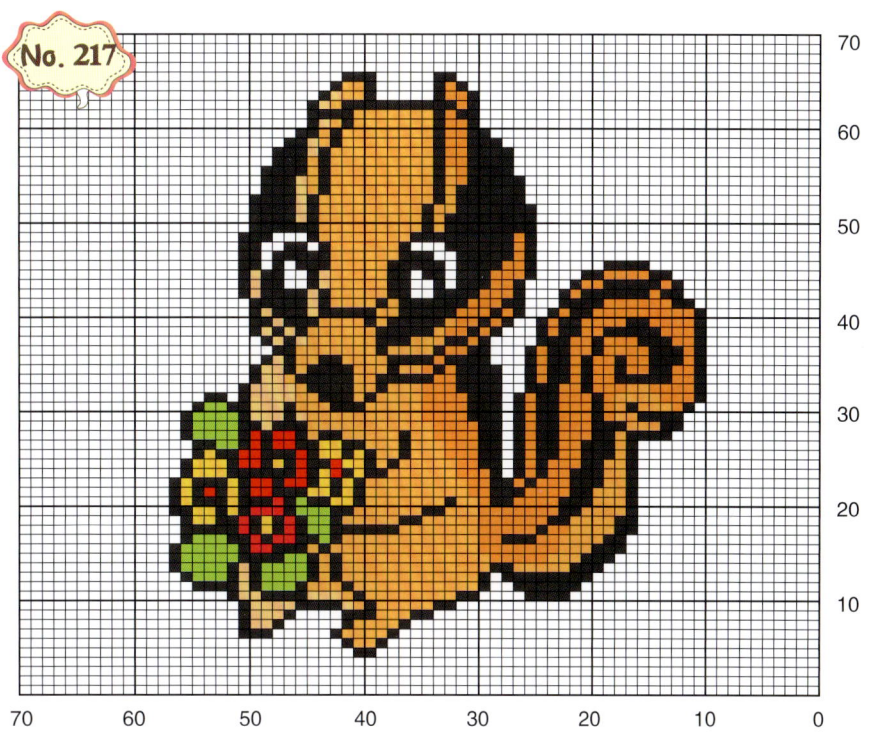

每格编织1针1行，可以选用质量较好的开司米线，不要选用容易掉毛的毛线，编织时可以根据小朋友的喜好重新搭配线材颜色，编织时保持图案位置居中。

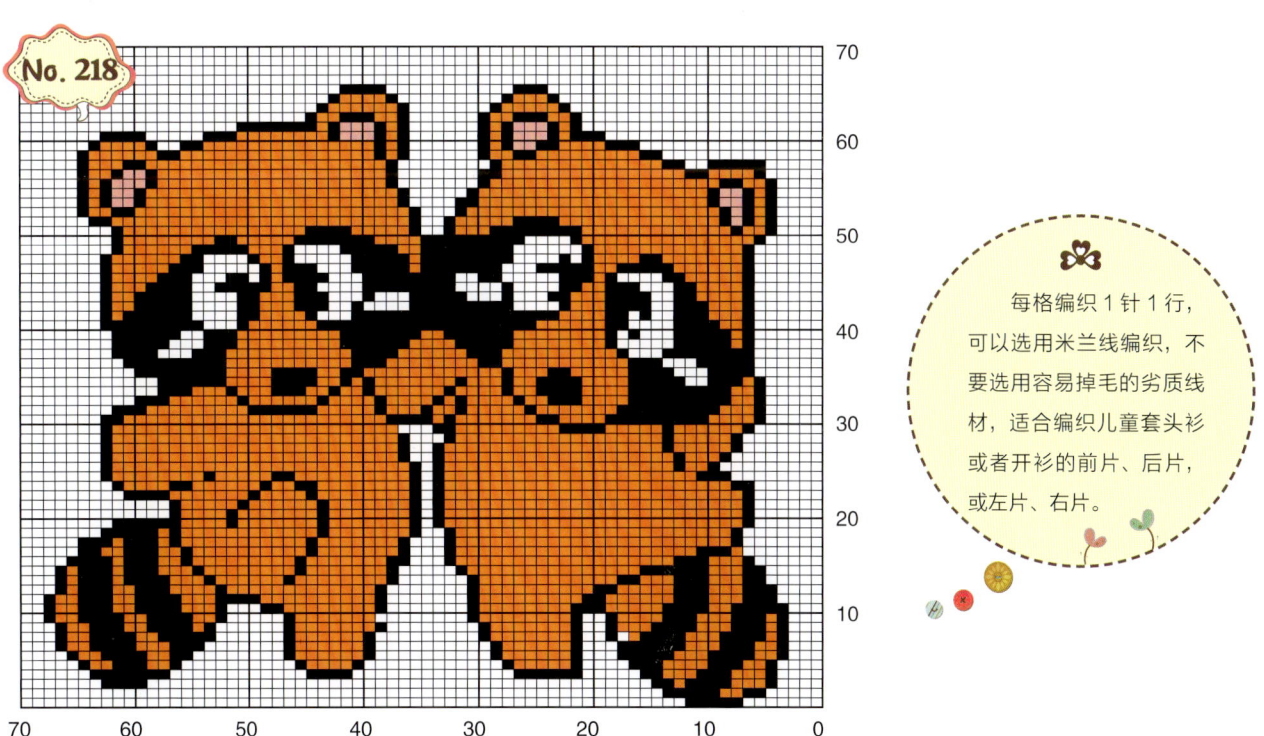

每格编织1针1行，可以选用米兰线编织，不要选用容易掉毛的劣质线材，适合编织儿童套头衫或者开衫的前片、后片，或左片、右片。

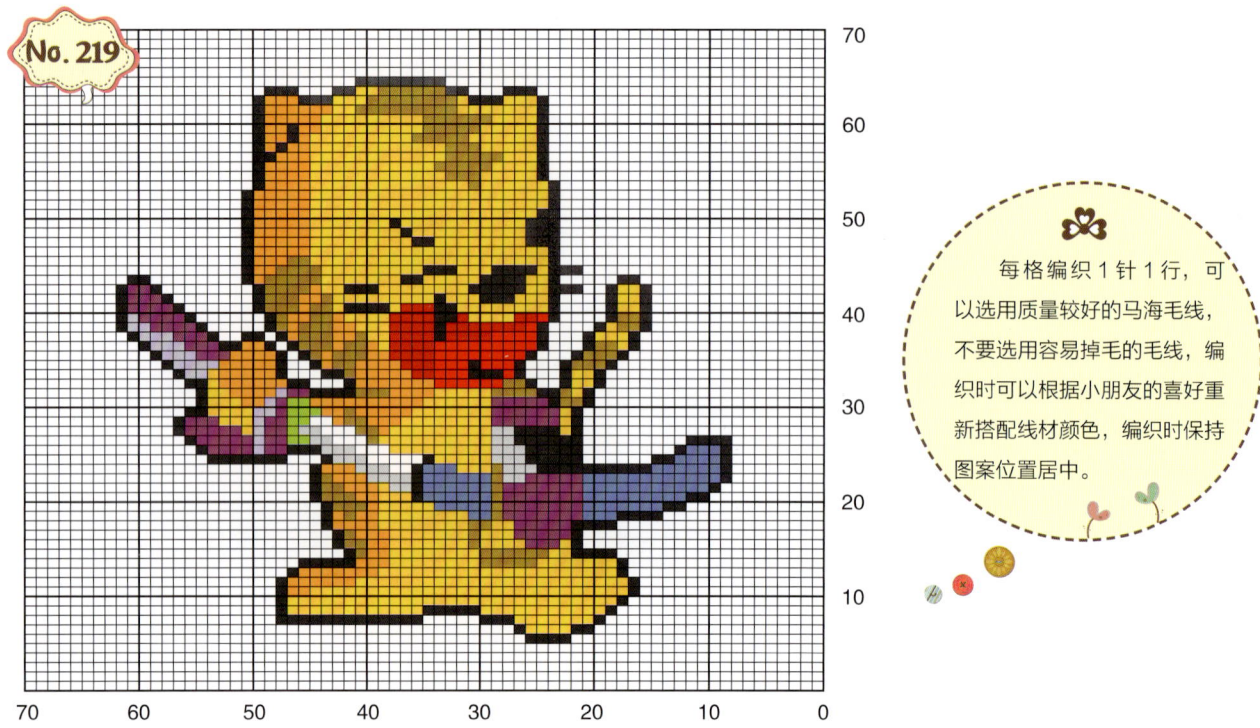

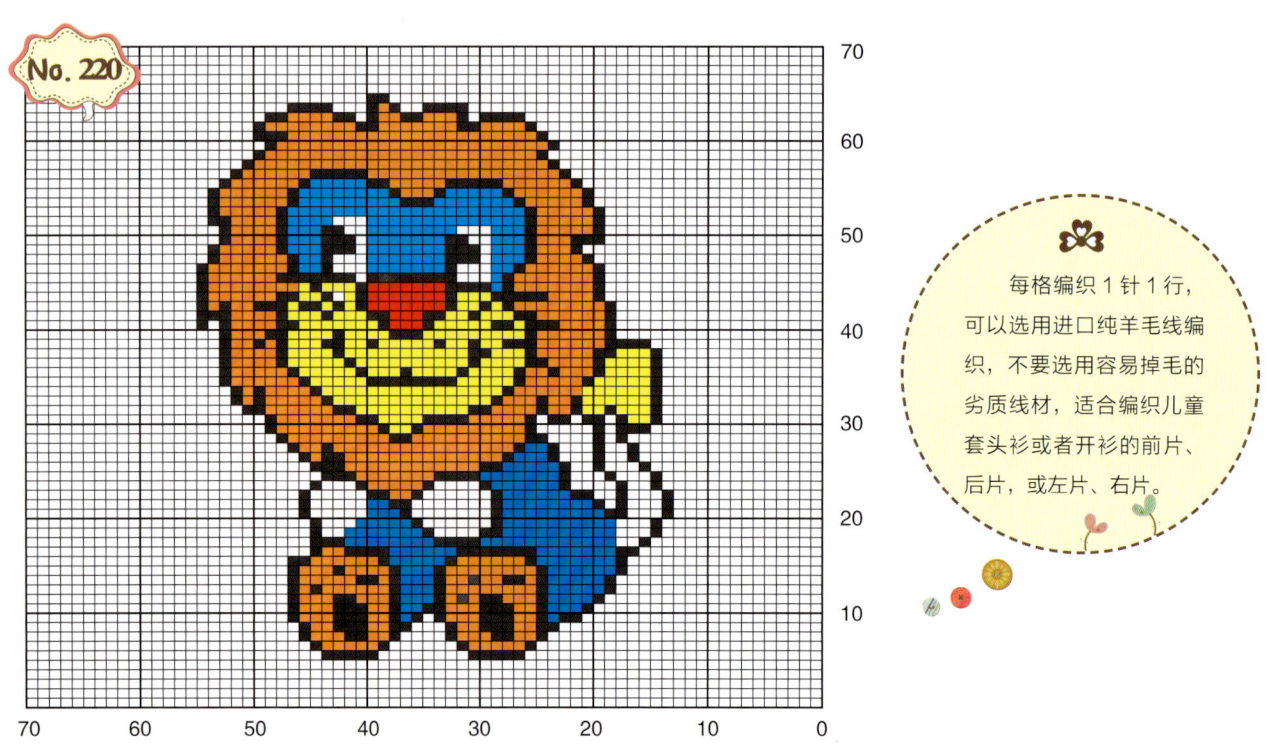

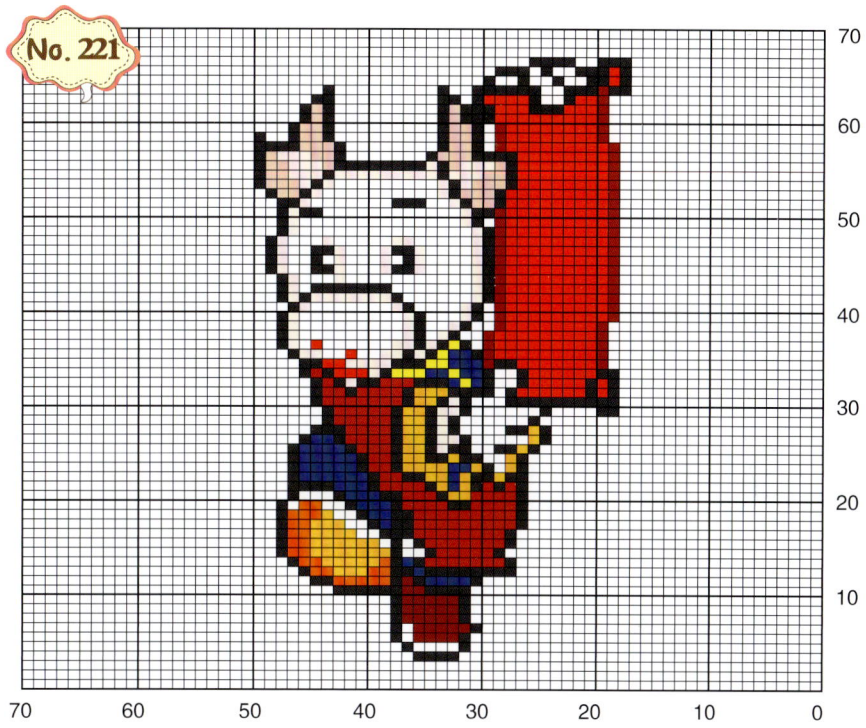

每格编织1针1行，可以选用质量较好的开司米线，不要选用容易掉毛的毛线，编织时可以根据小朋友的喜好重新搭配线材颜色，编织时保持图案位置居中。

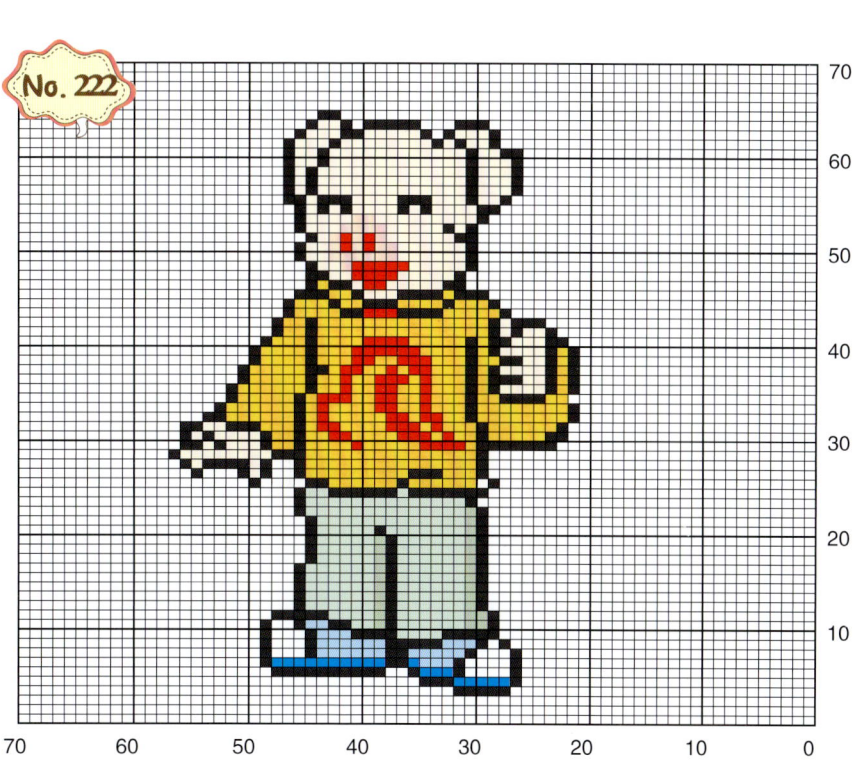

每格编织1针1行，可以选用米兰线编织，不要选用容易掉毛的劣质线材，适合编织儿童套头衫或者开衫的前片、后片，或左片、右片。

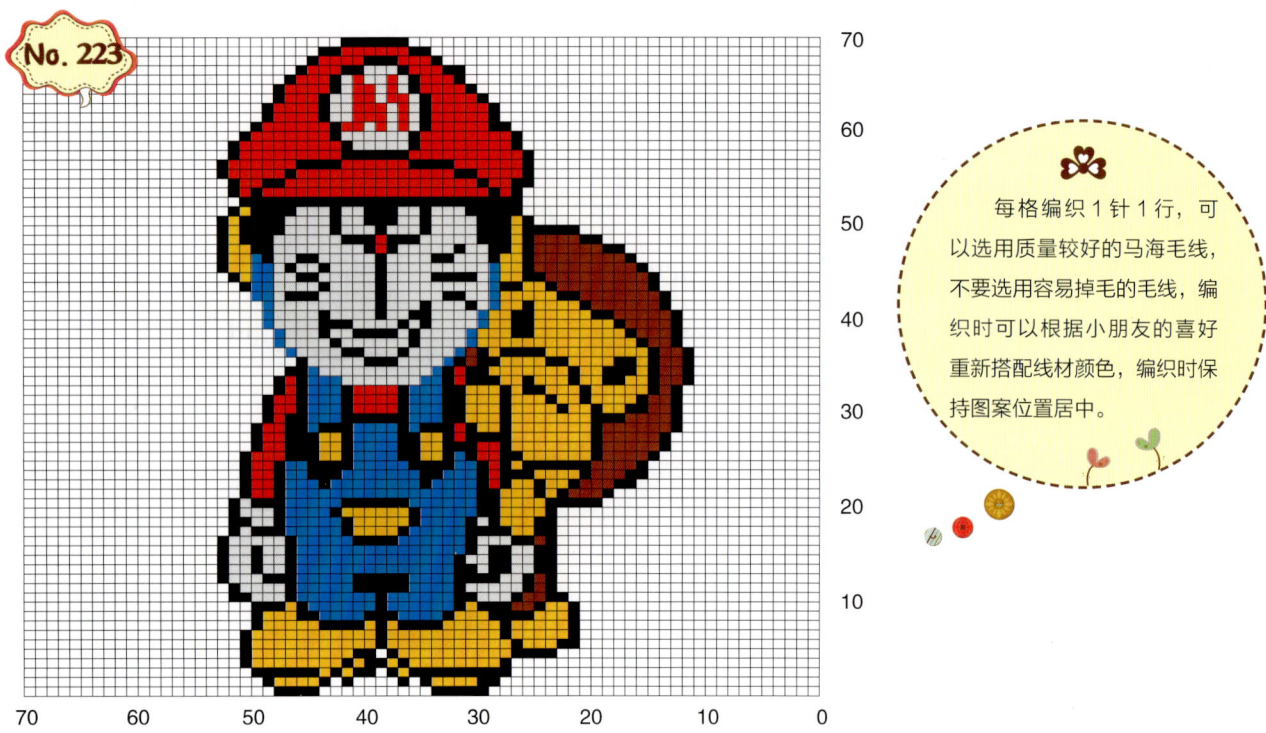

每格编织1针1行，可以选用质量较好的马海毛线，不要选用容易掉毛的毛线，编织时可以根据小朋友的喜好重新搭配线材颜色，编织时保持图案位置居中。

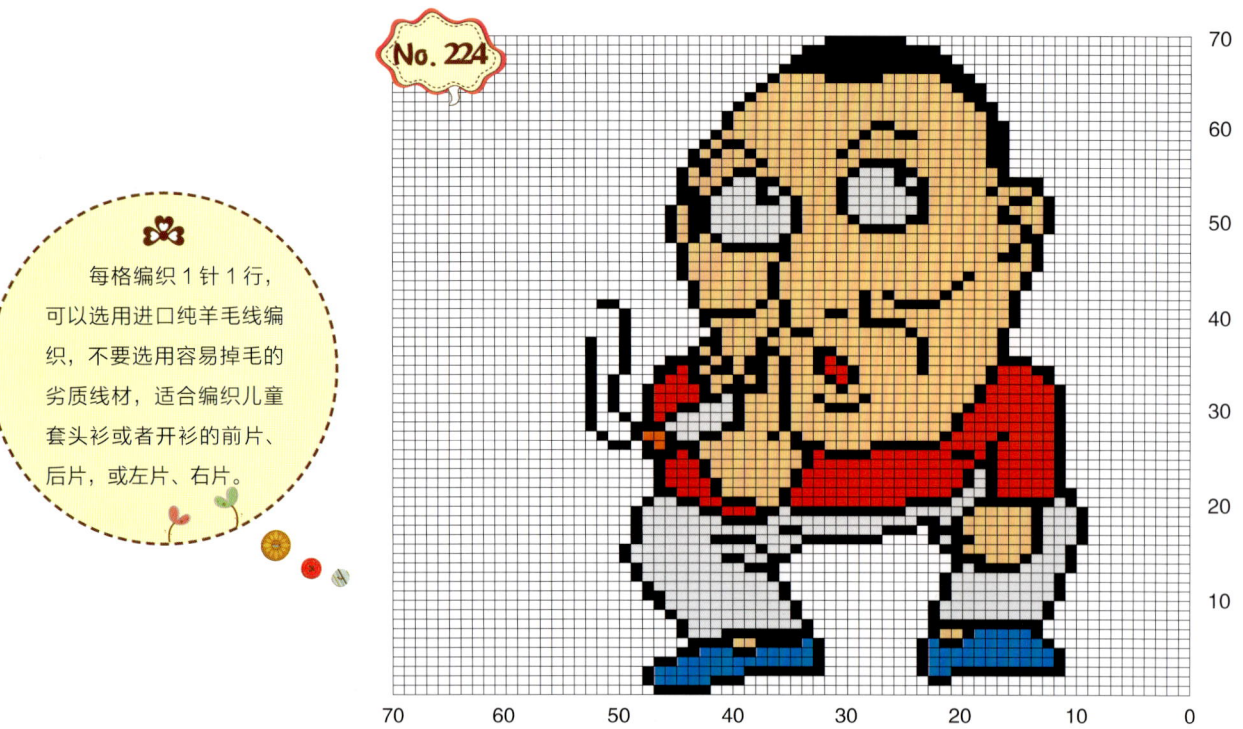

每格编织1针1行，可以选用进口纯羊毛线编织，不要选用容易掉毛的劣质线材，适合编织儿童套头衫或者开衫的前片、后片，或左片、右片。

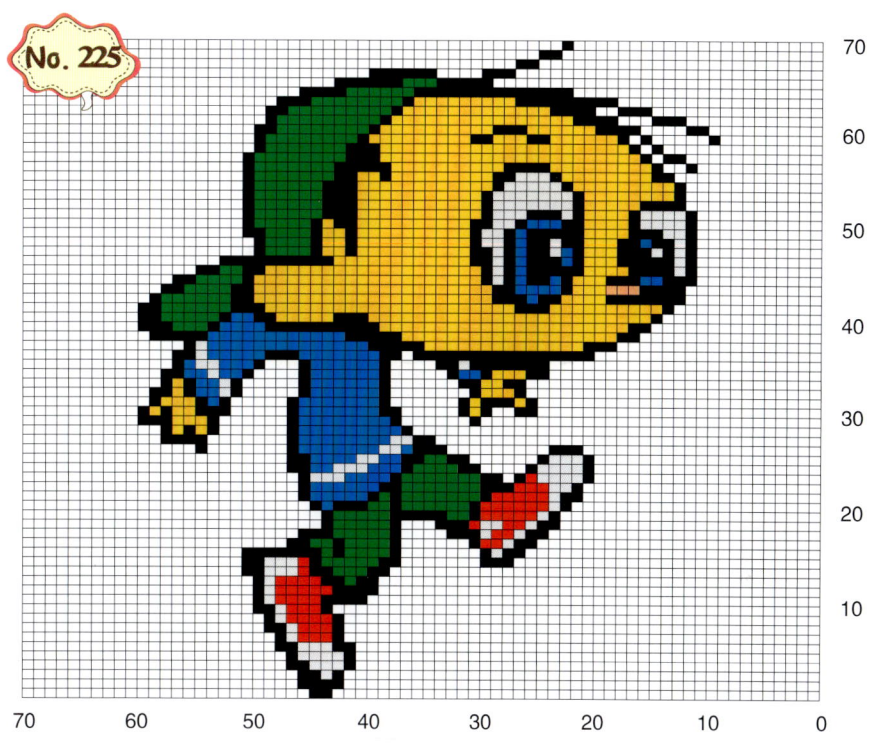

No. 225

每格编织1针1行，可以选用质量较好的米兰线，不要选用容易掉毛的毛线，编织时可以根据小朋友的喜好重新搭配线材颜色，编织时保持图案位置居中。

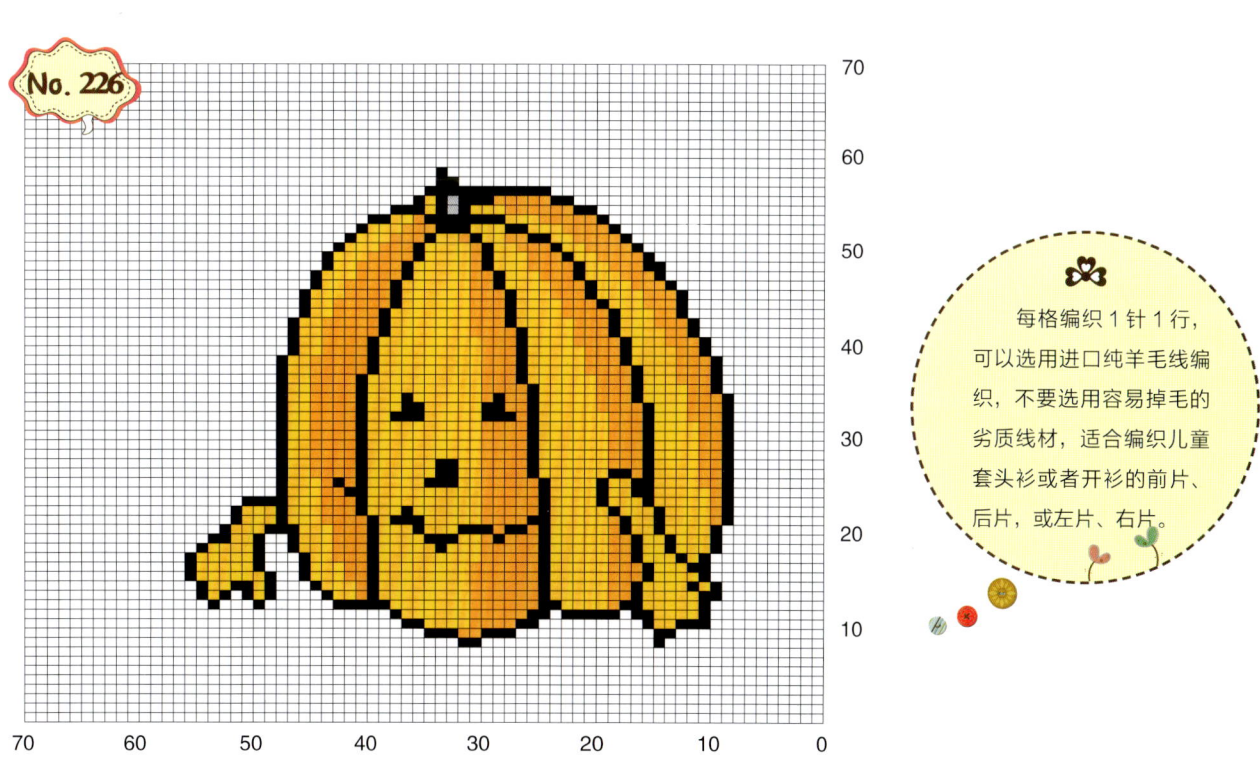

No. 226

每格编织1针1行，可以选用进口纯羊毛线编织，不要选用容易掉毛的劣质线材，适合编织儿童套头衫或者开衫的前片、后片，或左片、右片。

No. 227

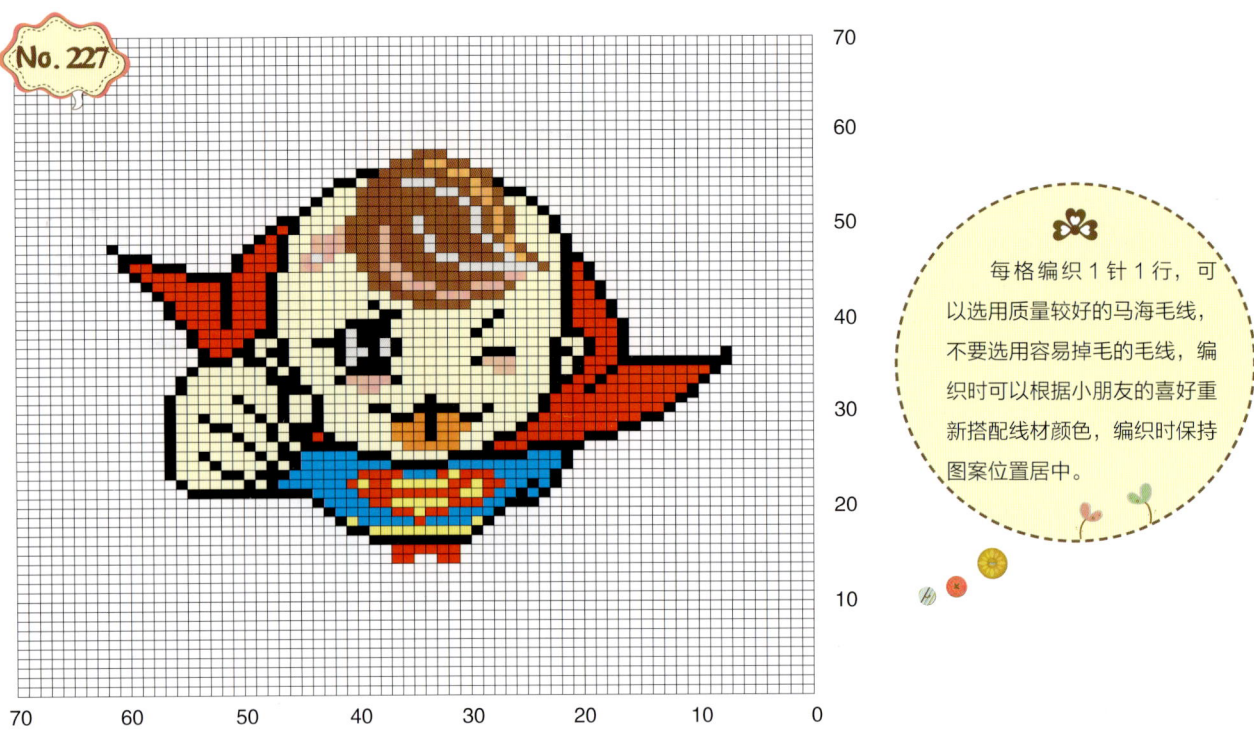

每格编织1针1行，可以选用质量较好的马海毛线，不要选用容易掉毛的毛线，编织时可以根据小朋友的喜好重新搭配线材颜色，编织时保持图案位置居中。

No. 228

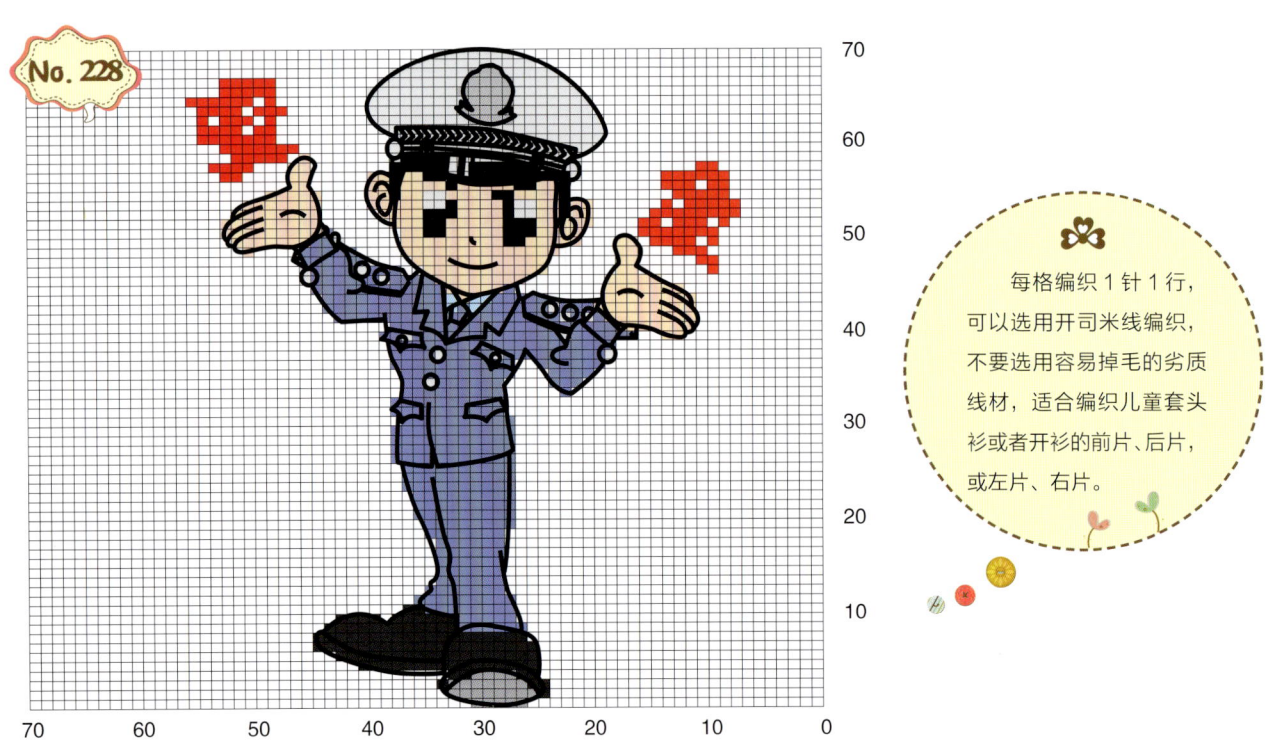

每格编织1针1行，可以选用开司米线编织，不要选用容易掉毛的劣质线材，适合编织儿童套头衫或者开衫的前片、后片，或左片、右片。

每格编织1针1行,可以选用质量较好的开司米线,不要选用容易掉毛的毛线,编织时可以根据小朋友的喜好重新搭配线材颜色,编织时保持图案位置居中。

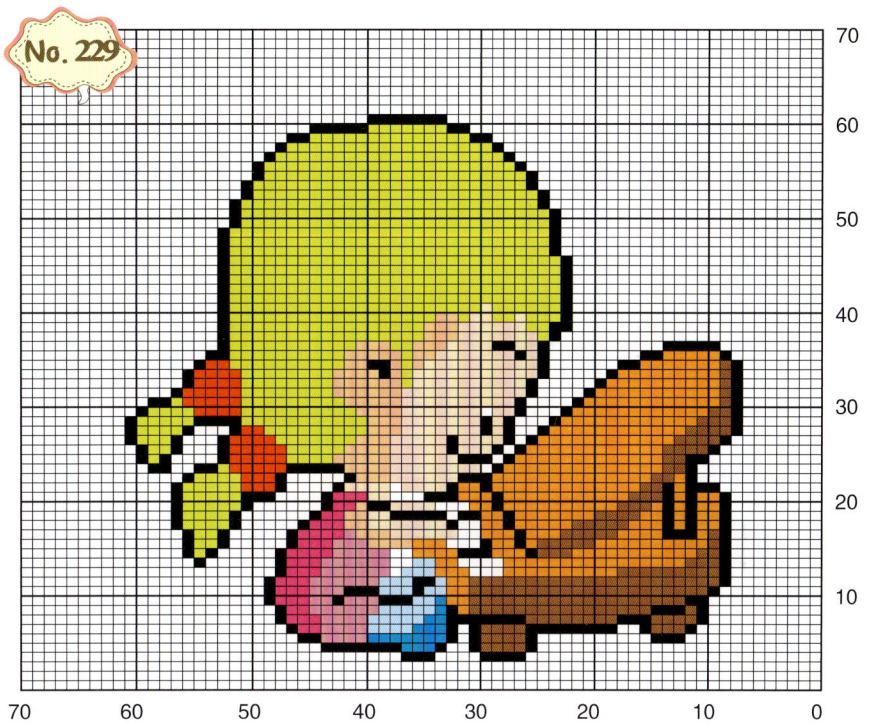

每格编织1针1行,可以选用进口纯羊毛线编织,不要选用容易掉毛的劣质线材,适合编织儿童套头衫或者开衫的前片、后片,或左片、右片。

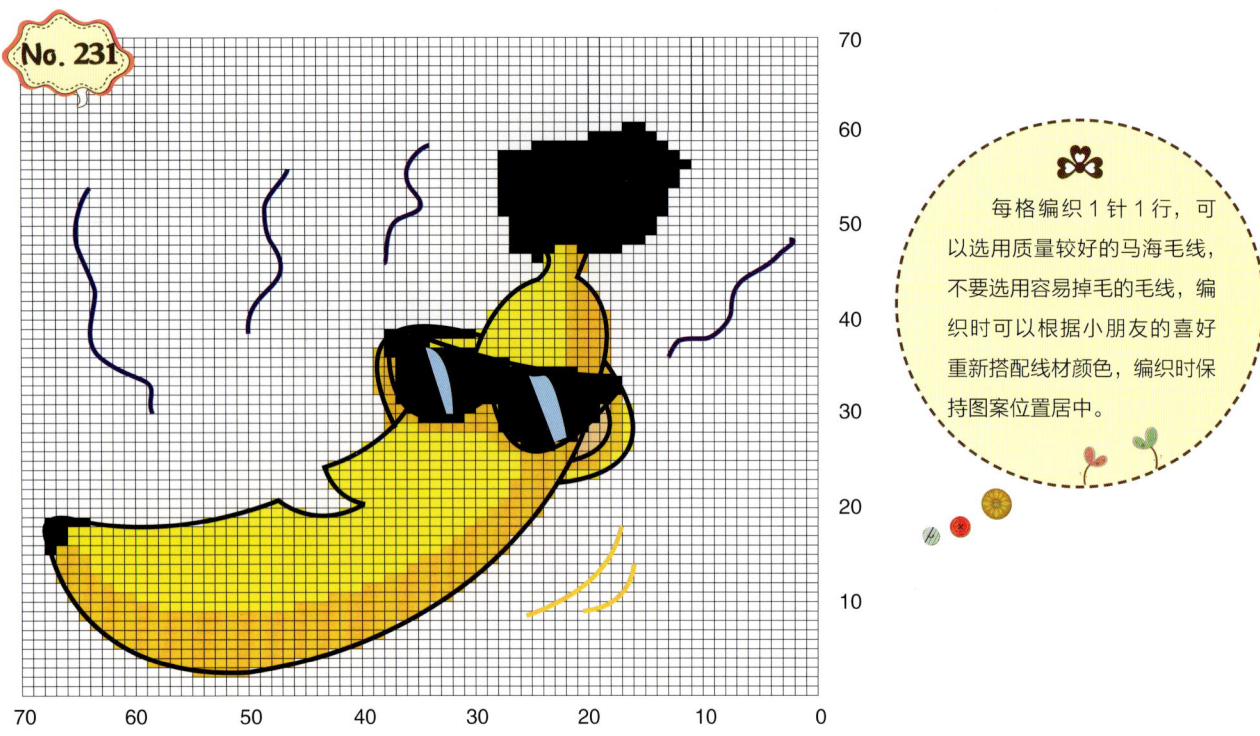

每格编织1针1行，可以选用质量较好的马海毛线，不要选用容易掉毛的毛线，编织时可以根据小朋友的喜好重新搭配线材颜色，编织时保持图案位置居中。

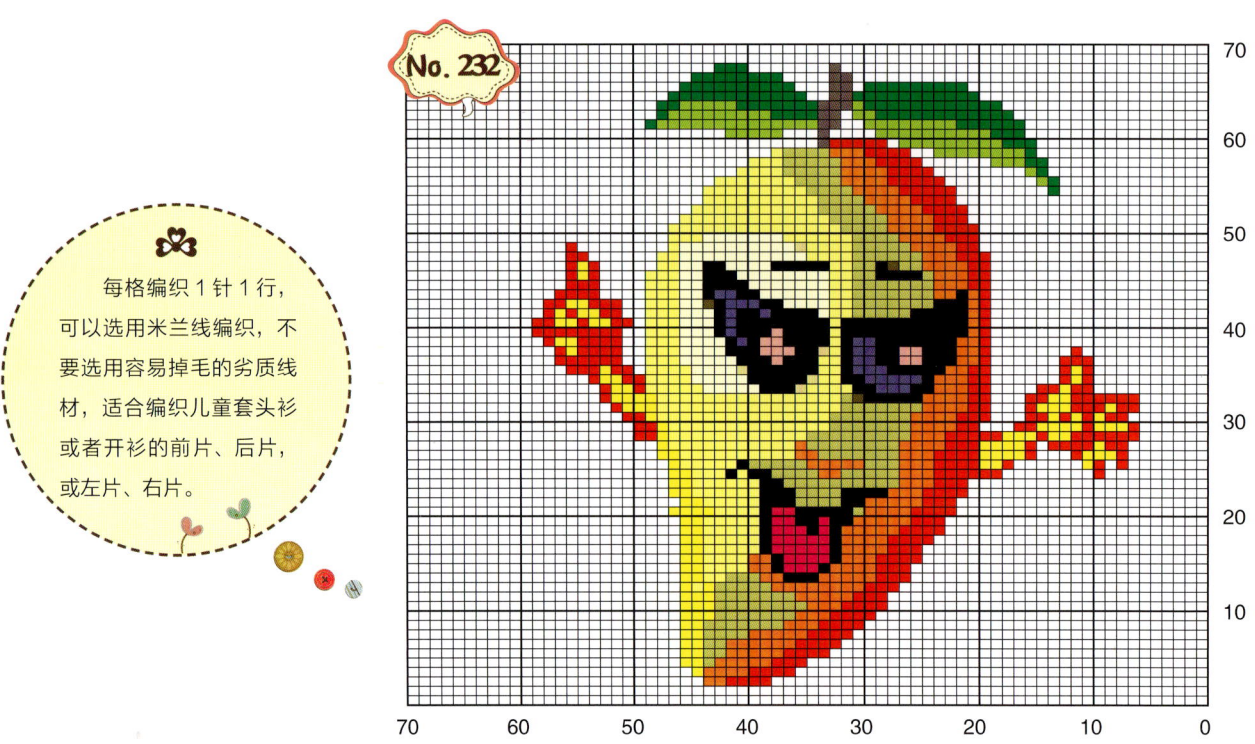

每格编织1针1行，可以选用米兰线编织，不要选用容易掉毛的劣质线材，适合编织儿童套头衫或者开衫的前片、后片，或左片、右片。

No. 233

每格编织 1 针 1 行, 可以选用质量较好的马海毛线, 不要选用容易掉毛的毛线, 编织时可以根据小朋友的喜好重新搭配线材颜色, 编织时保持图案位置居中。

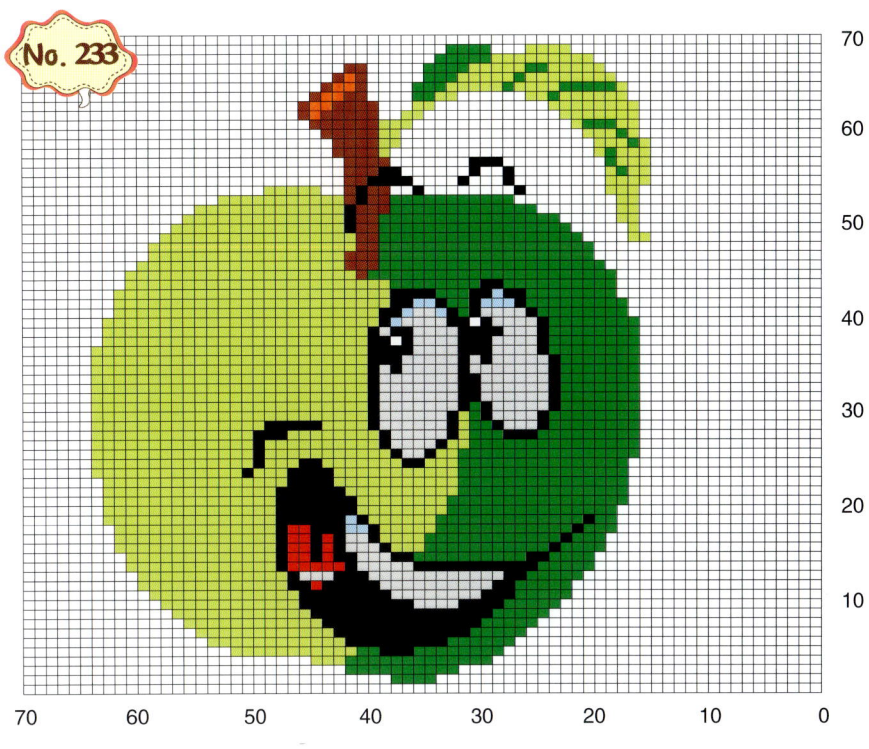

No. 234

每格编织 1 针 1 行, 可以选用米兰线编织, 不要选用容易掉毛的劣质线材, 适合编织儿童套头衫或者开衫的前片、后片, 或左片、右片。

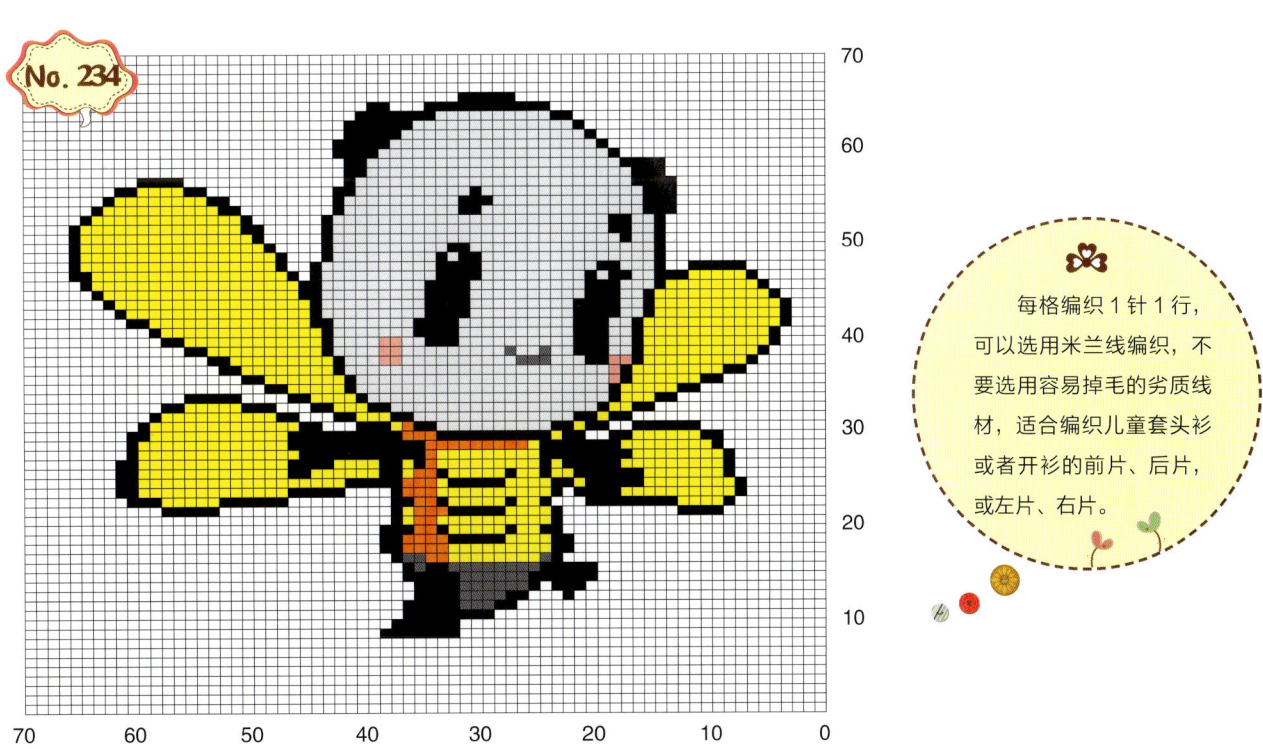

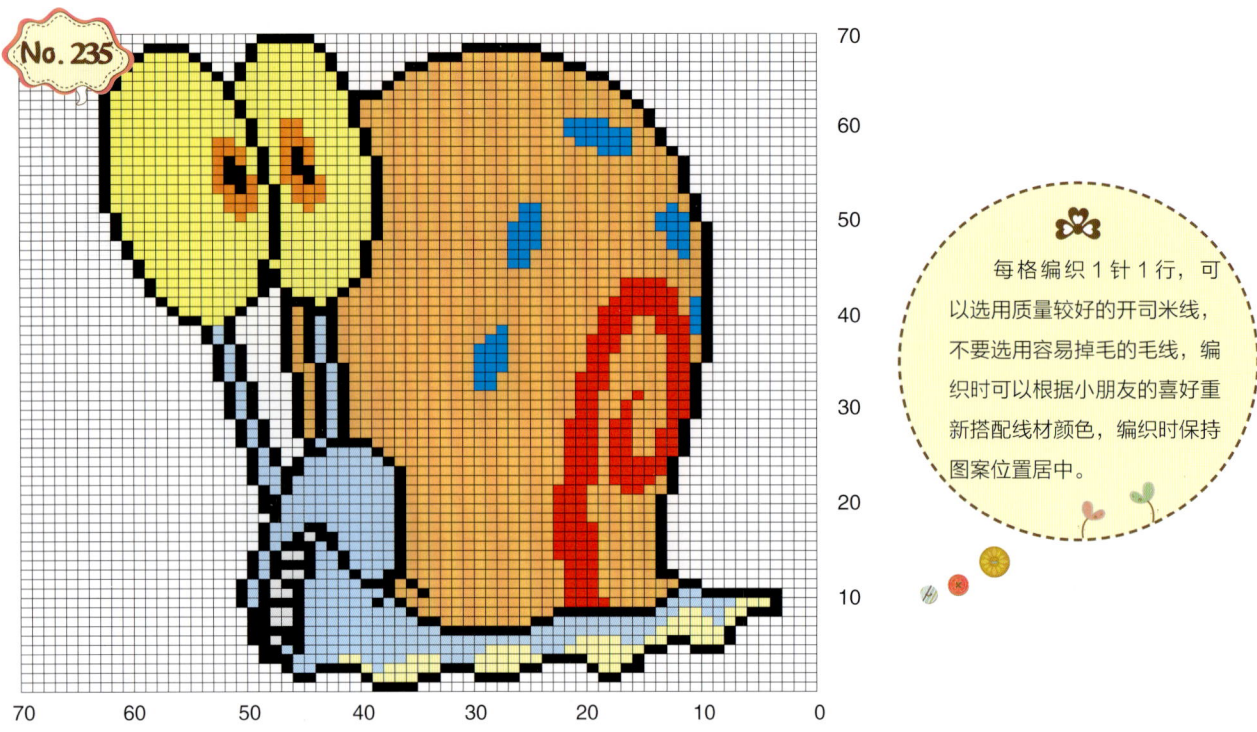

每格编织1针1行，可以选用质量较好的开司米线，不要选用容易掉毛的毛线，编织时可以根据小朋友的喜好重新搭配线材颜色，编织时保持图案位置居中。

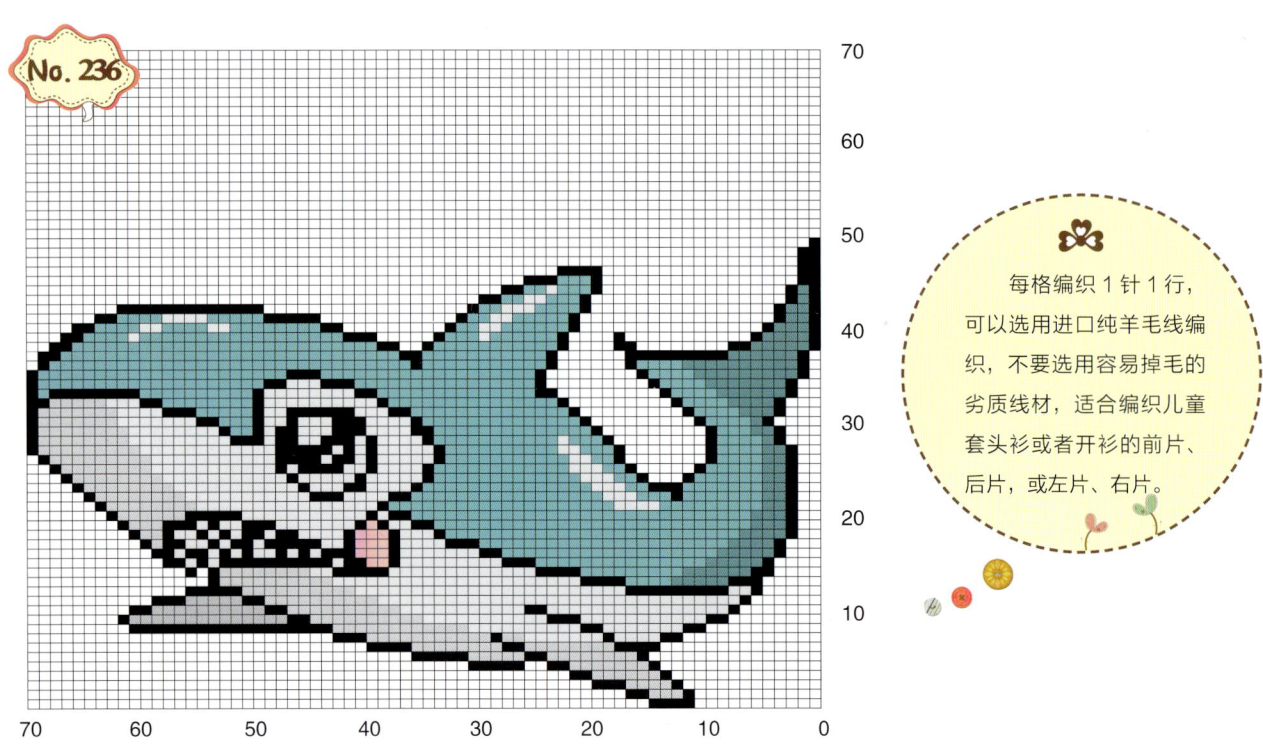

每格编织1针1行，可以选用进口纯羊毛线编织，不要选用容易掉毛的劣质线材，适合编织儿童套头衫或者开衫的前片、后片，或左片、右片。

No.237

每格编织1针1行，可以选用质量较好的开司米线，不要选用容易掉毛的毛线，编织时可以根据小朋友的喜好重新搭配线材颜色，编织时保持图案位置居中。

No.238

每格编织1针1行，可以选用米兰线编织，不要选用容易掉毛的劣质线材，适合编织儿童套头衫或者开衫的前片、后片，或左片、右片。

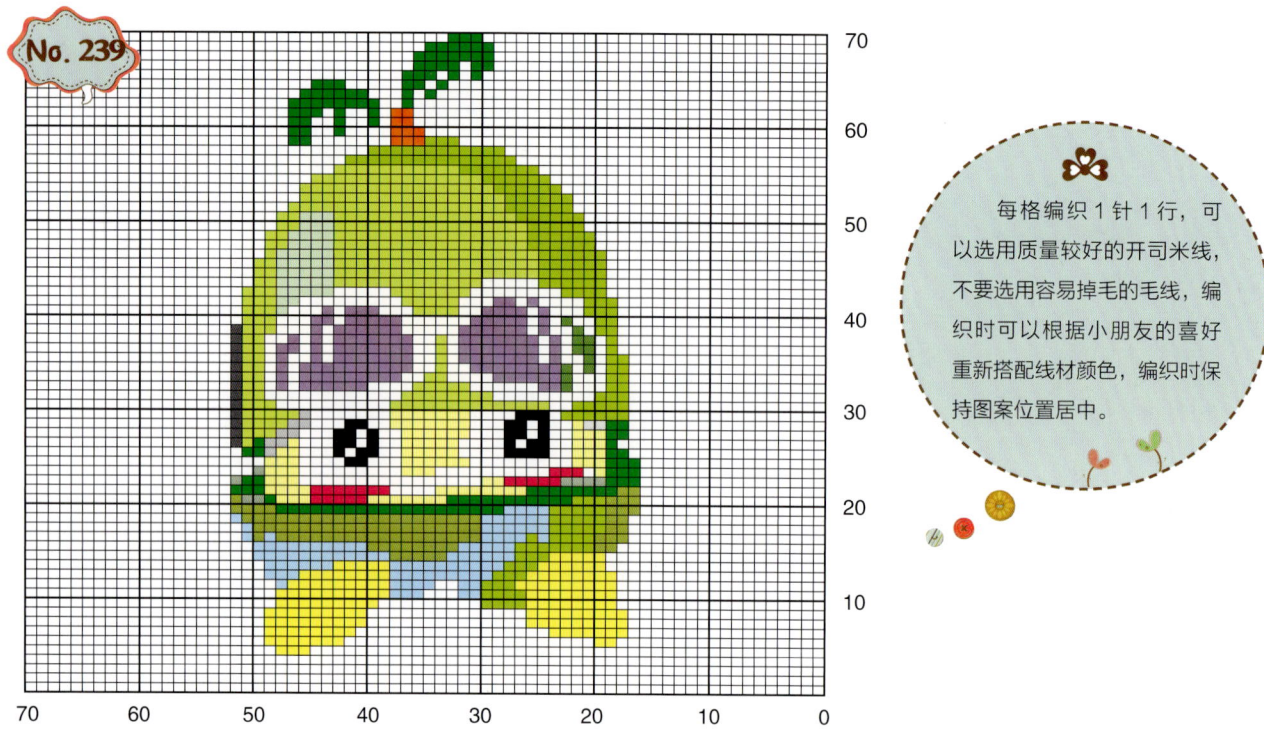

每格编织1针1行，可以选用质量较好的开司米线，不要选用容易掉毛的毛线，编织时可以根据小朋友的喜好重新搭配线材颜色，编织时保持图案位置居中。

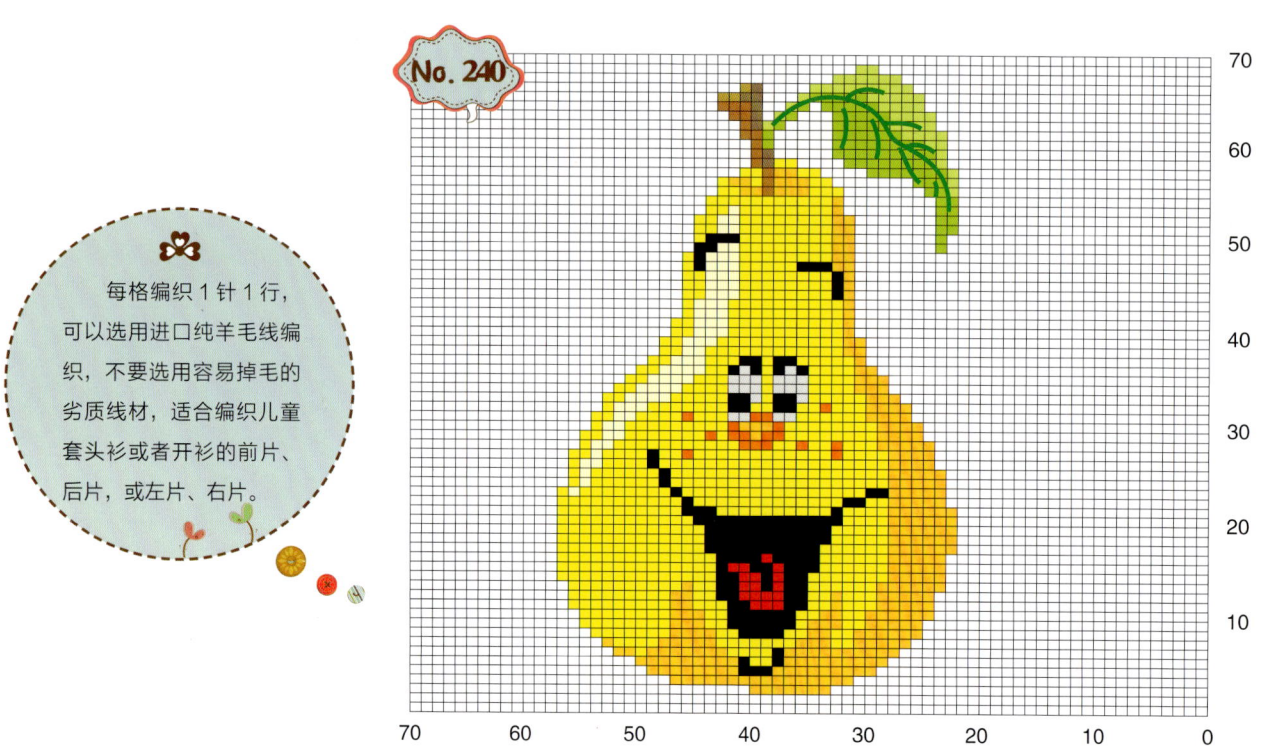

每格编织1针1行，可以选用进口纯羊毛线编织，不要选用容易掉毛的劣质线材，适合编织儿童套头衫或者开衫的前片、后片、或左片、右片。

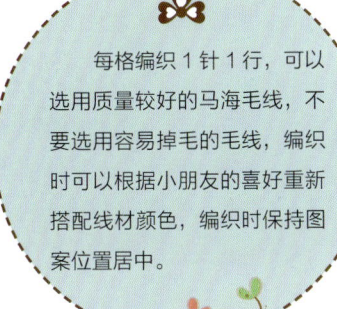

每格编织1针1行,可以选用质量较好的马海毛线,不要选用容易掉毛的毛线,编织时可以根据小朋友的喜好重新搭配线材颜色,编织时保持图案位置居中。

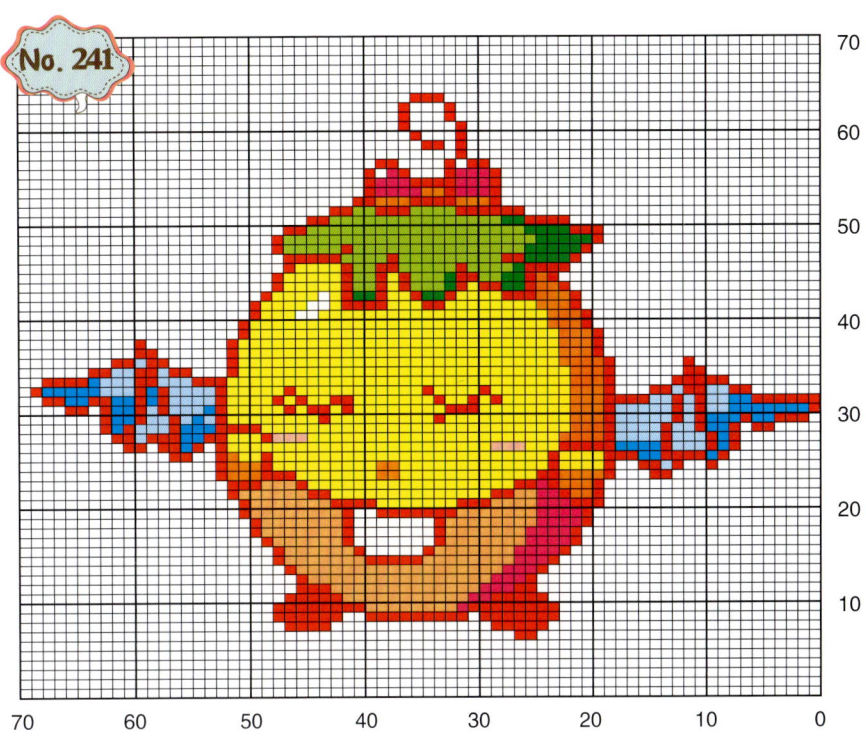

No. 241

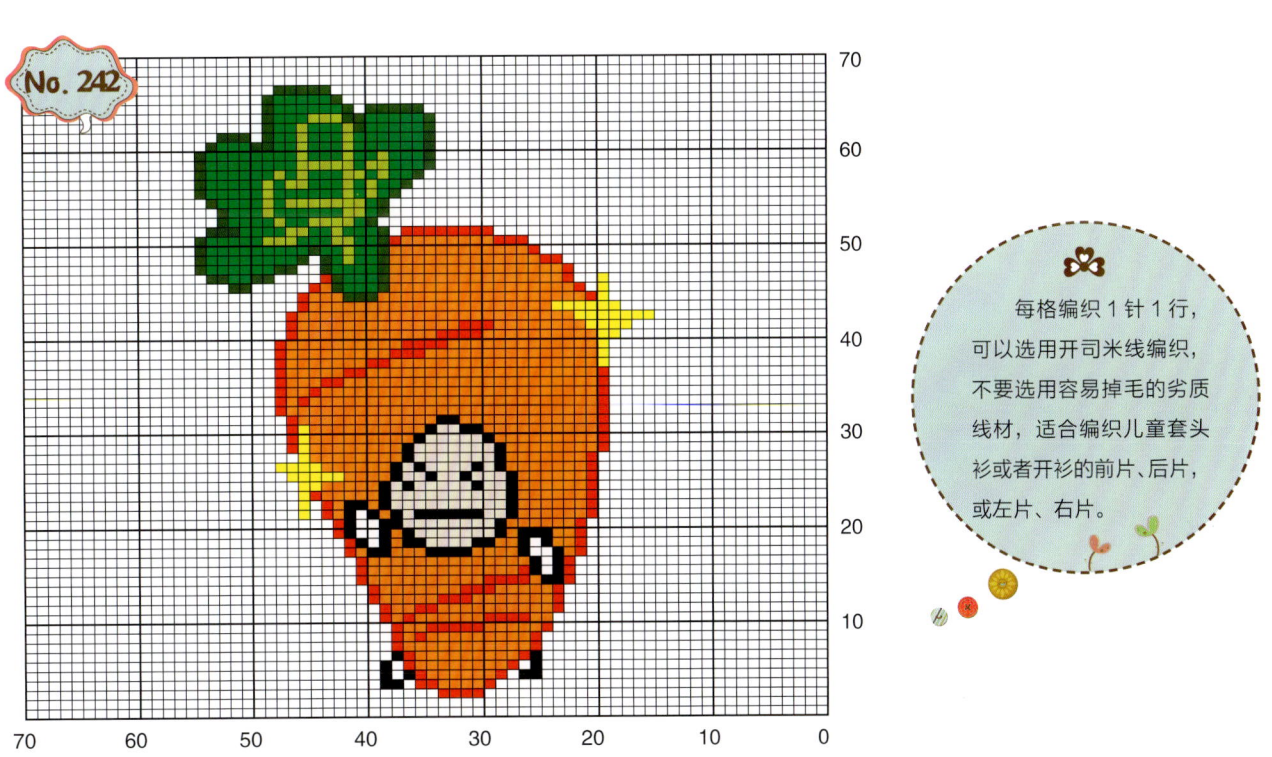

No. 242

每格编织1针1行,可以选用开司米线编织,不要选用容易掉毛的劣质线材,适合编织儿童套头衫或者开衫的前片、后片,或左片、右片。

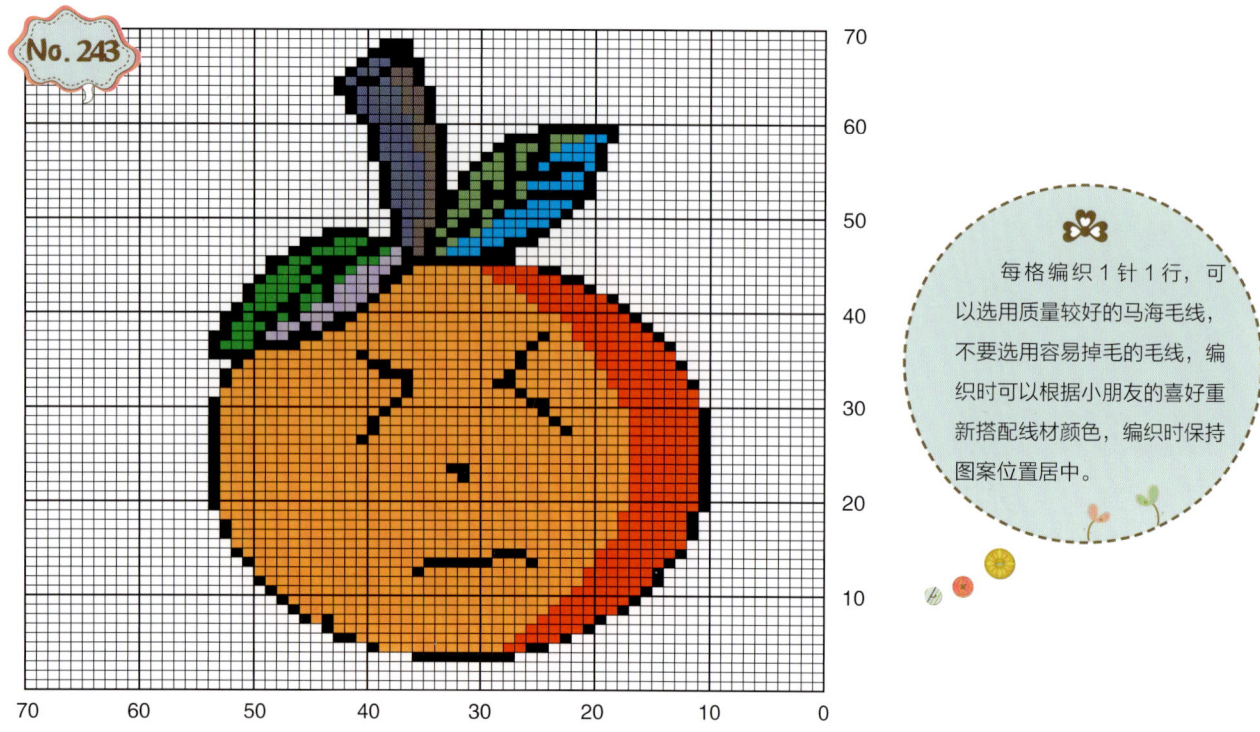

每格编织1针1行，可以选用质量较好的马海毛线，不要选用容易掉毛的毛线，编织时可以根据小朋友的喜好重新搭配线材颜色，编织时保持图案位置居中。

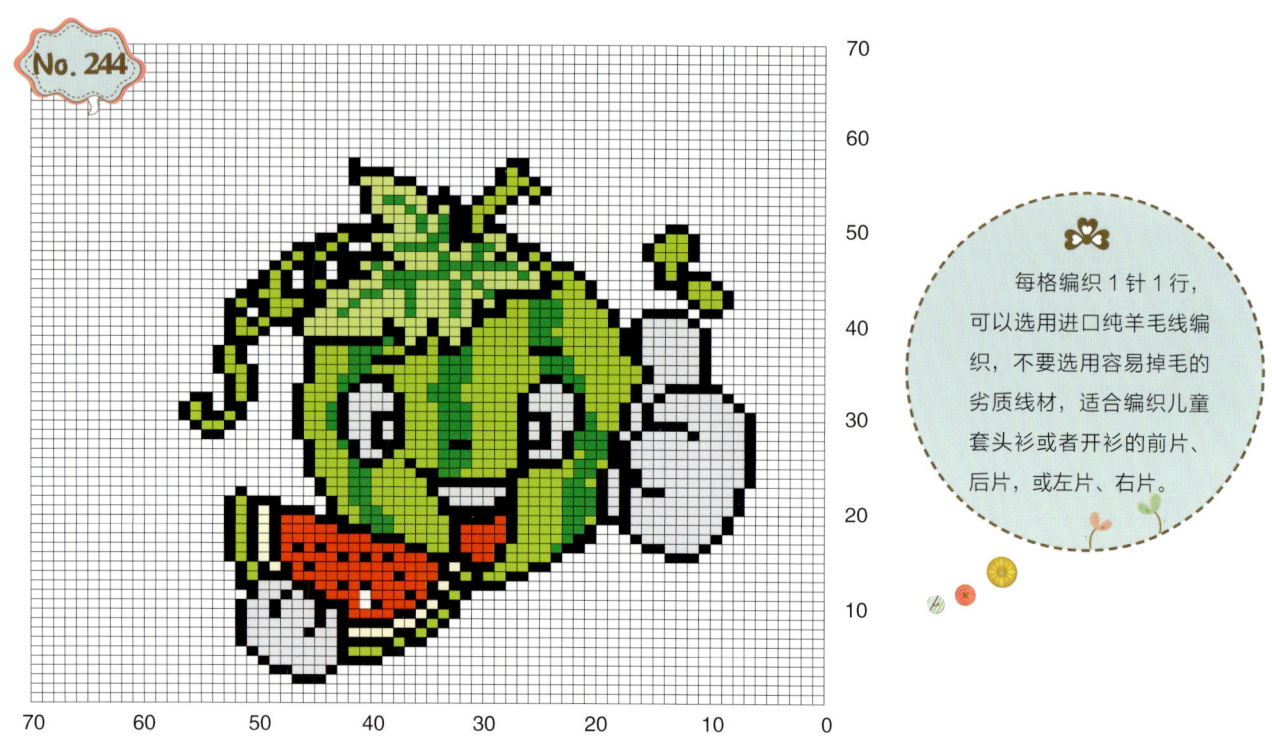

每格编织1针1行，可以选用进口纯羊毛线编织，不要选用容易掉毛的劣质线材，适合编织儿童套头衫或者开衫的前片、后片，或左片、右片。

No. 245

每格编织 1 针 1 行，可以选用质量较好的米兰线，不要选用容易掉毛的毛线，编织时可以根据小朋友的喜好重新搭配线材颜色，编织时保持图案位置居中。

No. 246

每格编织 1 针 1 行，可以选用开司米线编织，不要选用容易掉毛的劣质线材，适合编织儿童套头衫或者开衫的前片、后片，或左片、右片。

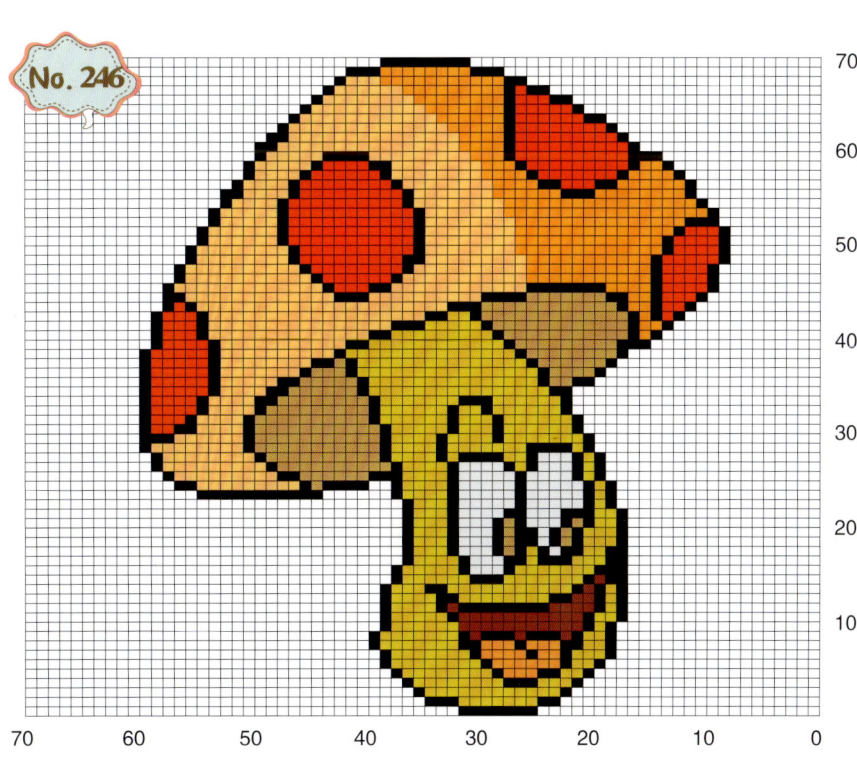

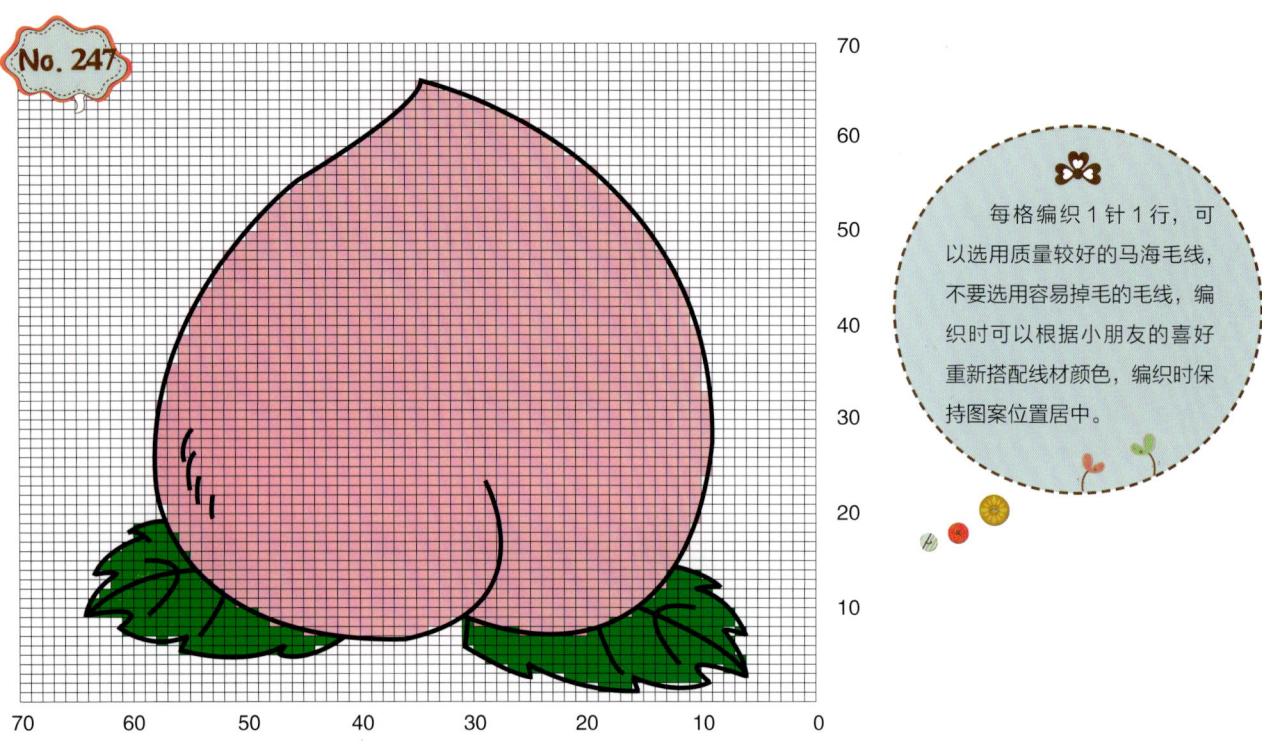

No. 247

每格编织1针1行，可以选用质量较好的马海毛线，不要选用容易掉毛的毛线，编织时可以根据小朋友的喜好重新搭配线材颜色，编织时保持图案位置居中。

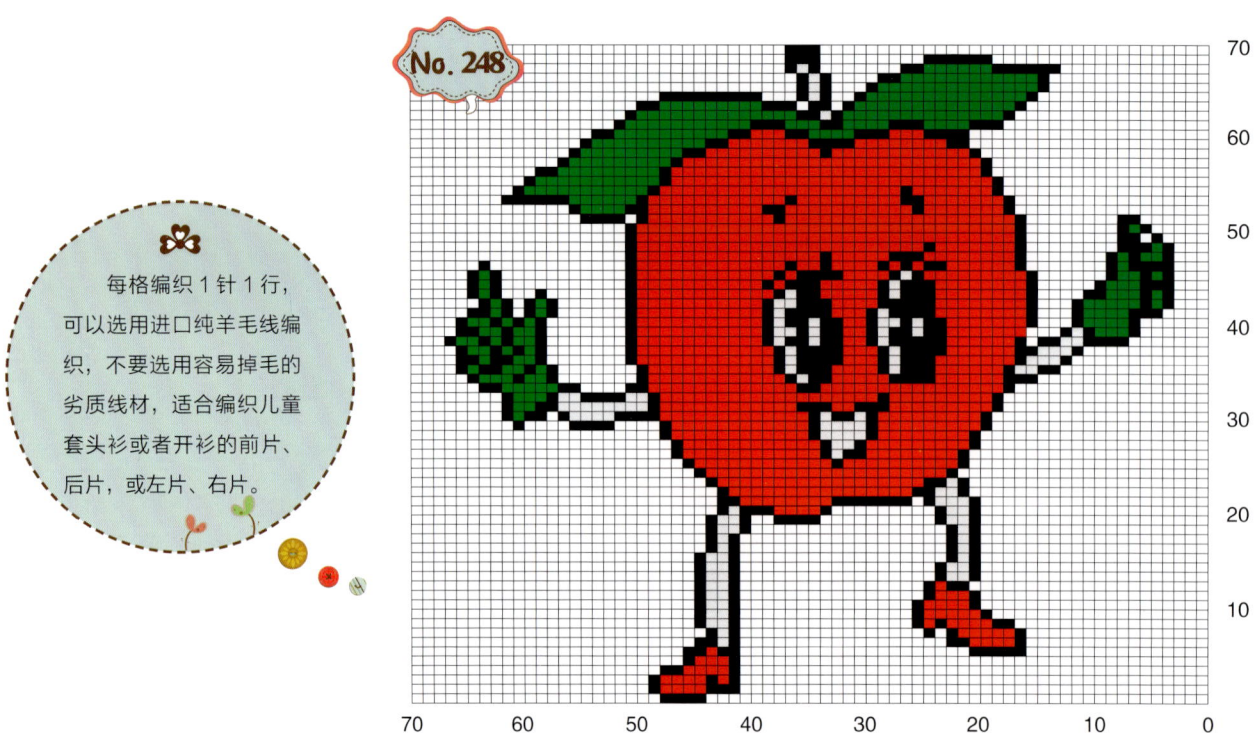

No. 248

每格编织1针1行，可以选用进口纯羊毛线编织，不要选用容易掉毛的劣质线材，适合编织儿童套头衫或者开衫的前片、后片，或左片、右片。

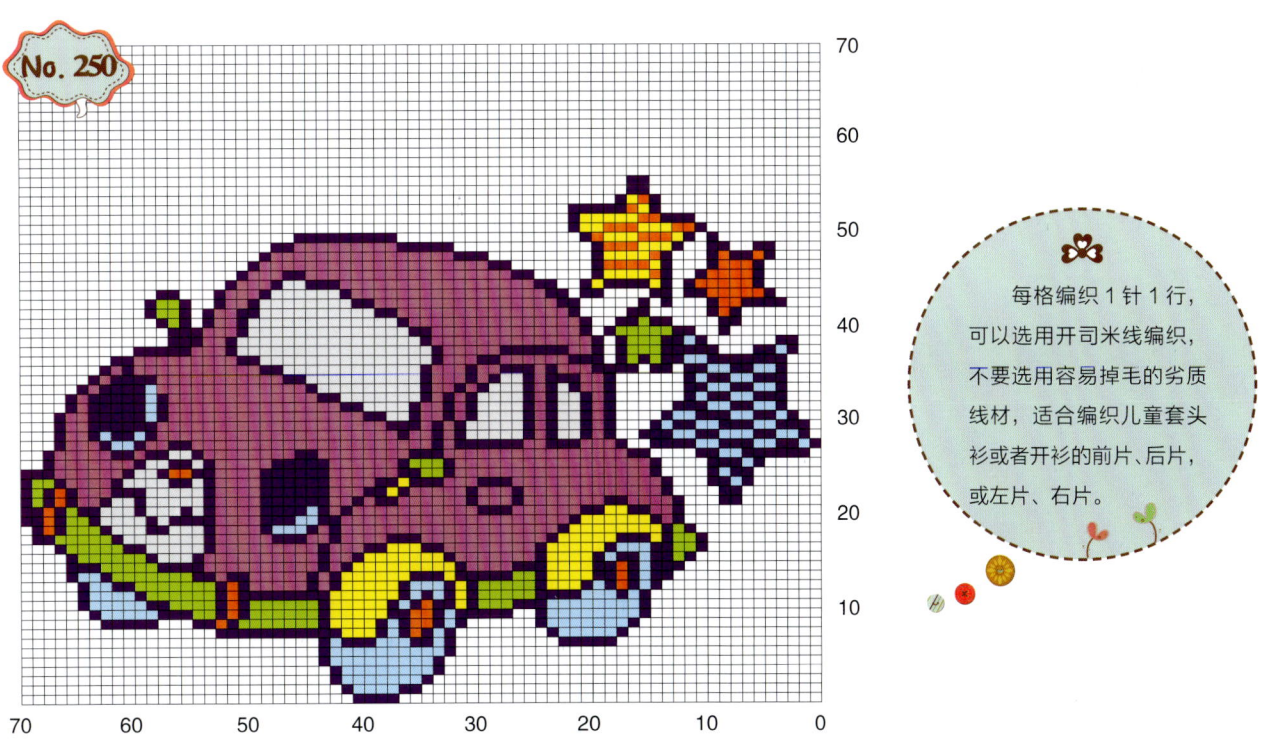

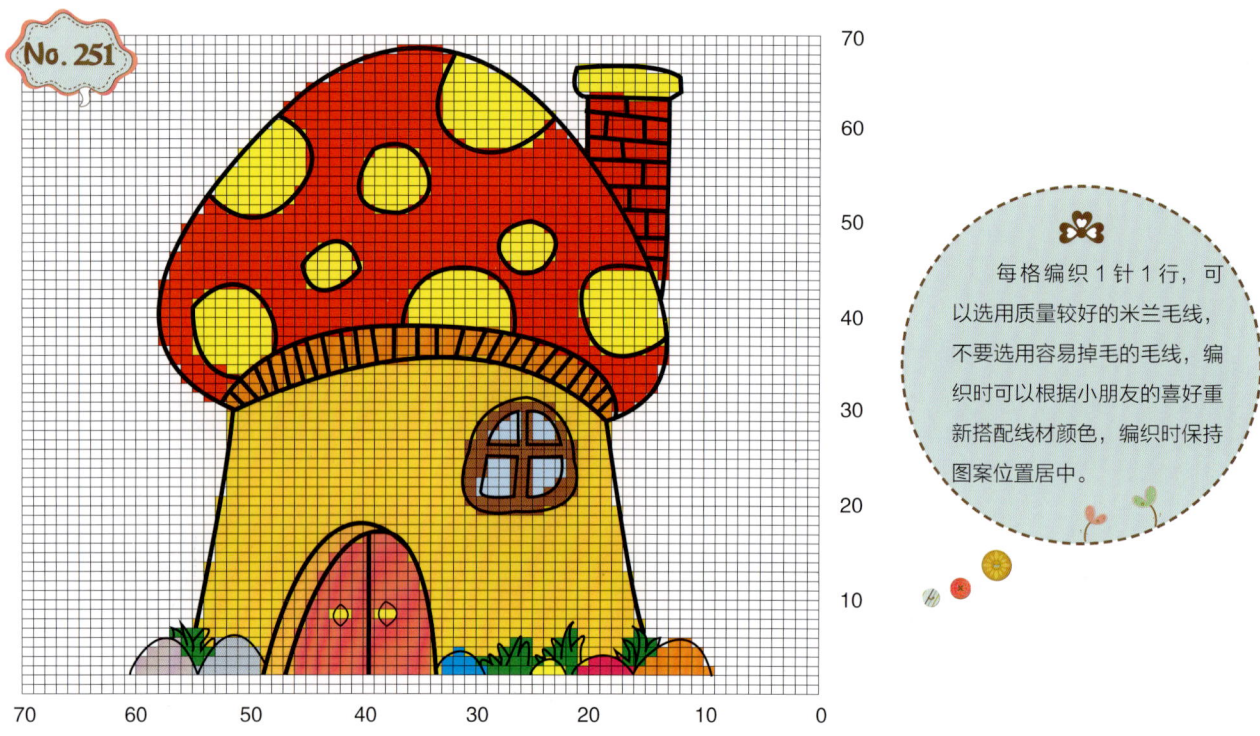

每格编织1针1行，可以选用质量较好的米兰毛线，不要选用容易掉毛的毛线，编织时可以根据小朋友的喜好重新搭配线材颜色，编织时保持图案位置居中。

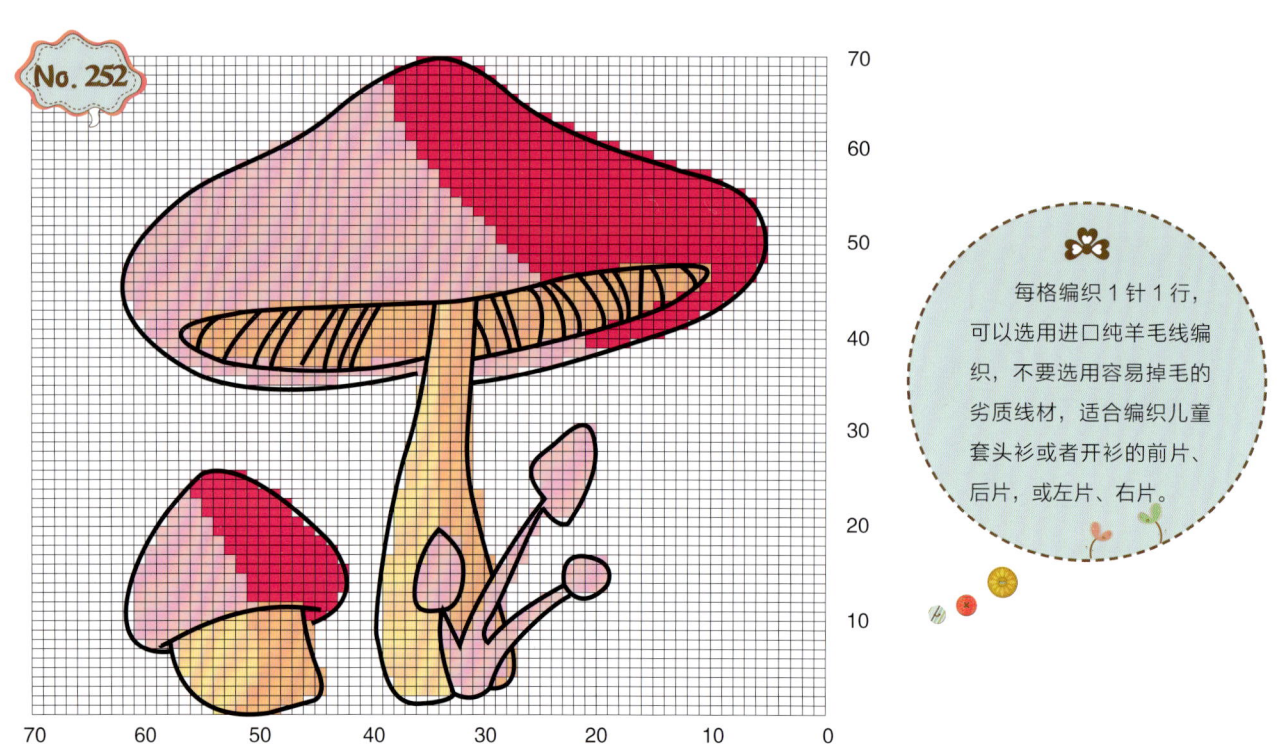

每格编织1针1行，可以选用进口纯羊毛线编织，不要选用容易掉毛的劣质线材，适合编织儿童套头衫或者开衫的前片、后片，或左片、右片。

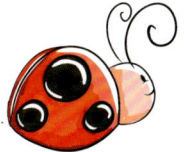

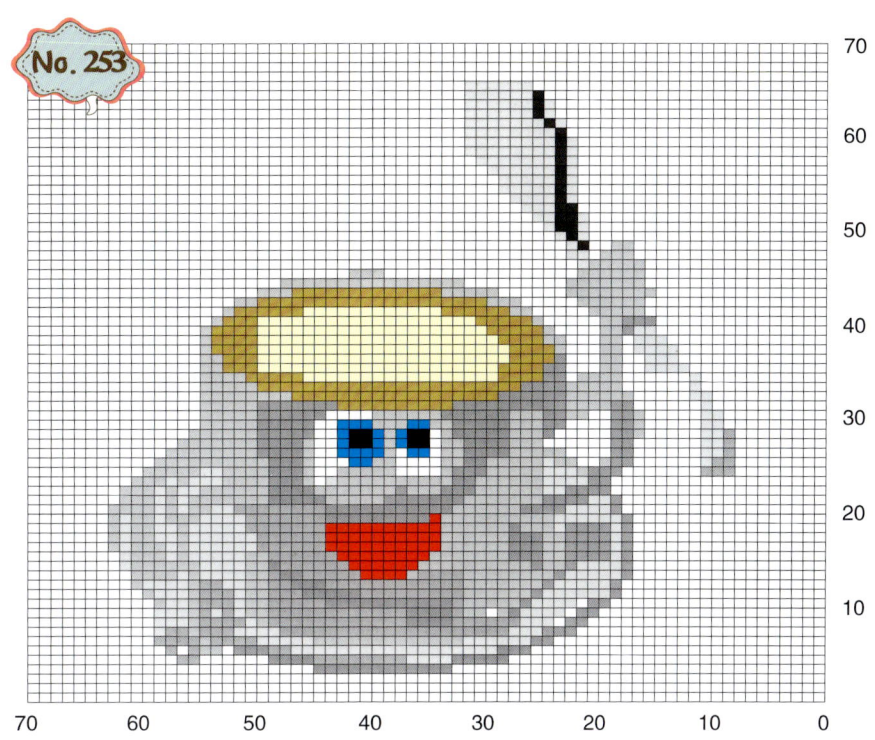

每格编织1针1行，可以选用质量较好的马海毛线，不要选用容易掉毛的毛线，编织时可以根据小朋友的喜好重新搭配线材颜色，编织时保持图案位置居中。

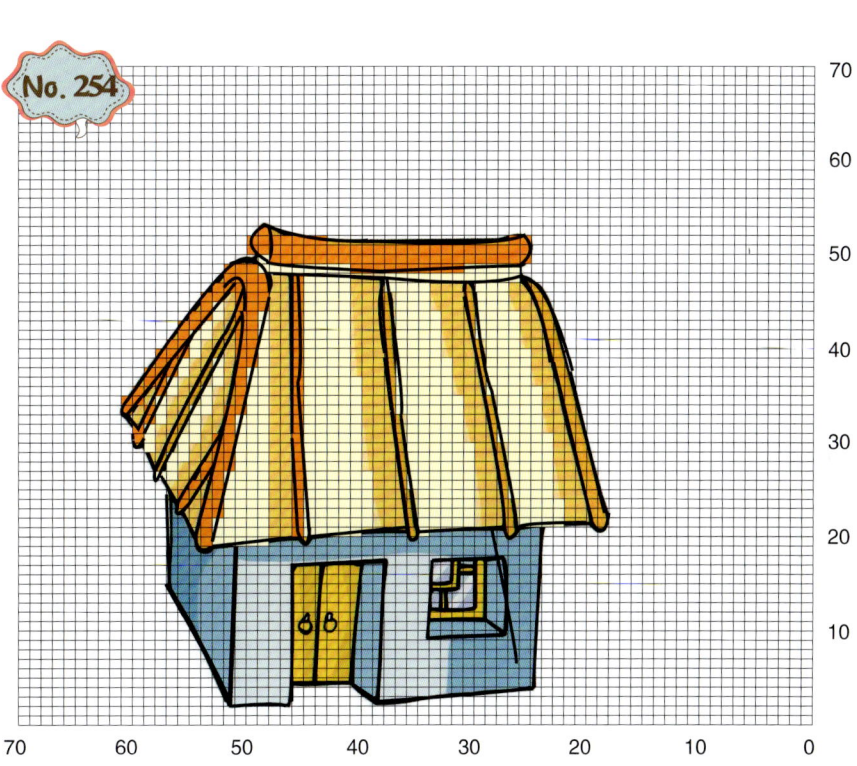

每格编织1针1行，可以选用开司米线编织，不要选用容易掉毛的劣质线材，适合编织儿童套头衫或者开衫的前片、后片，或左片、右片。

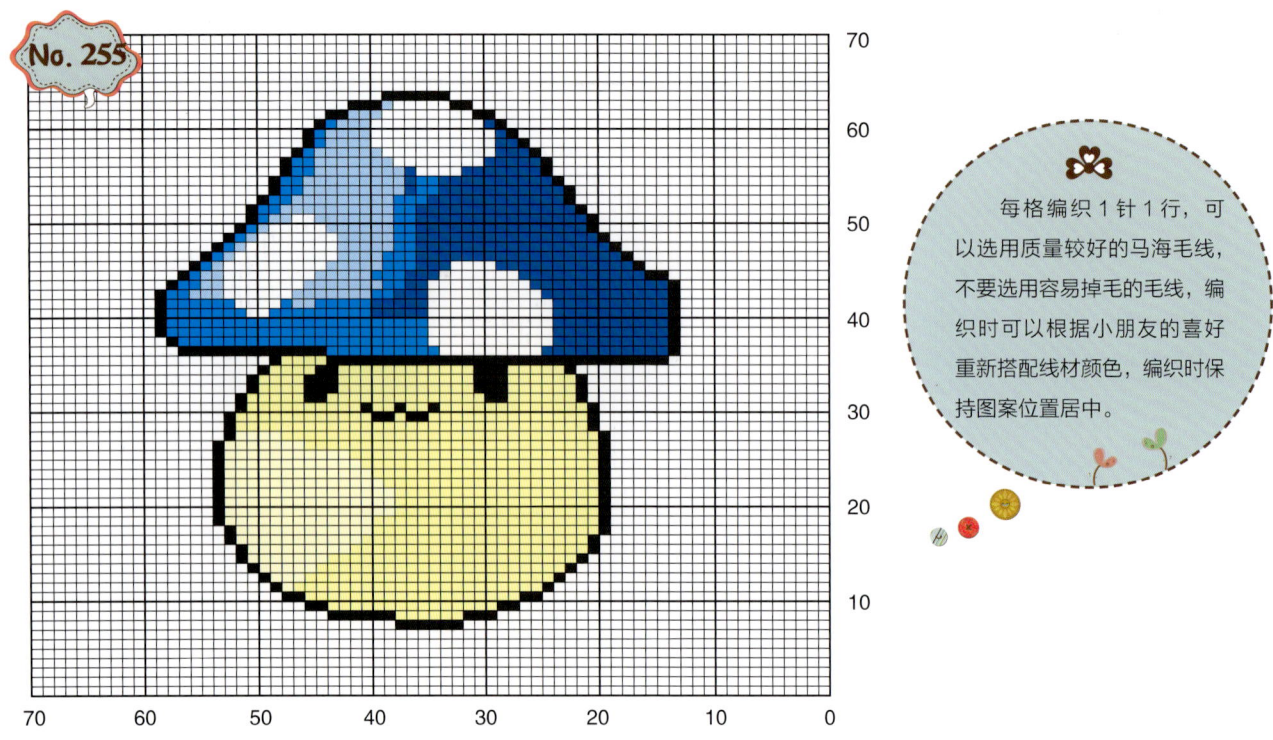

No. 255

每格编织1针1行，可以选用质量较好的马海毛线，不要选用容易掉毛的毛线，编织时可以根据小朋友的喜好重新搭配线材颜色，编织时保持图案位置居中。

No. 256

每格编织1针1行，可以选用进口纯羊毛线编织，不要选用容易掉毛的劣质线材，适合编织儿童套头衫或者开衫的前片、后片，或左片、右片。

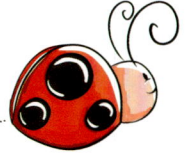

No. 257

每格编织1针1行,可以选用质量较好的马海毛线,不要选用容易掉毛的毛线,编织时可以根据小朋友的喜好重新搭配线材颜色,编织时保持图案位置居中。

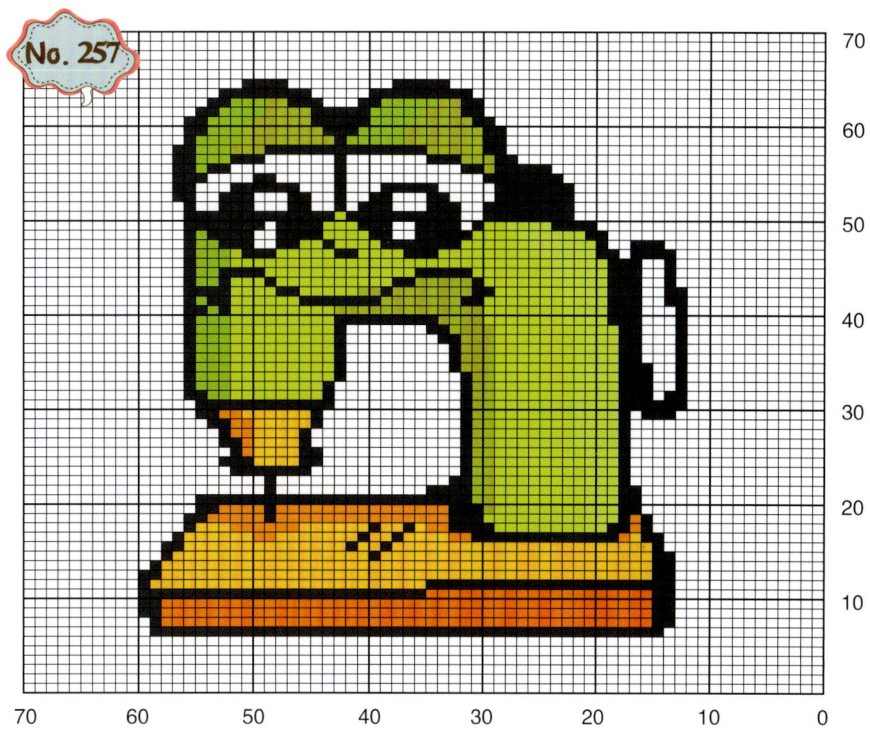

No. 258

每格编织1针1行,可以选用开司米线编织,不要选用容易掉毛的劣质线材,适合编织儿童套头衫或者开衫的前片、后片,或左片、右片。

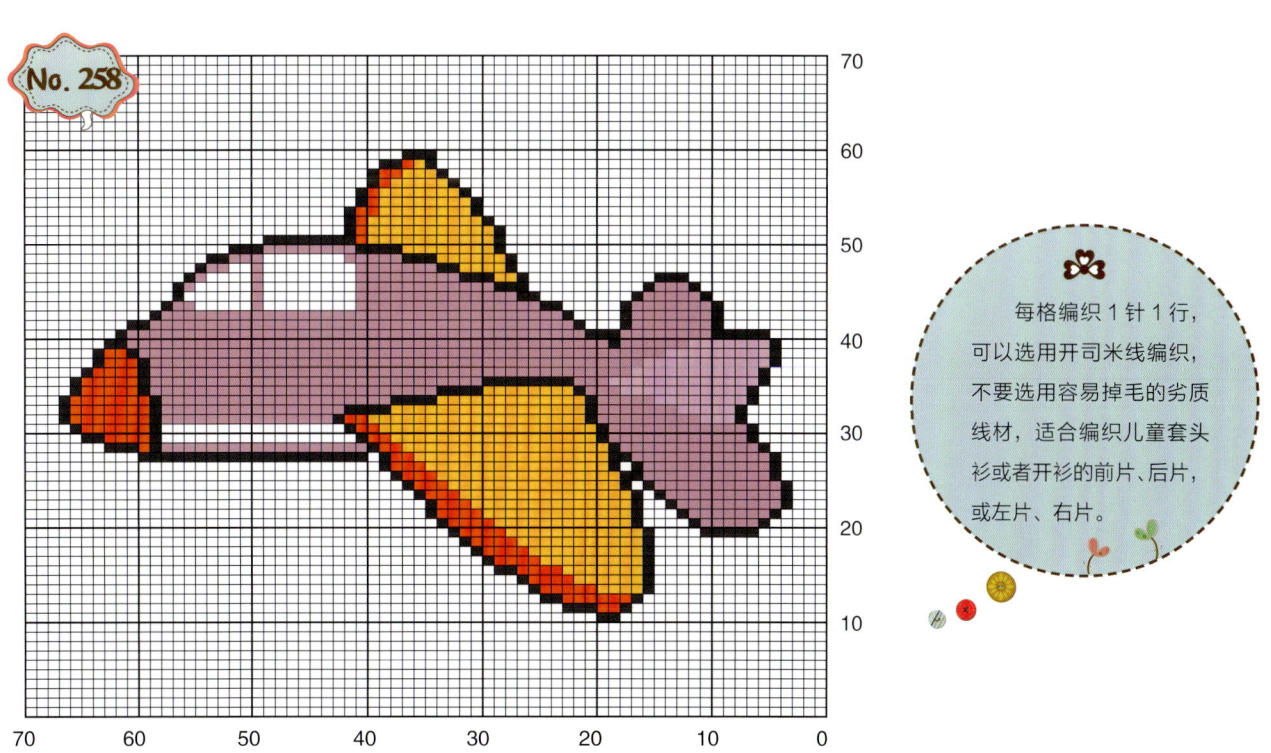

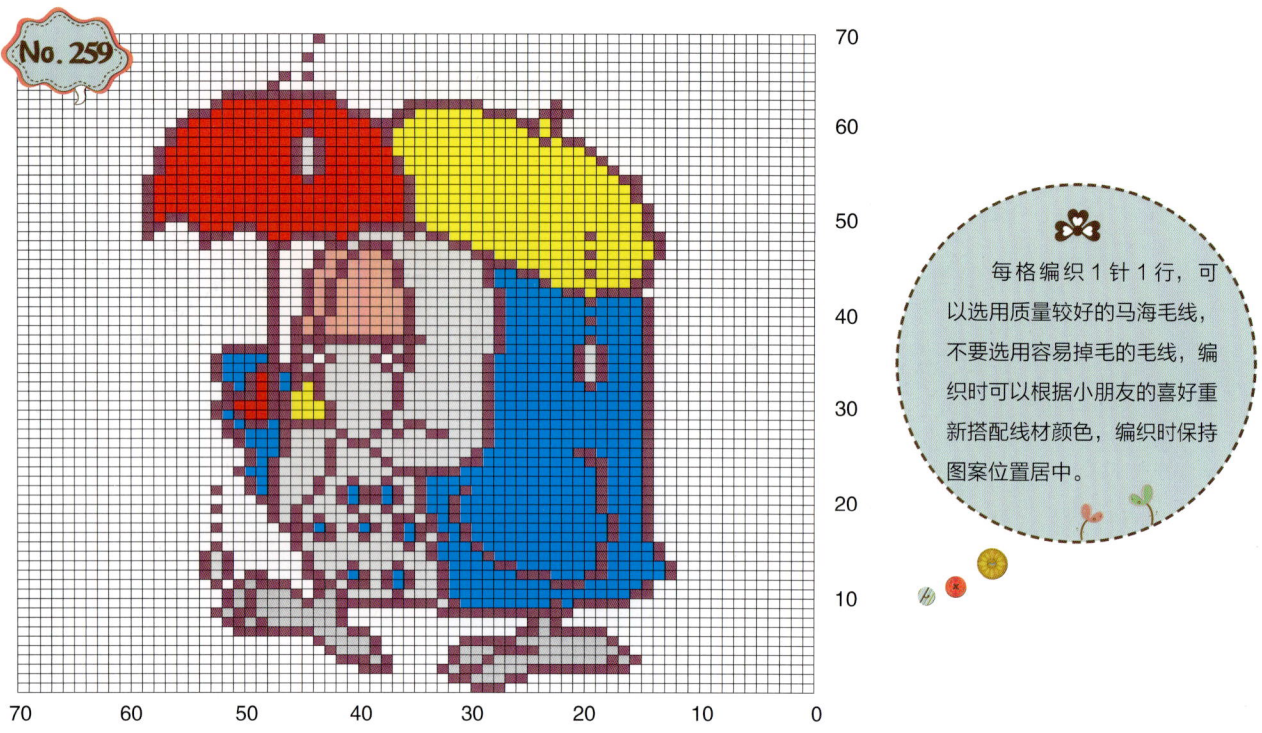

每格编织1针1行，可以选用质量较好的马海毛线，不要选用容易掉毛的毛线，编织时可以根据小朋友的喜好重新搭配线材颜色，编织时保持图案位置居中。

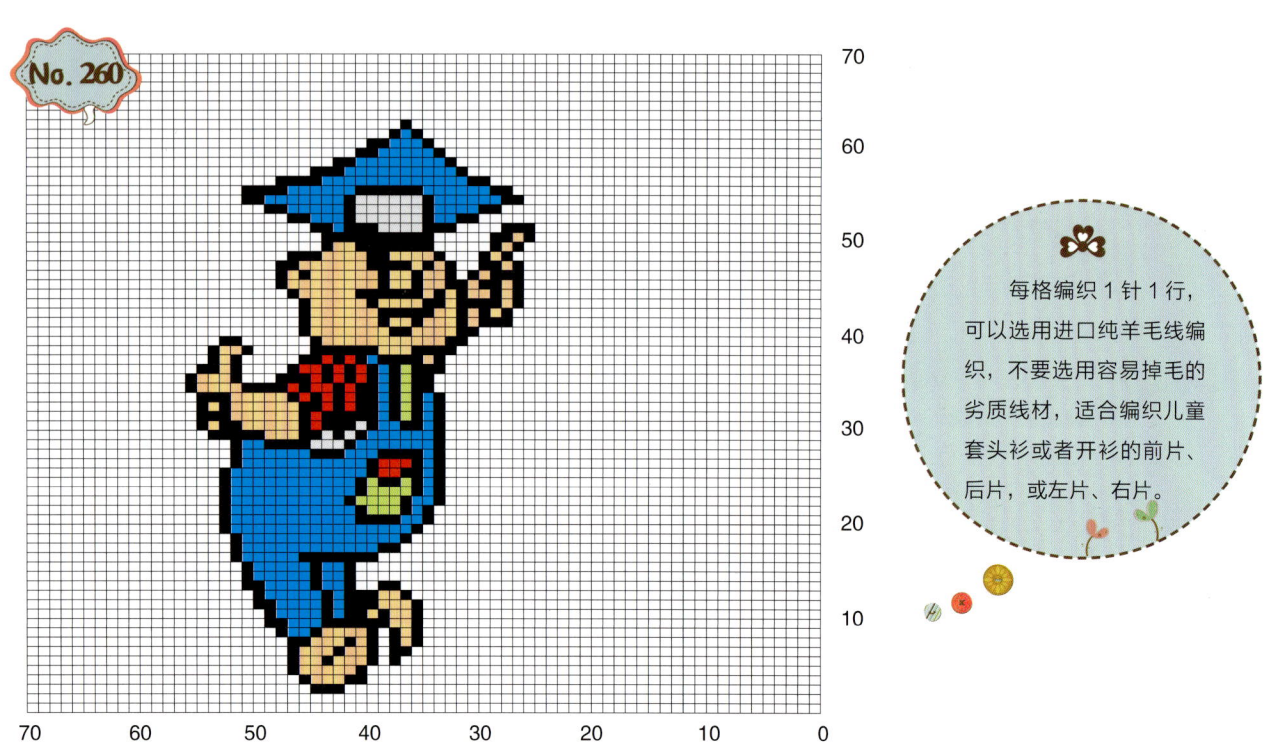

每格编织1针1行，可以选用进口纯羊毛线编织，不要选用容易掉毛的劣质线材，适合编织儿童套头衫或者开衫的前片、后片，或左片、右片。

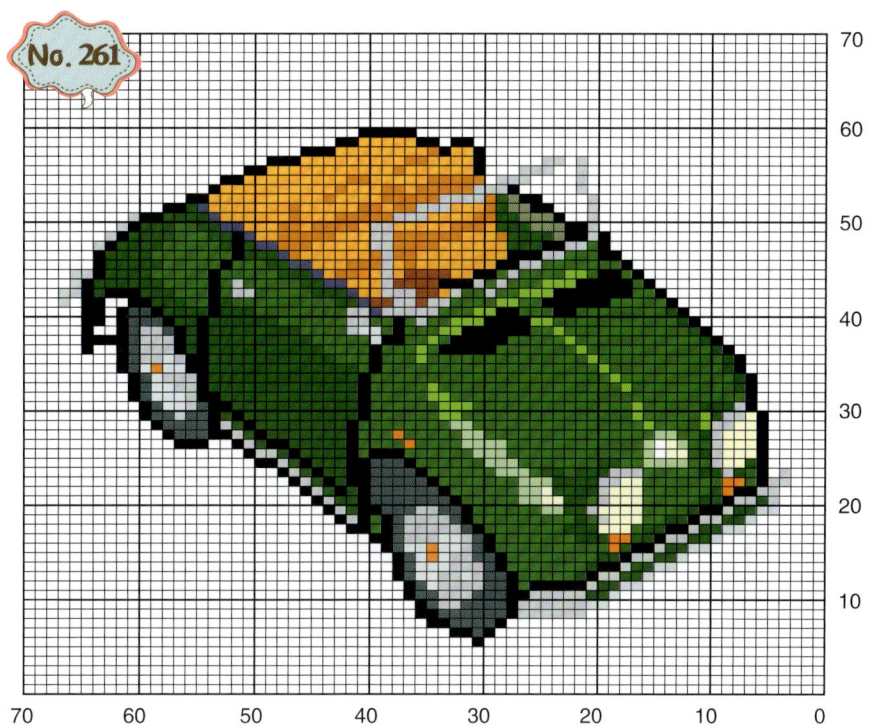

每格编织1针1行，可以选用质量较好的米兰线，不要选用容易掉毛的毛线，编织时可以根据小朋友的喜好重新搭配线材颜色，编织时保持图案位置居中。

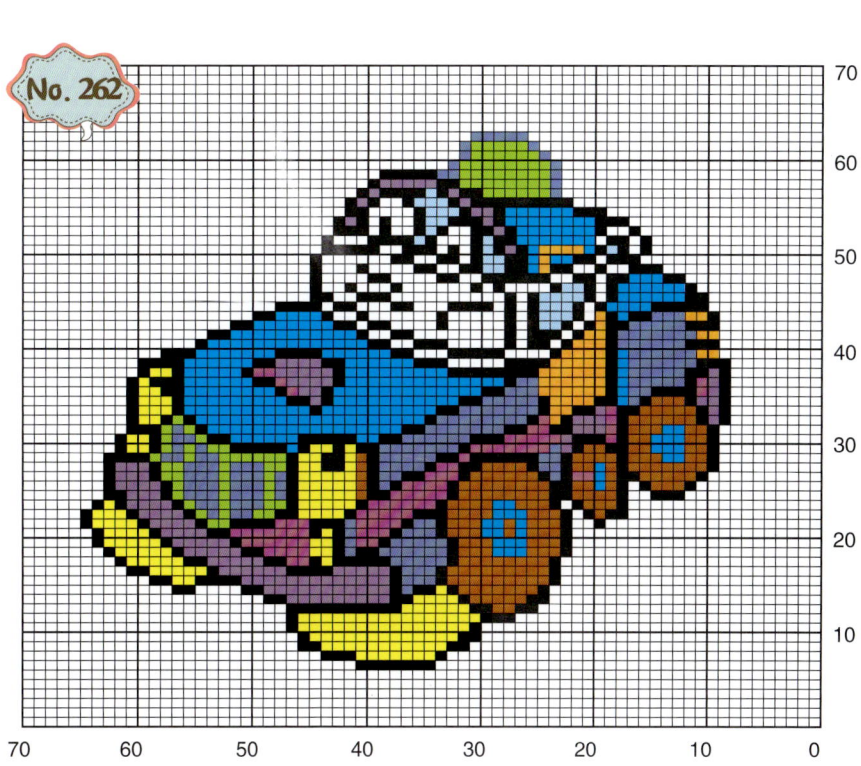

每格编织1针1行，可以选用进口纯羊毛线编织，不要选用容易掉毛的劣质线材，适合编织儿童套头衫或者开衫的前片、后片，或左片、右片。

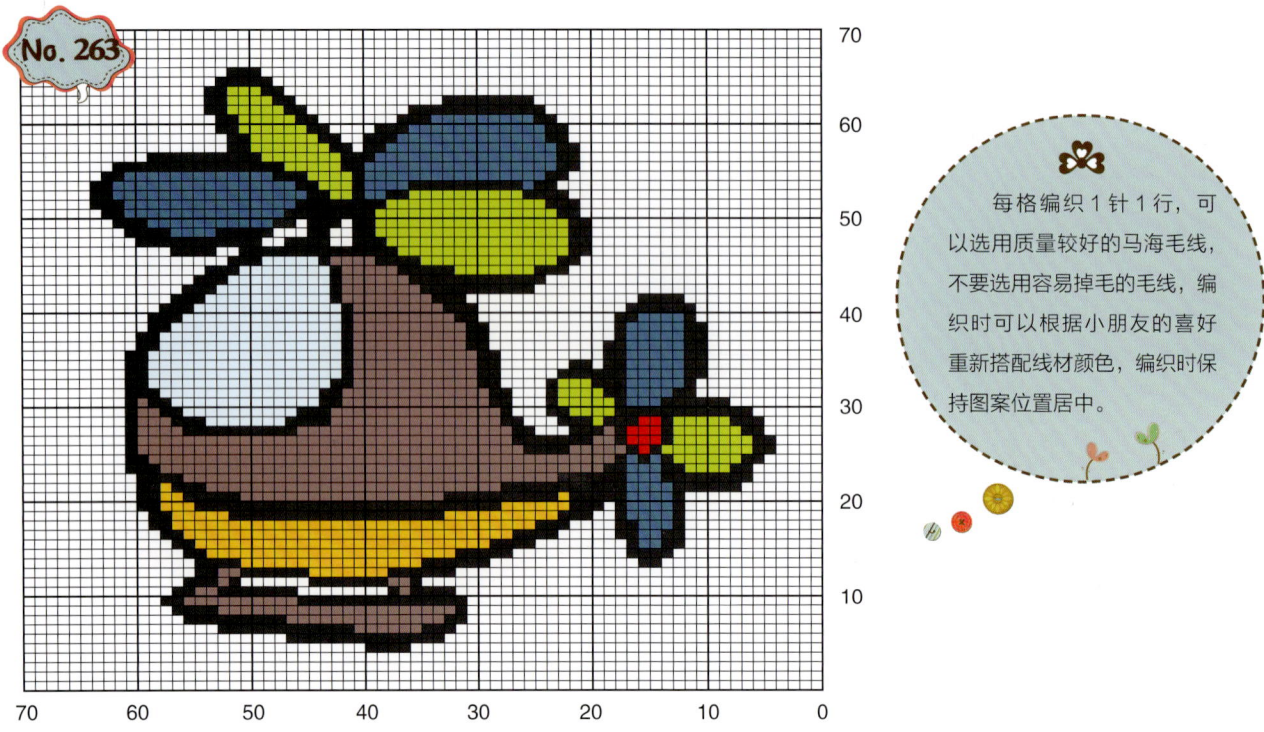

每格编织 1 针 1 行，可以选用质量较好的马海毛线，不要选用容易掉毛的毛线，编织时可以根据小朋友的喜好重新搭配线材颜色，编织时保持图案位置居中。

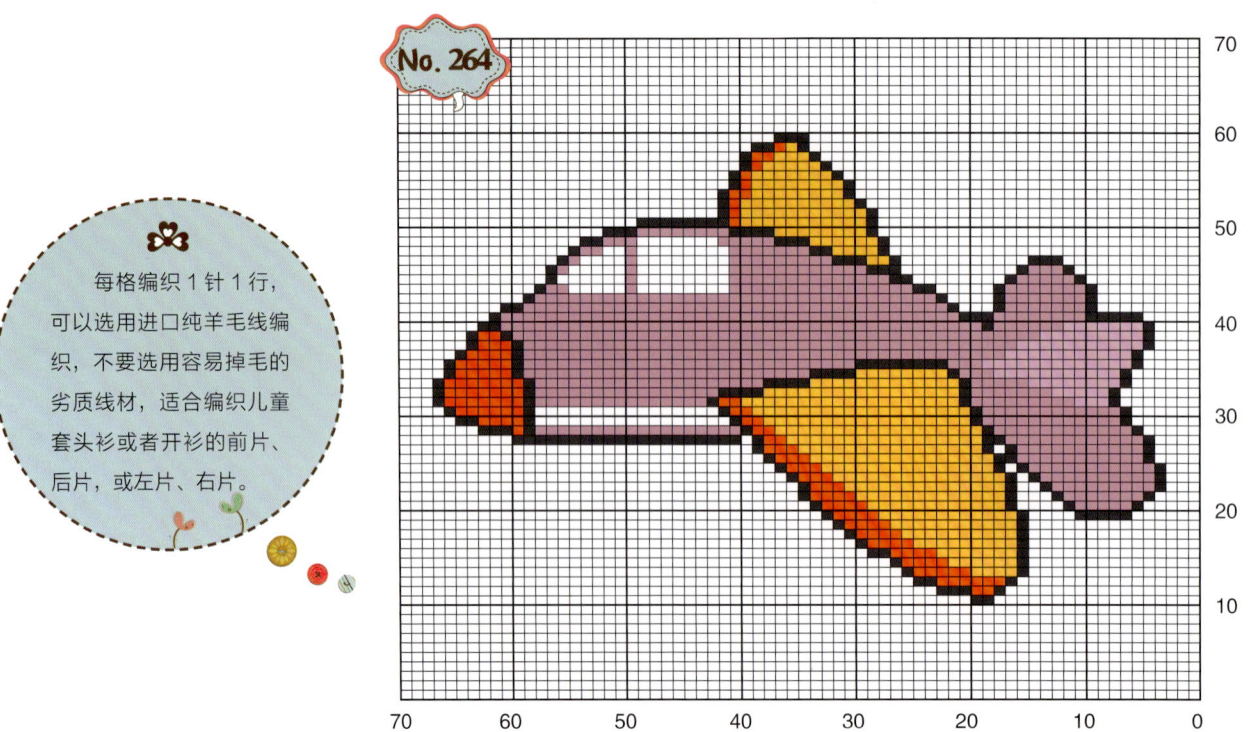

每格编织 1 针 1 行，可以选用进口纯羊毛线编织，不要选用容易掉毛的劣质线材，适合编织儿童套头衫或者开衫的前片、后片，或左片、右片。

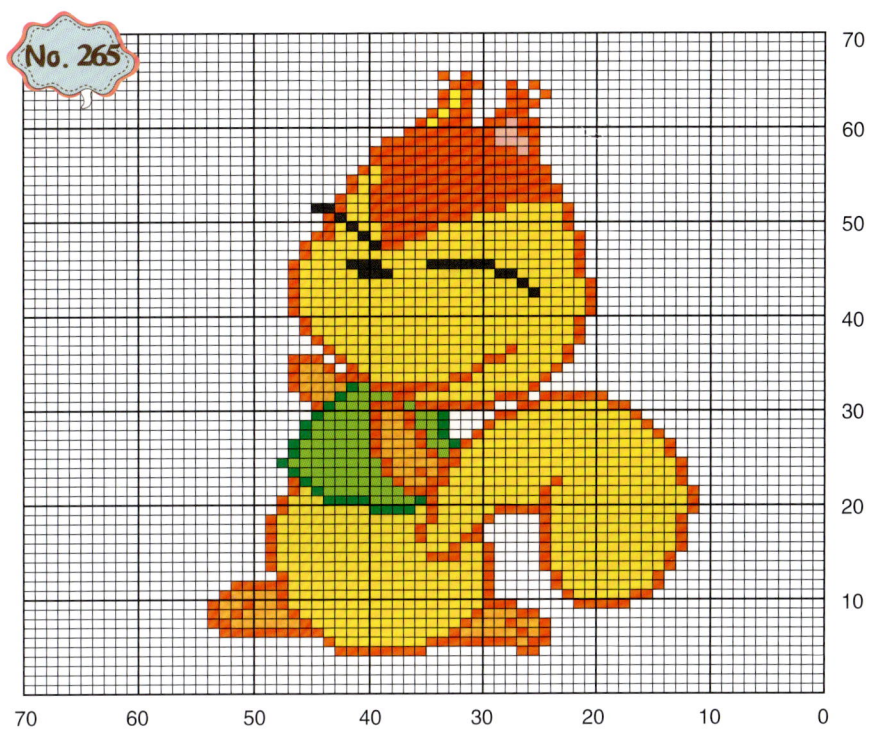

每格编织1针1行，可以选用质量较好的开司米线，不要选用容易掉毛的毛线，编织时可以根据小朋友的喜好重新搭配线材颜色，编织时保持图案位置居中。

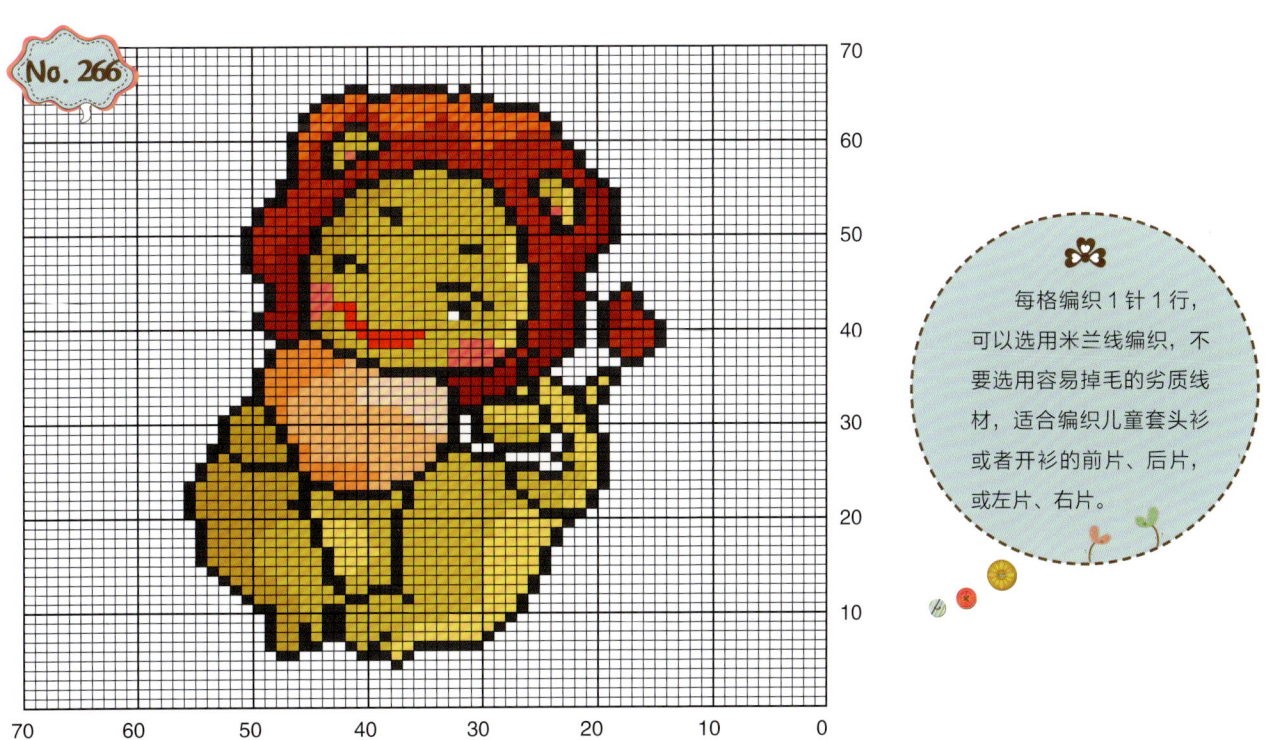

每格编织1针1行，可以选用米兰线编织，不要选用容易掉毛的劣质线材，适合编织儿童套头衫或者开衫的前片、后片，或左片、右片。

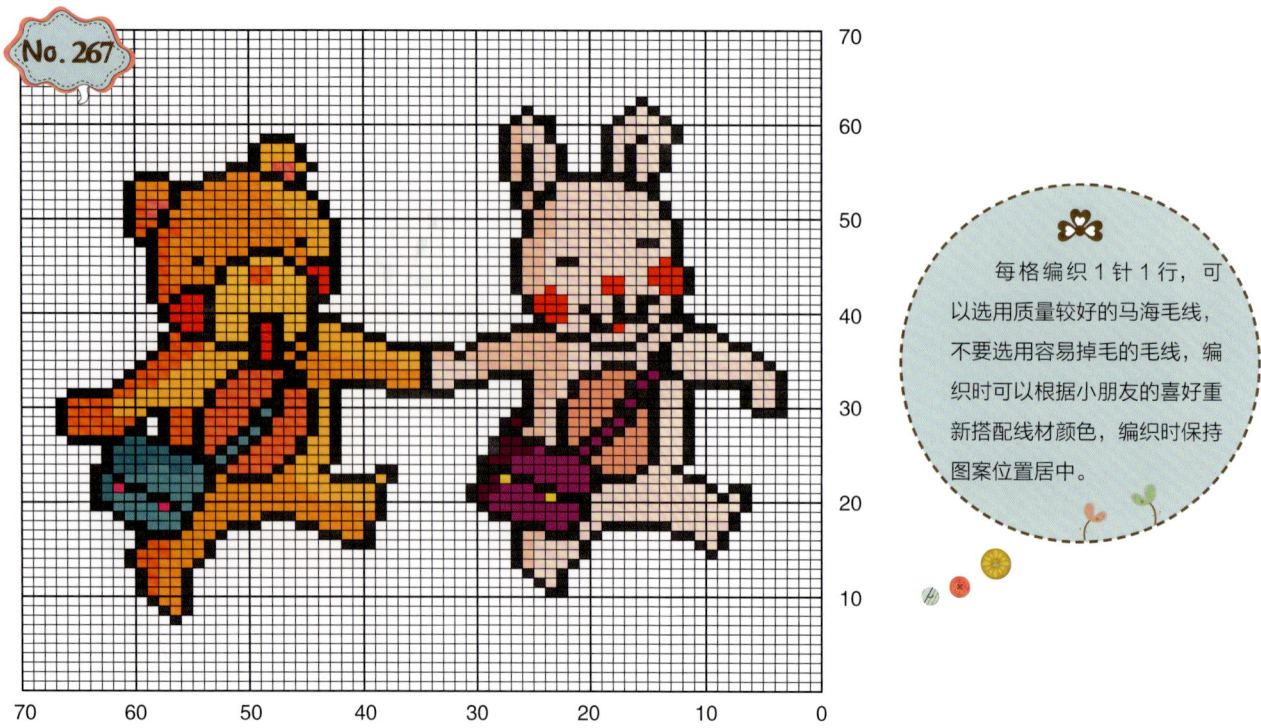

每格编织1针1行,可以选用质量较好的马海毛线,不要选用容易掉毛的毛线,编织时可以根据小朋友的喜好重新搭配线材颜色,编织时保持图案位置居中。

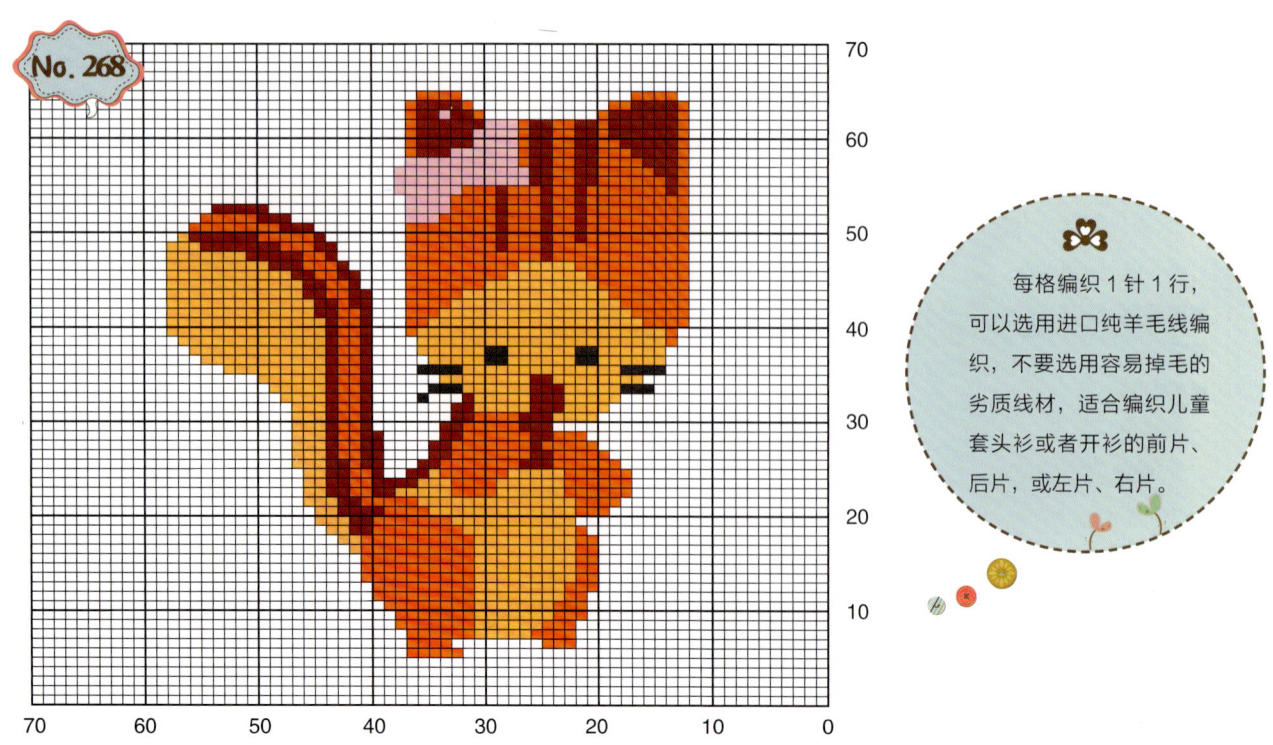

每格编织1针1行,可以选用进口纯羊毛线编织,不要选用容易掉毛的劣质线材,适合编织儿童套头衫或者开衫的前片、后片,或左片、右片。

每格编织1针1行,可以选用质量较好的米兰线,不要选用容易掉毛的毛线,编织时可以根据小朋友的喜好重新搭配线材颜色,编织时保持图案位置居中。

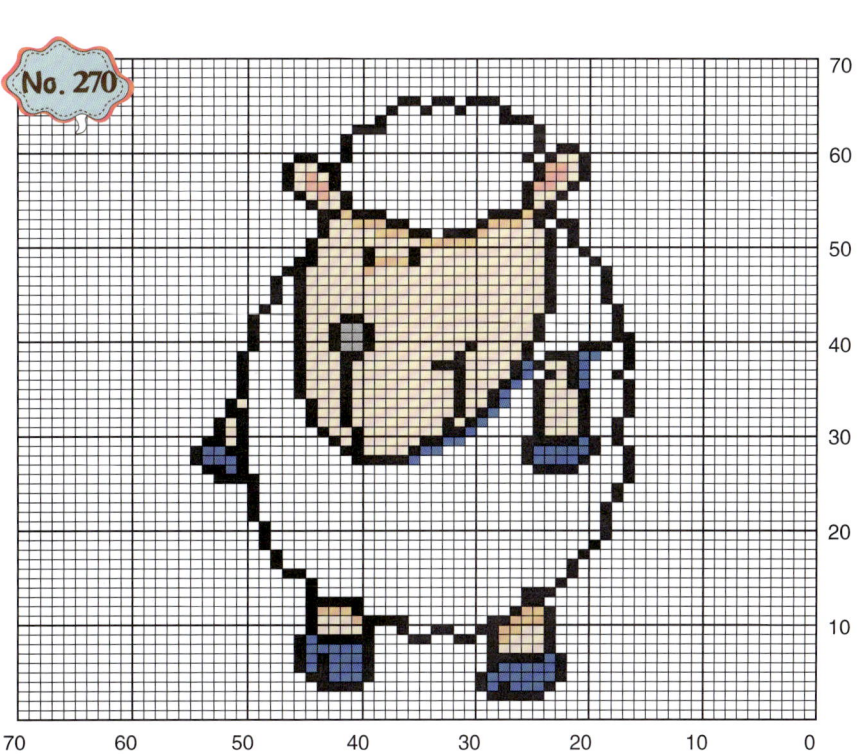

每格编织1针1行,可以选用开司米线编织,不要选用容易掉毛的劣质线材,适合编织儿童套头衫或者开衫的前片、后片,或左片、右片。

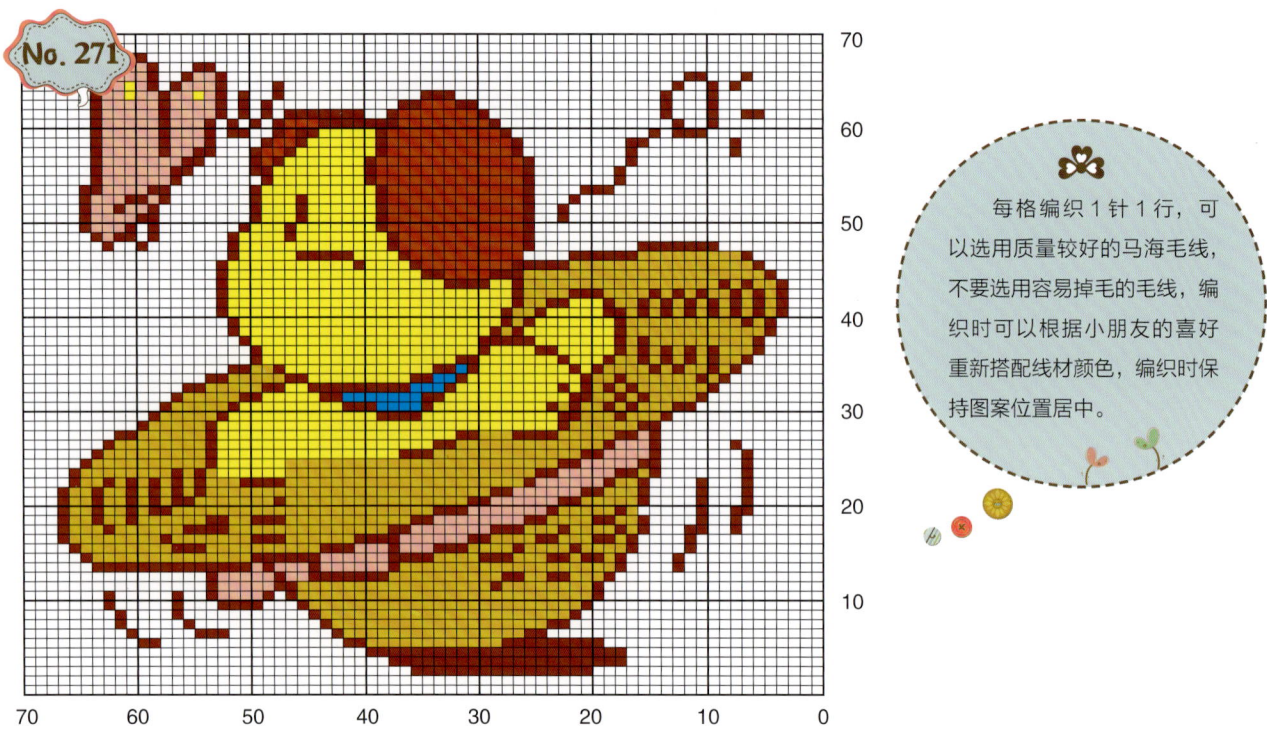

每格编织1针1行，可以选用质量较好的马海毛线，不要选用容易掉毛的毛线，编织时可以根据小朋友的喜好重新搭配线材颜色，编织时保持图案位置居中。

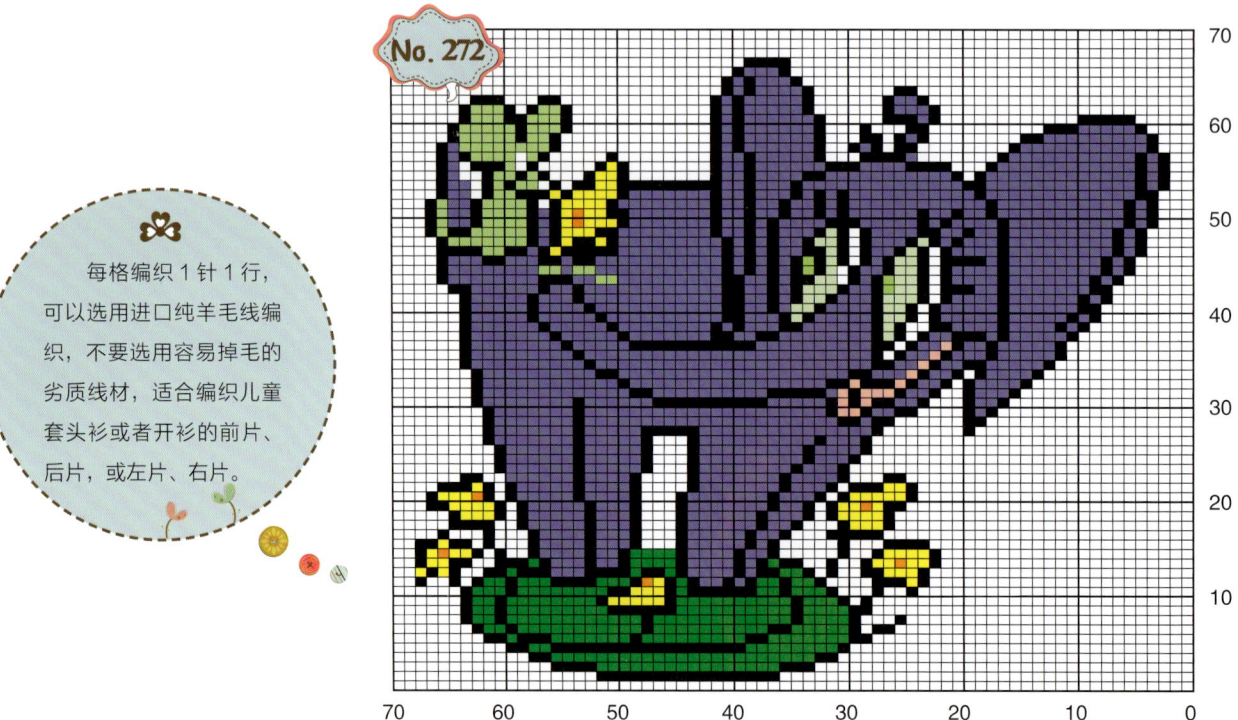

每格编织1针1行，可以选用进口纯羊毛线编织，不要选用容易掉毛的劣质线材，适合编织儿童套头衫或者开衫的前片、后片、或左片、右片。

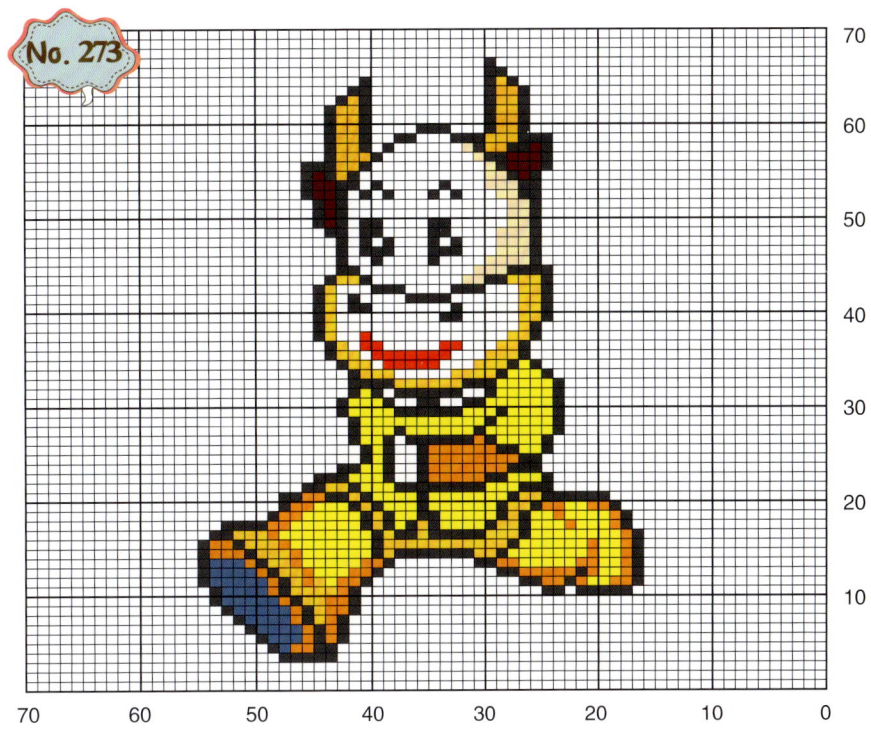

每格编织1针1行，可以选用质量较好的米兰线，不要选用容易掉毛的毛线，编织时可以根据小朋友的喜好重新搭配线材颜色，编织时保持图案位置居中。

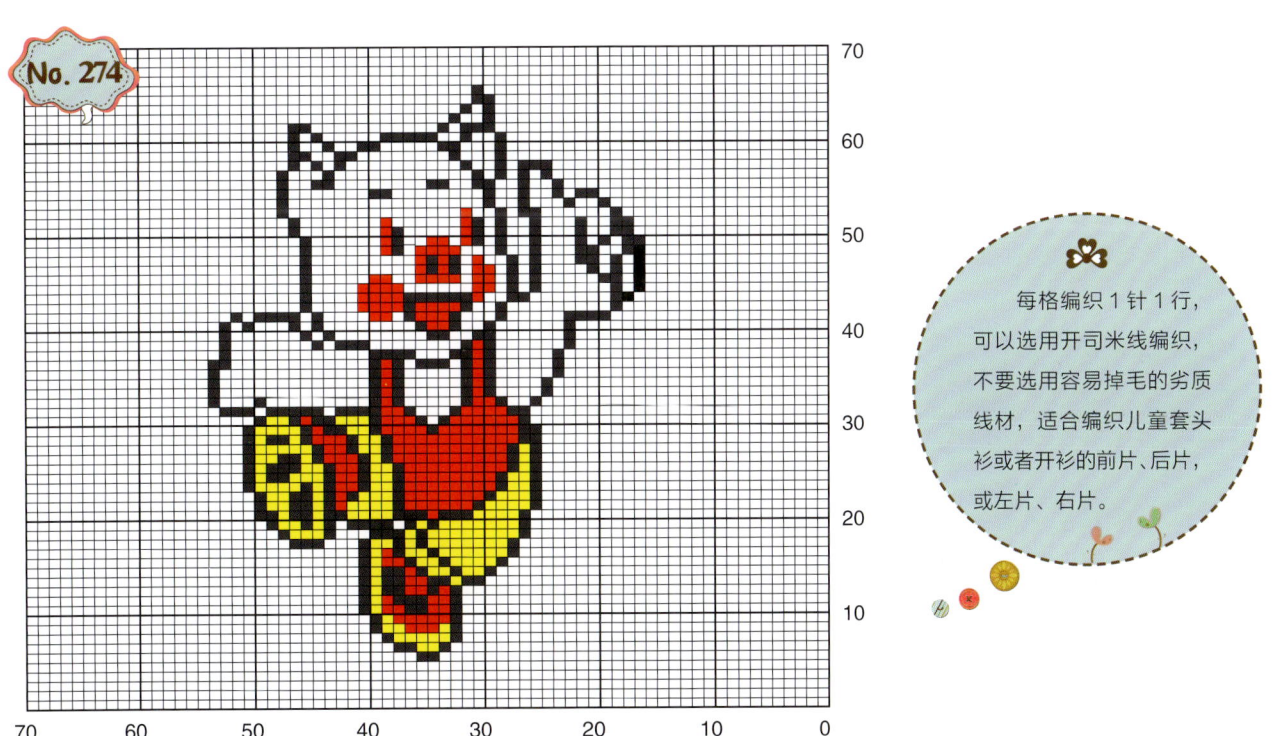

每格编织1针1行，可以选用开司米线编织，不要选用容易掉毛的劣质线材，适合编织儿童套头衫或者开衫的前片、后片，或左片、右片。

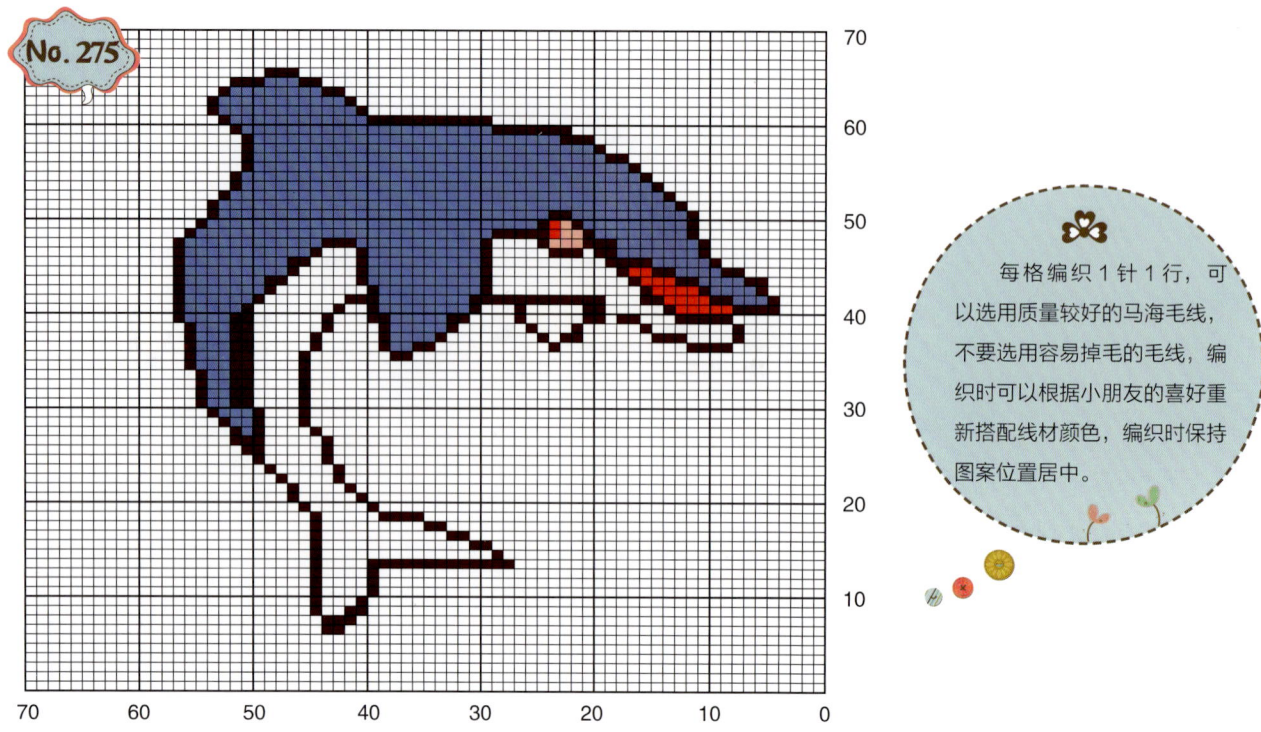

每格编织1针1行，可以选用质量较好的马海毛线，不要选用容易掉毛的毛线，编织时可以根据小朋友的喜好重新搭配线材颜色，编织时保持图案位置居中。

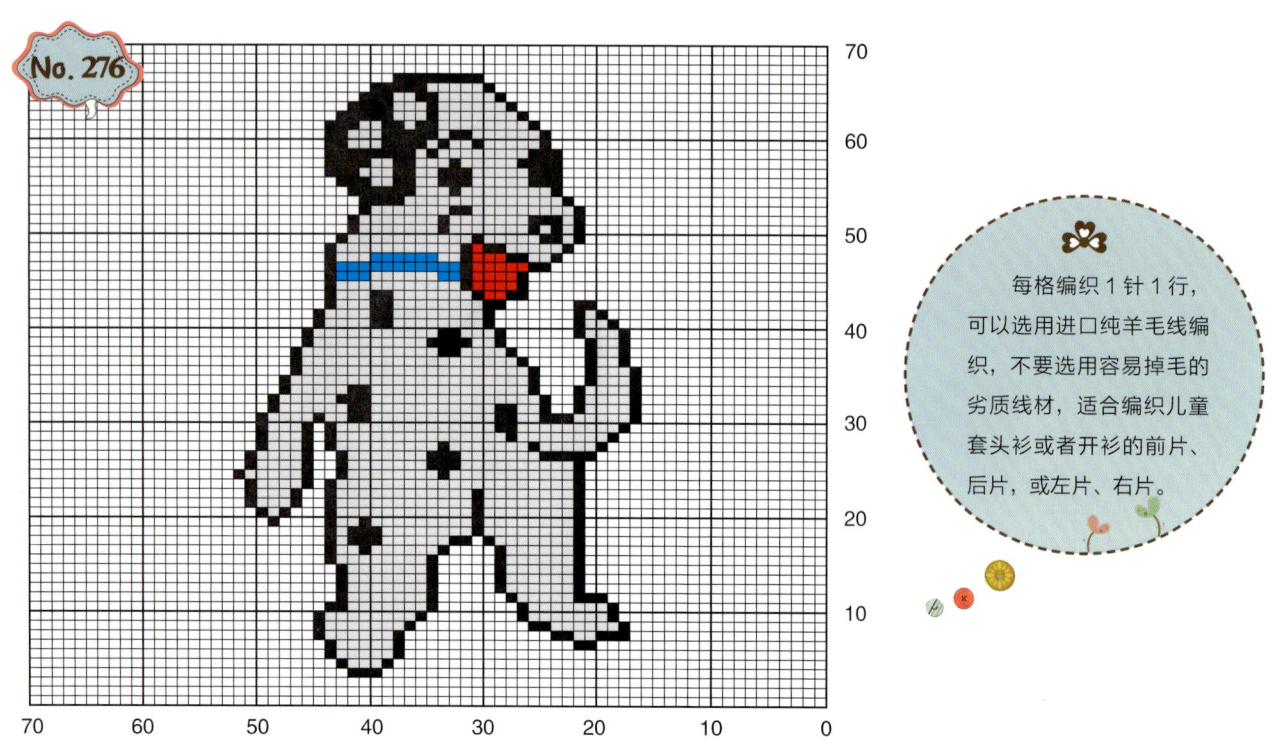

每格编织1针1行，可以选用进口纯羊毛线编织，不要选用容易掉毛的劣质线材，适合编织儿童套头衫或者开衫的前片、后片，或左片、右片。

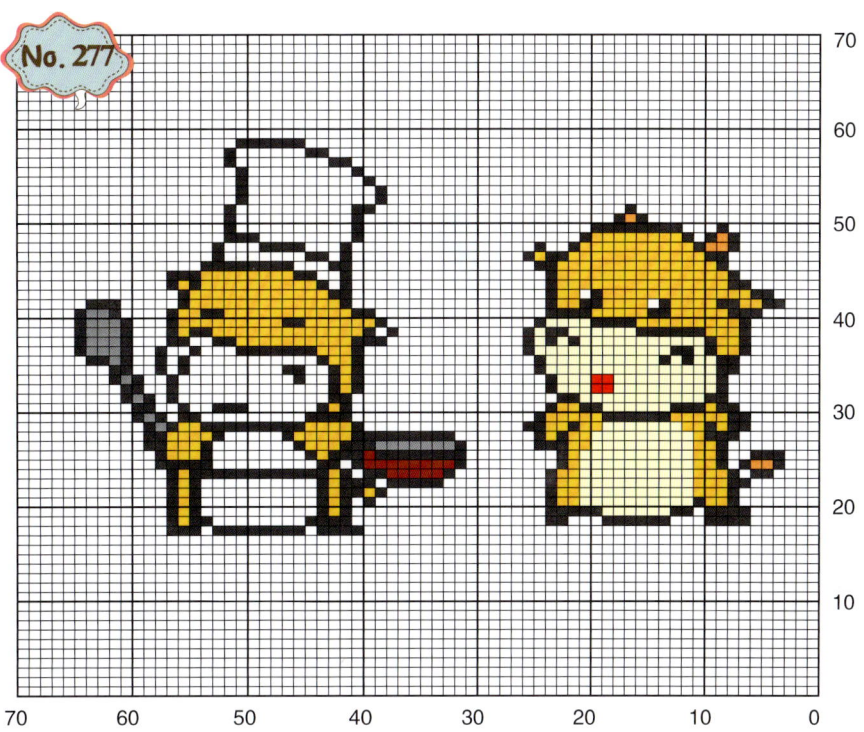

每格编织1针1行，可以选用质量较好的米兰线，不要选用容易掉毛的毛线，编织时可以根据小朋友的喜好重新搭配线材颜色，编织时保持图案位置居中。

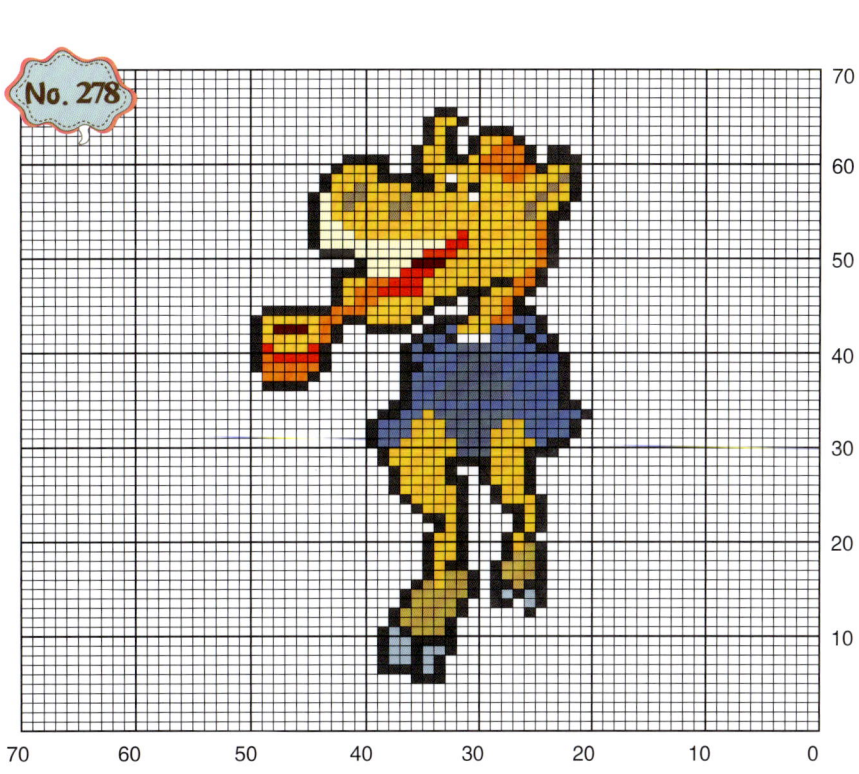

每格编织1针1行，可以选用进口纯羊毛线编织，不要选用容易掉毛的劣质线材，适合编织儿童套头衫或者开衫的前片、后片，或左片、右片。

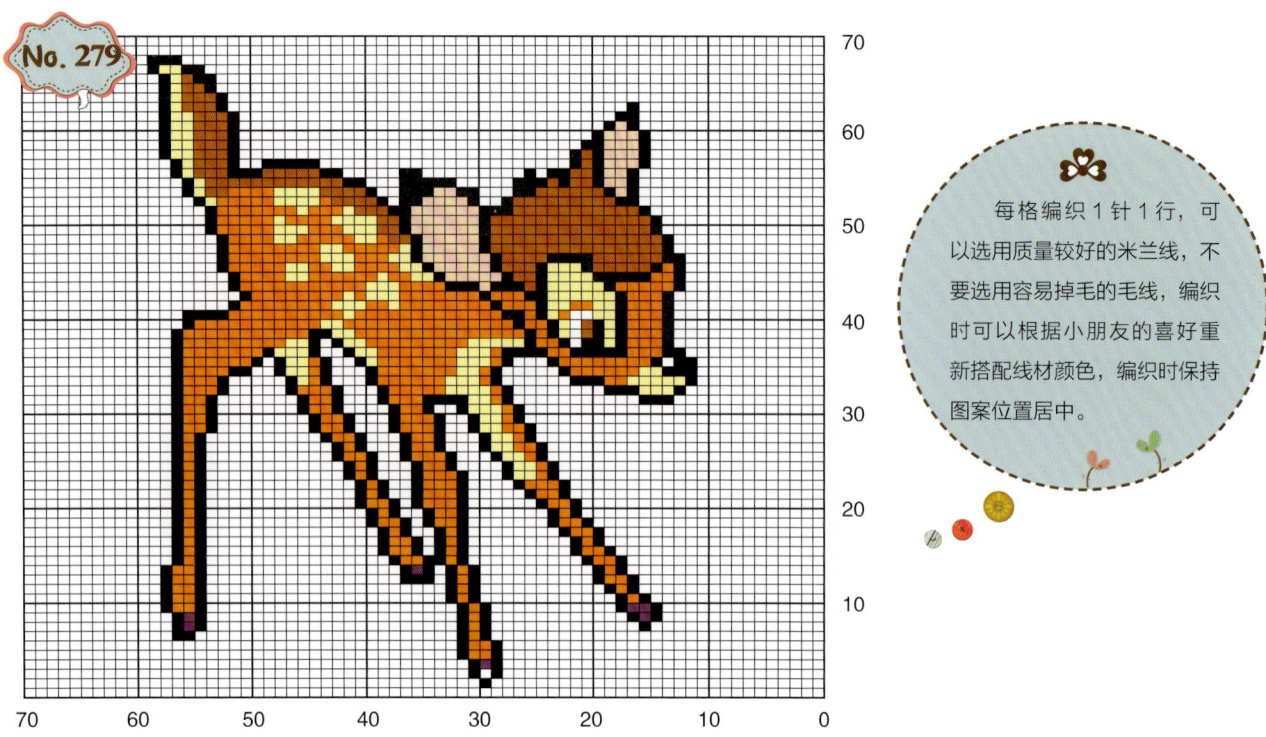

每格编织1针1行,可以选用质量较好的米兰线,不要用容易掉毛的毛线,编织时可以根据小朋友的喜好重新搭配线材颜色,编织时保持图案位置居中。

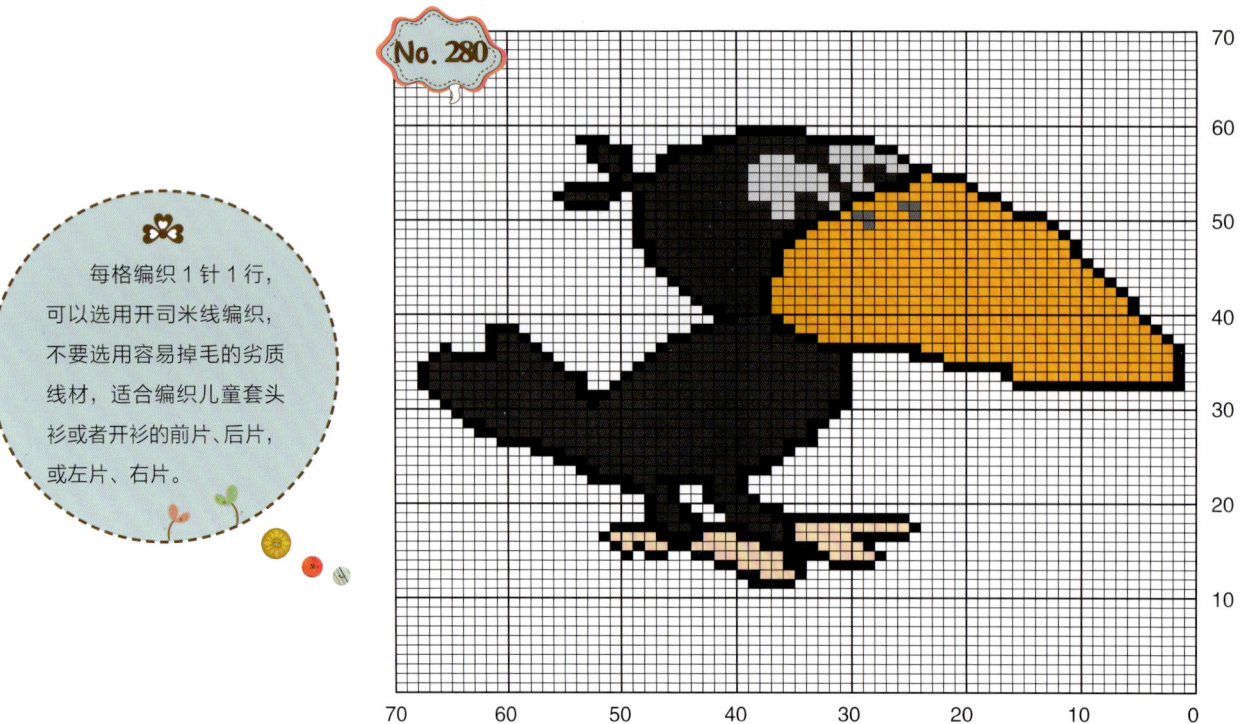

每格编织1针1行,可以选用开司米线编织,不要用容易掉毛的劣质线材,适合编织儿童套头衫或者开衫的前片、后片,或左片、右片。

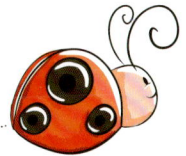

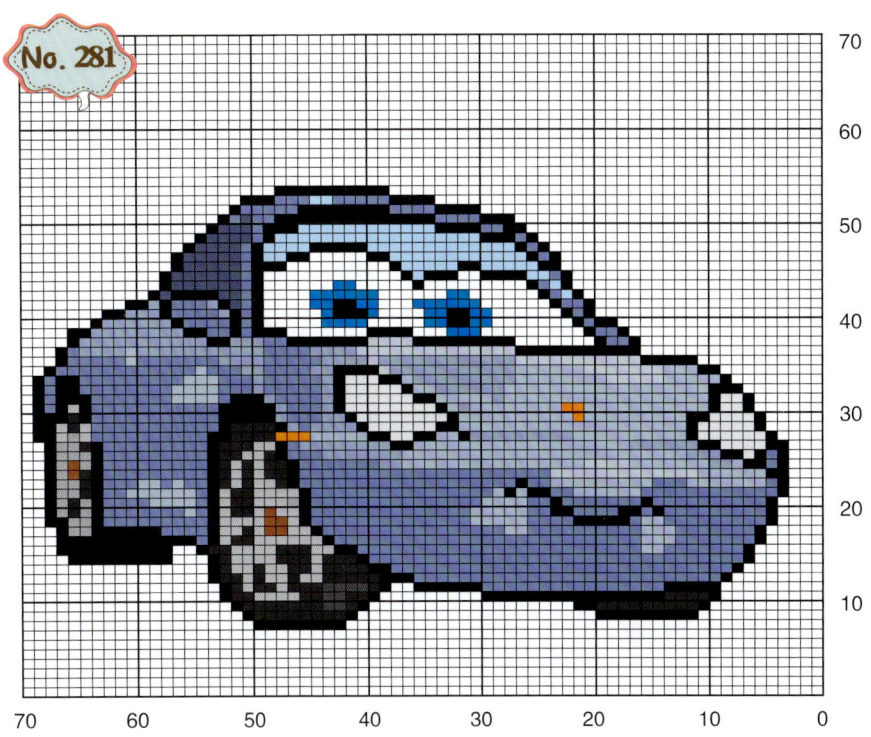

每格编织1针1行，可以选用质量较好的马海毛线，不要选用容易掉毛的毛线，编织时可以根据小朋友的喜好重新搭配线材颜色，编织时保持图案位置居中。

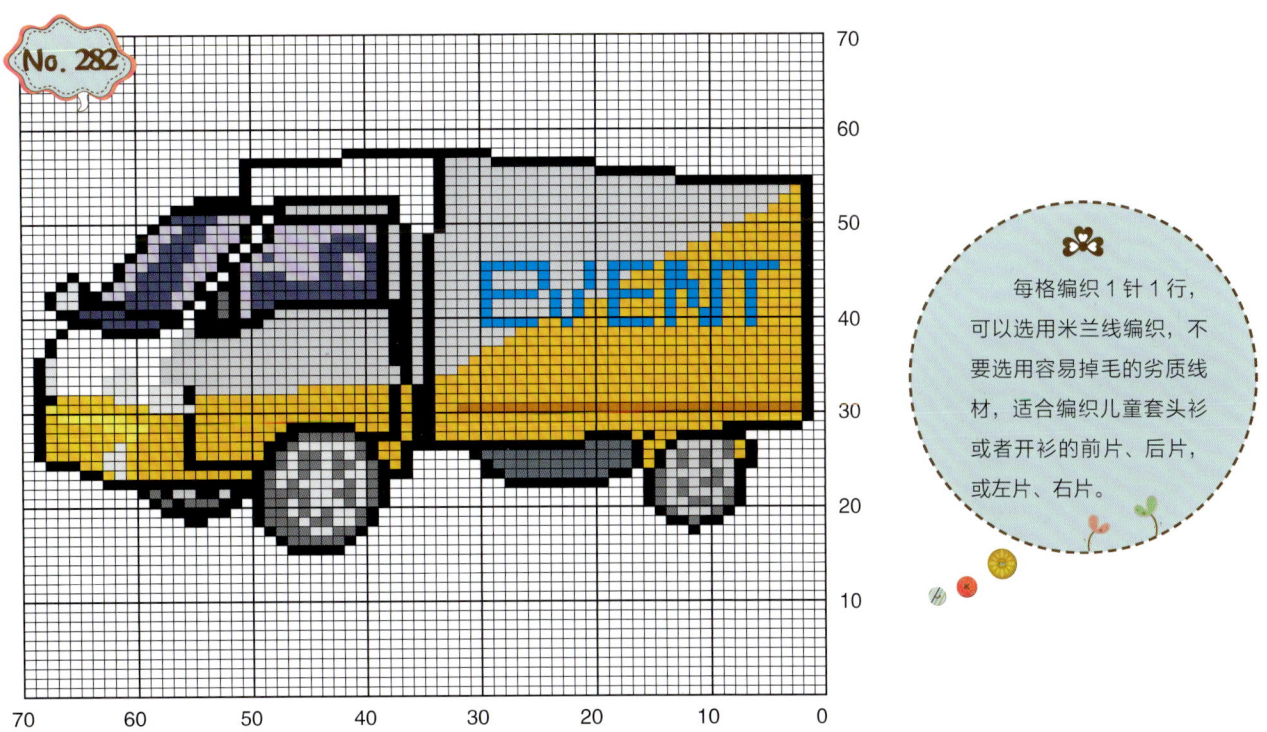

每格编织1针1行，可以选用米兰线编织，不要选用容易掉毛的劣质线材，适合编织儿童套头衫或者开衫的前片、后片，或左片、右片。

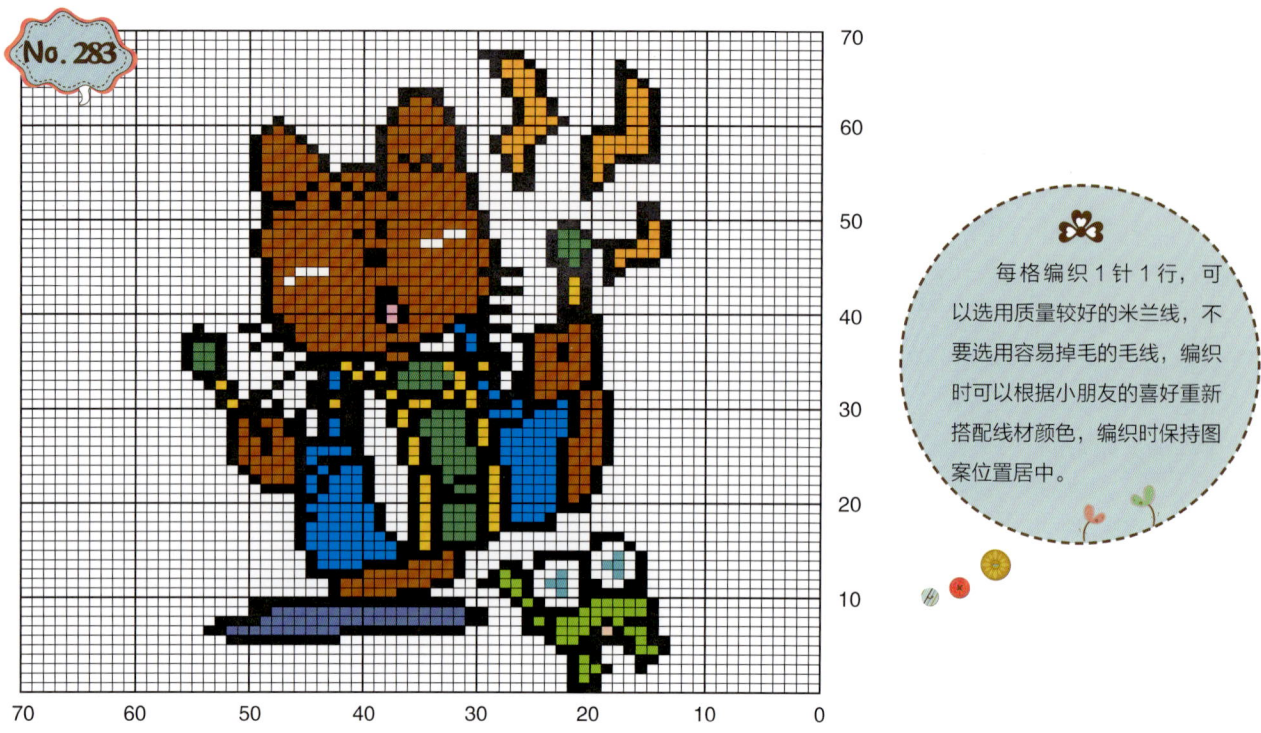

每格编织1针1行，可以选用质量较好的米兰线，不要选用容易掉毛的毛线，编织时可以根据小朋友的喜好重新搭配线材颜色，编织时保持图案位置居中。

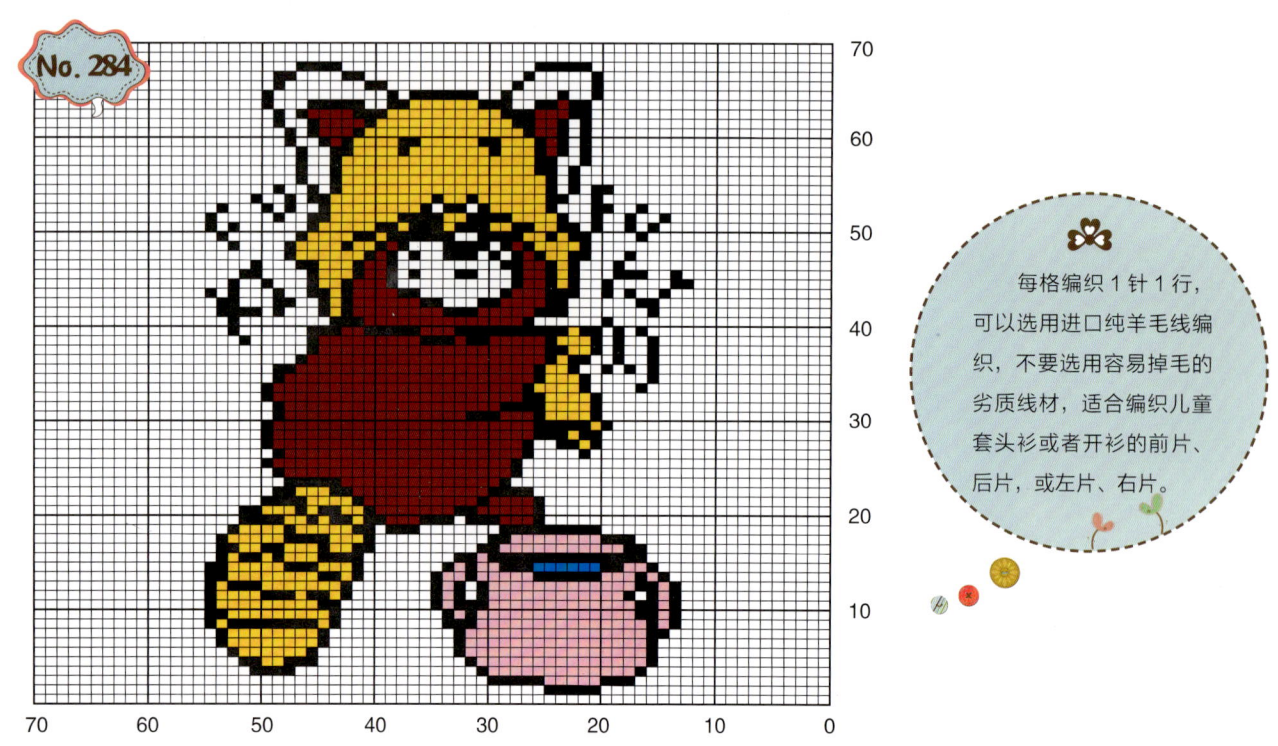

每格编织1针1行，可以选用进口纯羊毛线编织，不要选用容易掉毛的劣质线材，适合编织儿童套头衫或者开衫的前片、后片，或左片、右片。